U0195060

建设工程施工新技术典型案例分析丛书

地基与基础工程
施工新技术典型案例与分析

《施工技术》杂志社　主编

中国建筑工业出版社

图书在版编目（CIP）数据

地基与基础工程施工新技术典型案例与分析/《施工技术》杂志社主编. —北京：中国建筑工业出版社，2019.4

（建设工程施工新技术典型案例分析丛书）

ISBN 978-7-112-23257-4

Ⅰ.①地…　Ⅱ.①施…　Ⅲ.①地基-工程施工-案例②基础（工程）-工程施工-案例　Ⅳ.①TU47②TU753

中国版本图书馆 CIP 数据核字（2019）第 024164 号

责任编辑：张礼庆

责任校对：王宇枢

建设工程施工新技术典型案例分析丛书

地基与基础工程施工新技术典型案例与分析

《施工技术》杂志社　主编

*

中国建筑工业出版社出版、发行（北京海淀三里河路 9 号）

各地新华书店、建筑书店经销

北京佳捷真科技发展有限公司制版

天津翔远印刷有限公司印刷

*

开本：787×1092 毫米　1/16　印张：14¾　字数：357 千字

2019 年 8 月第一版　2019 年 8 月第一次印刷

定价：**47.00** 元（含增值服务）

ISBN 978-7-112-23257-4

（33560）

前　言

　　近二十年来，随着我国经济建设的高速发展，各地尤其是沿海经济较发达城市兴建了大量的各类建筑。大规模的高层建筑地下室、地下商场的建设和大规模的市政工程如地下停车场、大型地铁车站、地下变电站、大型排水及污水处理系统等的施工都涉及地基与基础工程。由于功能要求日益复杂、支护体系种类繁多、各种施工工艺的联合使用，其复杂程度对地基与基础工程的理论研究、设计与施工均提出了诸多挑战性问题。我国地基与基础工程领域的工程技术人员面临这些挑战开展了相关的理论、设计、施工装备和施工技术研究，开发出了一系列新技术，为各类地基与基础工程的施工提供了有效的技术手段。伴随着一系列规模庞大、复杂度大、难度高的工程顺利实施，我国地基与基础工程的设计和施工技术水平都取得了长足的进步。地基处理技术的发展是岩土工程界最为活跃的领域之一，体现出了"百花齐放、百家争鸣"的局面。

　　近几年来地基处理发展的一个典型趋势就是在既有的地基处理方法基础上，不断发展新的地基处理方法，特别是将多种地基处理方法进行综合使用，形成了极富特色的复合加固技术。深基坑工程是一门涉及工程地质、土力学、结构力学、施工技术、施工装备等多科学的综合学科。虽然多年来我国在深基坑工程的建设中积累了许多宝贵的经验，其理论和技术水平得到了长足的进步，但仍然不能满足基坑工程的技术要求。随着基坑工程进一步向大深度、大面积、周边环境更加复杂的方向发展，工程中会不断出现新的挑战。

　　本书结合地基处理、基坑施工技术、土方开挖施工技术、桩基工程施工技术等几个方面的新进展重点介绍了若干技术，包括复合地基处理技术、分层强夯地基加固关键技术、支护结构与主体结构相结合技术、节能降耗的基坑支护技术、复杂环境条件下的软土深基坑变形控制技术、基坑绿色施工与信息化技术、超深基坑降水技术、深基坑顺逆结合施工技术、超深地下连续墙技术、软土地区非对称深大基坑同步开挖施工技术、垂直爆破开挖技术、水力冲挖技术、复杂地质条件下的钻孔灌注桩施工技术、嵌岩桩施工技术、复杂地层与周边环境下的冲孔灌注桩施工技术等，并结合包括**上海中心、广州周大福金融中心、天津高银 117 大厦、武汉绿地中心、天津周大福金融中心、深圳平安金融中心、重庆来福士广场、九寨黄龙机场**等重大工程在内的具体项目案例阐述这些技术在工程中的应用，以期望对大家的工程施工有所帮助。如果在阅读相关技术案例后尚不能解决您的疑惑，您可以通过每一个案例专家所留 Email 给专家发电子邮件交流，还可以扫描封底二维码加入到"新技术圈"与同行和专家进行交流，希望大家在施工中更加顺利。

　　本书在编写过程中依托《施工技术》杂志近十年来的专业技术文章，在此对引用的文章作者和专家表示感谢，我们还将根据行业技术发展和读者需要继续编辑出版更新技术应用案例，希望大家扫描封底二维码进入"新技术圈"多交流，并将其作为自己的平台，发布更多新技术，期待大家加入，共同打造"新技术圈"。

目　录

第一章　地基与基础工程概述

地基基础工程是建筑工程中重要的分部工程，地基基础工程施工是建筑工程施工中重要的组成部分，地基基础施工始终是房屋建筑施工难点之一。一方面，因为地基基础在房屋建筑中占据着重要地位；另一方面，地基基础施工工艺较为复杂，一旦施工不当，不单是地基基础受到损坏，甚至房屋建筑主体也会随之受到影响。地基基础工程质量的优劣直接影响到整体工程质量优劣，甚至影响其使用寿命。"万丈高楼平地起"，在房屋建筑施工中抓好地基基础工程是抓好整个建筑工程的关键，所以一定要做好地基基础的施工管理与质量控制。

第一节　术　语

1. 地基

支承基础的土体或岩体。

2. 基础

将上部结构荷载传递到地基上的结构。

3. 复合地基

部分地基土被增强或被置换增强后与周围地基土共同承担荷载的地基。

4. 桩基础

由置入地基中的桩和连接于桩顶的承台共同组成的基础。

5. 强夯置换

将重锤提到高处使其自由落下，在地面形成夯坑，反复交替夯击填入夯坑内的砂石、钢渣等粒料，使其形成密实墩体的地基处理方法。

6. 注浆法

利用液压、气压或电化学原理，把浆液注入土体空隙中，将松散的土粒或裂隙胶结成一个整体的处理方法。

7. 预压法

对地基进行堆载或真空预压，加速地基土固结的地基处理方法。

8. 振冲法

在振冲器水平振动和高压水的共同作用下使松砂土层振密，或在软弱土层中成孔后回填碎石形成桩柱，与桩周土组成复合地基的地基处理方法。

9. 桩端后注浆灌注桩

通过预设在桩身内的注浆管和桩端注浆器对成桩后的桩端进行高压注浆的灌注桩。

10. 基坑工程

为建立地下结构的施工空间而围护、支撑、降水、加固、挖土和回填等工程的总称。

11. 基坑支护结构

由围护墙、隔水帷幕、支撑、立柱等系统组成的结构体系。

12. 咬合桩

后施工的灌注桩与先施工的灌注桩相互搭接、相互切割形成的连续排桩墙。

13. 型钢水泥土搅拌墙

在连续搭接的水泥土搅拌桩内插入型钢形成的挡土隔水墙体。

14. 地下连续墙

经机械成槽后放入钢筋笼、浇灌混凝土或放入预制钢筋混凝土板墙形成的地下墙体。

15. 铣接头

利用铣槽机切削先行槽段混凝土而形成的地下连续墙接头。

16. 接头管（箱）

使单元槽段间形成地下连续墙接头而采用的临时钢管（箱）。

17. 水泥土重力式挡墙

由水泥土搅拌桩相互搭接形成的格栅状的重力式支护与挡水结构。

18. 土钉墙

采用土钉加固的基坑侧壁土体与护面等组成的支护结构。

19. 逆作法

自上而下施工建造地下室结构，并在此过程中将地下室结构兼作基坑支护体系的一种施工方法。

20. 沉井

在地面完成井的制作，然后从井内取土，使井下沉至预定标高的结构。

21. 气压沉箱

在地面完成箱体结构的制作，然后运用气压从箱体内取土，使箱体下沉至预定标高的箱形结构。

22. 地下水控制

在基坑工程中，为了减少施工对周边环境的影响而采取的排水、降水、隔水和回灌等措施。

23. 隔水帷幕

用于阻隔或减少地下水通过基坑侧壁与基底流入基坑而设置的幕墙状竖向截水体。

24. 无筋扩展基础

由砖、毛石、混凝土或毛石混凝土、灰土和三合土等材料组成的，且不需配置钢筋的墙下条形基础或柱下独立基础。

25. 盆式开挖

在坑内周边留土，先挖除基坑中部的土方，形成类似盆形土体，在基坑中部支撑形成后再挖除基坑周边土方的开挖方法。

26. 岛式开挖

在有围护结构的基坑工程中，先挖除基坑内周边的土方，形成类似岛状土体，然后再挖除基坑中部土方的开挖方法。

27. 土层锚杆

在土中钻孔，插入钢筋或钢索，并在锚固段灌注水泥浆，使其形成一端与围护墙体相连，另一端固定于稳定土层内的受拉杆体。

28. 坡率法

通过调整、控制边坡坡度和采取构造措施保证边坡稳定的施工方法。

第二节 基本规定

（1）地基基础工程施工所使用的材料、制品等质量的检验项目和方法，应符合设计要求和现行国家标准的规定。

（2）地基基础工程施工前，应具备下列资料：

1）施工区域内拟建工程的岩土工程勘察资料。

2）地基基础工程施工所需的设计文件。

3）拟建工程施工影响范围内的建（构）筑物、地下管线和障碍物等资料。

4）施工组织设计和专项施工方案。

（3）地基基础工程施工的轴线定位点和高程水准基点，经复核后应妥善保护，并定期复测。

（4）基坑工程施工前应做好准备工作，掌握和分析工程现场的工程水文地质条件、邻近市政管线与地下设施、周围建（构）筑物及地下障碍物等情况。

（5）地基基础工程施工应控制地下水和地表水对施工的影响。

（6）地基基础工程在冬期施工时，应采取防冻措施，并依据地区气候特点编制冬期施工专项方案。

（7）开挖基坑（槽）时应符合下列要求：

1）基坑（槽）周边、放坡平台的施工荷载应按设计要求进行控制，开挖的土方不应在邻近建筑、基坑（槽）周边影响范围内堆放。

2）基坑（槽）开挖宜采用全面分层开挖或台阶式分层开挖的方式，开挖过程中分层厚度及临时边坡坡度应根据土质情况计算确定。

（8）施工中出现异常情况时，应及时采取应急措施。

（9）对于涉及安全、劳动保护、环境保护及特种作业的施工，应按有关规定执行。

（10）地基基础工程施工中，如发现有文物、古迹遗址或化石等，应立即停止施工，并报请有关部门处理后，方可继续施工。

第三节 施工简介

1. 地基工程施工

地基是支承由基础传递的上部结构荷载的土（岩）体。

（1）为了保证建（构）筑物的安全和正常使用，必须满足以下要求：

1）地基在荷载作用下不致产生破坏；

2）组成地基的土层，因某些原因产生的变形（例如冻胀、湿陷、膨胀收缩和压缩等）

不能过大，否则将会使建筑物遭受破坏，从而无法满足使用要求。

（2）地基工程

地基工程是对地基进行处理，即对地基内的主要受力层采取物理或化学的技术措施，以改善其工程性质，达到建筑物地基的设计要求。

（3）地基工程类型

地基工程类型包括素土、灰土地基、砂和砂石地基、粉煤灰地基、强夯地基、注浆加固地基、预压地基、振冲地基、高压喷射注浆地基、水泥土搅拌桩地基、土和灰土挤密桩复合地基、水泥粉煤灰碎石桩复合地基、夯实水泥土桩复合地基、砂石桩复合地基、湿陷性黄土地基、冻土地基、膨胀土地基等。

2. 基础工程施工

（1）基础

工程结构物地面以下的部分结构构件，用来将上部结构荷载传递给地基，是房屋、桥梁、码头及其他构筑物的重要组成部分。

（2）基础类型

按基础变形特征分为：柔性基础、刚性基础。

按结构形式分为：独立基础、壳形基础、联合基础、条形基础、片筏基础、箱形基础、桩基础、管柱基础、沉井基础和沉箱基础。按建筑材料分为：无筋扩展基础、钢筋混凝土扩展基础、钢筋混凝土预制桩基础、泥浆护壁成孔灌注桩、长螺旋钻孔压灌桩、沉管灌注桩、干作业成孔灌注桩、钢桩、锚杆静压桩、岩石锚杆基础等。

3. 基坑工程施工

（1）基坑支护结构类型

灌注桩排桩围护墙、板桩围护墙、咬合桩围护墙、型钢水泥土搅拌墙、地下连续墙、水泥土重力式挡墙、土钉墙或复合土钉墙、内支撑、锚杆（索）、地下连续墙与主体结构相结合（两墙合一）的基坑支护。

（2）地下水控制

集水明排：由集水井和排水沟组成的地表排水系统。

降水：轻型井点、电渗井点、多级轻型井点、喷射井点、降水管井、真空降水管井。

截水帷幕：水泥土搅拌桩、高压喷射注浆、地下连续墙、小齿口钢板桩、地层冻结技术（冻结法）等阻隔地下水。

回灌：当基坑内外地下水位落差过大引发险情时，或基坑施工引起邻近建筑物开裂及倾斜事故时，可选择向坑内回灌降低坑内外水位差。

（3）土方工程

1）土方工程分类：不分层分段开挖、分层分块开挖、盆式开挖、岛式开挖、狭长形基坑开挖、岩石基坑开挖。

2）顺作法、逆作法、明挖法、盖挖法的施工方法

顺作法是在基坑土方开挖至坑底以后，再从下往上开始施工主体结构。

逆作法是先施工地下一层的主体结构，而后逐层往下施工至基坑底板的施工工法。

明挖法：自上向下开挖土方的方法。

盖挖法：在完成地下一层的主体结构后向下开挖土方的方法。

3）土方堆放与运输

开挖的土方不应在邻近建筑及基坑周边影响范围内堆放，当需堆放时应进行承载力和相关稳定性验算。

土方的运输应确保基坑内外施工道路和栈桥道路及栈桥平台的安全，严禁超载运输。

4）土方回填

主要有人工回填、机械回填两种方法。土方回填应符合设计要求，回填土方中不得含有杂物，回填土方的含水率应符合相关要求；回填土方区域的基底应排除积水；回填土方应分层夯实，其密实度应检测，并应符合相关要求。

第二章 地基处理施工技术案例分析

第一节 水泥土插芯组合桩复合地基案例分析

(一) 概述

水泥土插芯组合桩是一种芯桩与水泥土共同工作、承受荷载的复合材料新桩型,既能有效提高地基土的承载力,减小沉降,又能充分发挥材料本身的强度,是一种经济有效的地基处理方法。水泥土插芯组合桩是一种刚性桩,能够通过调整水泥土和芯桩尺寸匹配、水泥掺量、芯桩类型来调节其与地基土的变形耦合,由该桩型组成的复合地基能够使桩土共同变形,以达到共同发挥承载力的作用。水泥土插芯组合桩适用于素填土、粉土、黏性土、松散砂土、稍密砂土、中密砂土等土层,由水泥土插芯组合桩组成的复合地基同样适用于上述地层,其他地层条件应通过现场和室内试验确定其适用性。本文结合山东聊城某工程实例,介绍了水泥土插芯组合桩复合地基的设计与施工情况,并通过应用效果分析验证了该技术的安全性、经济性与先进性。

(二) 典型案例

技术名称	水泥土插芯组合桩复合地基
工程名称	山东省聊城市某工程
工程概况	聊城市某工程 21,23 号高层住宅楼均为主体地上 19 层、地下 2 层、±0.000 相当于绝对标高 32.200m,基底相对标高为−6.700m,剪力墙结构。21 号住宅楼平面尺寸为东西长 48.96m,南北宽 12.6m;23 号住宅楼平面尺寸为东西长 48.36m,南北宽 12.2m。本工程原设计采用预应力管桩-筏板基础,但该桩型单位承载力造价高,而水泥土插芯组合桩兼具管桩与水泥土桩的优点,具有造价低、承载力高等特点,因此将原设计方案改为水泥土插芯组合桩复合地基,21 号楼布桩 169 棵,23 号楼布桩 166 棵。根据设计参数,本工程采用的水泥土插芯组合桩构造如图 2-1 所示。建设场地所处地貌类型为鲁西黄河冲积平原,自然地面相对标高约−0.500m,地基土自上而下分布有:①杂填土;②粉土;③粉质黏土;④粉土;⑤粉质黏土;⑥粉土;⑦粉质黏土;⑧粉细砂。在勘探深度内,地层均为第四系冲积相堆积物和湖积相堆积物,物理力学指标如表 2-1 所示。地下水类型为第四系孔隙潜水,埋深 4.000m

各层土物理力学指标 表 2-1

层号	名称	含水率 $\omega/\%$	重度 $\gamma/(kN \cdot m^{-3})$	孔隙比 e	黏聚力 c/kPa	内摩擦角 $\varphi/(°)$	E_s /MPa	承载力特征值 /kPa
②	粉土	24.5	18.4	0.786	10	36.5	8.53	130
③	粉质黏土	32.0	18.1	0.938	31	18.7	4.99	120
④	粉土	26.8	18.9	0.777	9	39.5	8.1	130

层号	名称	含水率 $\omega/\%$	重度 $\gamma/(kN \cdot m^{-3})$	孔隙比 e	黏聚力 c/kPa	内摩擦角 $\varphi/(°)$	E_s /MPa	承载力特征值 /kPa
⑤	粉质黏土	32.9	18.3	0.933	32	17.4	4.57	130
⑥	粉土	28.1	19.0	0.782	10	37.5	8.48	130
⑦	粉质黏土	32.9	18.5	0.911	31	17.5	4.95	130
⑧	粉细砂	—	—	—	—	—	—	200

【施工要点】

1. 施工准备

水泥土插芯组合桩施工机械有组合式与一体式 2 种，本工程采用组合式施工机械，包括水泥土桩施工机械和管桩施工机械。其中水泥土桩施工机械由三轴搅拌桩机改造而成。为了确保成桩直径，使土体切削搅拌更加均匀，在钻杆上设置了外径为 700mm 的断续螺旋片式搅拌翅，在钻杆底端设置了带有 6 片搅拌翅并具有喷射功能的特制钻头。

后台布置采用布局合理、节省空间、相互协调、操作简便的原则，其中水泥土罐布置在下风口，并采取扬尘遮挡措施，搅拌桶靠近水泥土罐，储浆池紧挨搅拌桶，泥浆泵布置在清水池和储浆池之间，以便向水泥土桩机中泵入浆液和清洗管路，如图 2-2 所示。

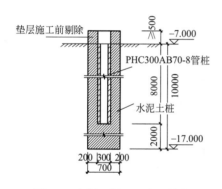

图 2-1 水泥土插芯组合桩结构

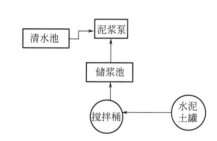

图 2-2 后台布置平面

2. 施工参数（表 2-2）

施工参数 表 2-2

序号	参数名称	单位	数值
1	水泥浆压力	MPa	0.4～0.6
2	钻杆旋转速度	r/min	20
3	钻杆下沉速度	cm/min	150
4	钻杆提升速度	cm/min	150
5	水灰比	—	1.0
6	水泥浆流量	L/min	55
7	喷浆搅拌工艺	—	四喷四搅

制桩质量的优劣直接关系到地基处理的效果。水泥土桩施工应确保加固深度范围内土体的任何一点均能经过20次以上的搅拌，并且施工中应严格控制喷浆提升速度，按照下列公式分别对每遍搅拌次数和喷浆提升速度验算。

$$N = \frac{h\cos\beta\sum Z}{V}n \tag{1}$$

$$V = \frac{\gamma_d Q}{F\gamma\alpha_w(1+\alpha_c)} \tag{2}$$

式中：h 为搅拌叶片的宽度，取 0.3m；β 为搅拌叶片与搅拌轴的垂直夹角，取 45°；$\sum Z$ 为搅拌叶片的总枚数；n 为搅拌头的回转数；γ_d，γ 分别为水泥浆和土的重度，取 15，18.6kN/m³；Q 为灰浆泵的排量；α_w 为水泥掺入比；α_c 为水灰比；F 为桩身截面积。

采用四喷四搅工艺，每点搅拌次数为 4N，每遍水泥掺入比为 3.75%。经计算得到 4N＝67.89＞20，V＝1.5m/min，采用上述参数进行施工是合理的。

3. 施工工艺

由三轴搅拌桩机升级改造而成的水泥土桩施工机械具有施工速度快、钻头故障率低等优点。根据该型机械的特点形成了适用于其施工的工艺，具体施工工艺如图 2-3 所示。在水泥土初凝前沉管桩，送桩至设计标高，施工工艺如图 2-4 所示。

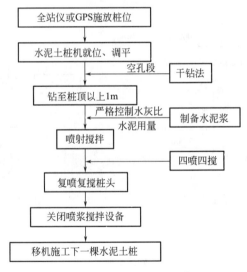

图 2-3　水泥土桩施工工艺

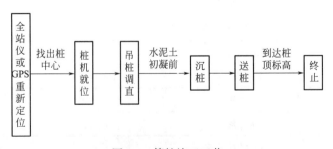

图 2-4　管桩施工工艺

采用上述工艺施工时，水泥土桩平均施工效率为0.75h/棵，返土约1m³，返土量为钻孔体积的15.3%，返土较干燥，无泥浆污染，该施工工艺合理。

4. 技术难点及处理措施

水泥土桩机在施工中遇到的问题主要有如下几个方面。

1）随着施工桩数的增加，螺旋片上携带的水泥土越来越多，若长时间不清理，螺旋片会被完全包裹，形成一个等同于螺旋片外径的圆柱状结构。

2）钻杆由于重力作用自由下垂，碰到较硬地层容易跑偏，造成水泥土桩与管桩不同心。

3）地层中有砂层，钻头磨损较快，钻进能力下降。

针对上述问题，结合工程实际，采用如下处理措施。

1）开始一棵水泥土桩施工时，随着钻进深度增加，采用人工方式及时清理螺旋片上的水泥土，可以每天清理一次，水泥土在螺旋片上就不会累加。

2）遇到较硬地层时，可以多钻进几遍，经过钻头的多次切割，可以将钻杆调直，确保水泥土桩的垂直度。

3）钻头磨损2~3cm、当天施工任务完成后及时在钻头上补焊耐磨金属。

【效果检测】

1. 成桩质量

成桩质量对于水泥土插芯组合桩复合地基来说，水泥土桩与管桩是否同心是决定桩基承载力的重要因素。管桩施工前若发现明显的不同心现象，采取措施纠正。本工程严格按照工艺要求及技术难点处理措施把控质量，水泥土插芯组合桩同心效果良好。对水泥土插芯组合桩复合地基质量影响较大的另一个因素为水泥土搅拌均匀程度。为了判断搅拌的均匀程度，可通过观察返土颗粒均匀性、返土中有无大的土块来判断。实际情况证明，返土颗粒均匀，无大的土块，搅拌效果良好。采用软取芯法检验水泥土强度，在标准养护条件下28d龄期的立方体抗压强度均大于3.5MPa，满足设计要求。测量桩位偏差<110mm，桩径>700mm，满足JGJ79—2012《建筑地基处理技术规范》要求。

2. 静载试验

每栋楼选取3点做单桩复合地基静荷载试验，选取1点做复合地基增强体单桩竖向抗压静荷载试验，其中21-055、23-069号桩做单桩静荷载试验。进行单桩复合地基静荷载试验时，选用方形承压板，承压板边长为2.1m，在承压板底面以下铺设粗砂垫层，垫层厚度为100mm。单桩复合地基静荷载试验压力-沉降曲线是平缓的光滑曲线。当$s/b=0.008$即沉降量为16.0mm时，对应的荷载值为487.7~660kPa，且按相对变形值确定的承载力特征值不应大于最大加载压力的一半，因此复合地基承载力特征值为330kPa。根据单桩竖向抗压静载试验结果，桩顶总沉降量$s<40$mm，因此取最大加载量的一半为单桩承载力特征值，即单桩承载力特征值为1050kN，满足设计要求。

【专家提示】

★ 水泥土插芯组合桩复合地基相比原设计的预应力管桩-筏板基础具有明显的技术优势与经济优势，节约资金12.7%~14.5%。水泥土插芯组合桩复合地基施工机械具有施工速度快、钻头故障率低等优点，根据该机械特点形成的施工工艺能够较好地指导施工。水泥土插芯组合桩复合地基存在螺旋片夹泥、水泥土桩与管桩不同心、钻头磨损等技术难点，根据其施工特点，提出了相应的处理措施。

★ 经检验，水泥土插芯组合桩成桩质量好，单桩复合地基承载力特征值与单桩承载力特征值均满足设计与规范要求，水泥土插芯组合桩复合地基取得了良好的应用效果。

专家简介：
宋义仲，山东省建筑科学研究院院长，E-mail：syzsdjky@sina.com

第二节　SDDC 桩结合灌注桩的垃圾填埋场地基处理案例分析

（一）概述

中国除县城之外的 668 个城市中，有 2/3 的城市处于垃圾包围之中，全国城市垃圾堆存累计侵占土地超过 5 亿 m^2。垃圾填埋场地基具有性质复杂、厚度变化大、强度较低、压缩系数大、腐蚀性和污染性强等特点，因此在服务期内和封顶后都会产生大幅度的沉降，且在填埋场封顶后，填埋体的沉降将持续二三十年甚至更长时间。

（二）典型案例

技术名称	SDDC 桩结合灌注桩地基处理技术
工程名称	西安市某拟建场地地基处理
工程概况	西安市某拟建场地位于西安市东郊浐河东岸，南临已建 4 号路，西临浐河东路。该场地主要以垃圾填埋杂填土为主，填埋深度 2～5m，场地地形起伏较大。拟建场地占地面积约 16807m²，并局部设有地下 1 层，其建筑占地面积 679.44m²，地上建筑占地面积 4728m²。拟建场地采用 SDDC 桩结合灌注桩对垃圾填埋杂填土进行处理。首先，对于非地下室区域，采用直径 1600mm SDDC 桩处理，桩长 7.5m，布桩采用等边三角形布置，桩间距 2.8m；其次，开挖地下一层区域，并对该区域采用 1600mm SDDC 桩处理，桩长 3.5m，布桩采用等边三角形布置，桩间距 2.8m；然后非地下室区域与地下一层区域分别采用桩长 9.0m，直径 600mm 灌注桩

【施工难点】

1）本工程中垃圾填埋杂填土，由于堆积时间、形成条件不相同，且厚度变化不均一等原因，导致其工程性质复杂、厚度变化大。

2）垃圾填埋杂填土组分复杂，堆积年限差异大，垃圾种类多，堆填方式随意，导致孔隙较大，压缩性大而强度低。与相同干密度的天然土相比，垃圾填埋杂填土的压缩性比天然土要高得多，变形模量一般都在 6MPa 以下，其地基承载力一般为 60～120kPa。

3）垃圾填埋杂填土是一种欠压密土，土质疏松，孔隙率高，一般具有较高的压缩性。

【机械设备和工艺】

1. 机械设备

（1）SDDC 桩夯锤

1）目前夯锤可用铸钢（铁）或混凝土作为材料，其作用机理基本相同。由铸钢（铁）制作的夯锤重心较低，冲击晃动较小，夯孔较稳定，夯坑开口易控制，但是在夯孔较深时，容易发生起锤困难。由混凝土制作的夯锤则相反，目前不被普遍采用。

2）夯锤形状有圆形和方形。圆形夯锤目前被普遍采用，这是由于方形夯锤落地方位易发生变化，与夯孔形状不完全重合，影响对桩的夯击效果。

3）夯锤底面积的选取一般取决于锤重，若夯击能加大，则锤重加大，静压力值相应加大。

4）夯锤宜设若干排气孔，用于排除瞬时孔压，孔径宜取250～500mm，孔径过小容易堵孔，丧失作用。根据拟建场地工程地质条件和设计施工要求，选用400履带式强夯机，吊臂高27.5m，起吊1200mm，长3.2m，重10t的桩锤冲击成孔，桩锤为铸钢材料，锤头成圆弧形。针对本工程场地内存在大量垃圾填埋土，不能直接使用夯锤开孔，只能先借助旋挖钻机开孔后再利用夯锤分层填土强夯。

（2）灌注桩成孔机具

灌注桩施工的关键是成孔，而成孔后的浇筑工艺则比较简单。灌注桩成孔主要采用机械成孔，便于提高施工效率。采用机械成孔主要有挤土成孔和取土成孔2种方法。

1）挤土成孔　打、拔钢管通常采用振动锤，一般采取边拔管边灌注混凝土的方法进行施工，从而大大提高了灌注桩的质量。采用挤土的方法一般只适于直径在500mm以下的桩，对于大直径桩只能采用取土成孔的方法进行施工。

2）取土成孔　取土成孔可分为全套管法、回转斗钻孔法、螺旋钻孔法和反循环法。根据拟建场地工程地质条件和施工设计要求，选择回转斗钻孔法，采用SR150C型旋挖钻机进行取土成孔，其原理是钻斗为一个直径与桩径相同的圆斗，斗底装有切土刀，斗内可容纳一定量的土，斗底刀刃切土，并将土装入斗内，装满后提起钻斗把土卸出，再行落下钻土、提土。

2. 施工工艺

在对拟建场地进行SDDC桩处理的基础上，按照上部建筑结构荷载要求，在建筑物的承重部位进行钻孔灌注桩设计，以确保处理后可以满足上部结构的要求。SDDC桩采用"隔行跳打"的原则施工，施工工序如图2-5所示，首先施工Aa、Ab、Ac、Ad、A1、A2、A3、A4，然后施工C1、C2、C3、C4、Ca、Cb、Cc、Cd，最后施工Ba、Bb、Bc、Bd、B1、B2、B3、B4。

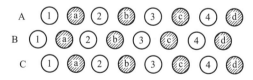

图2-5　SDDC桩施工工序

【施工要点】

1. SDDC桩施工流程及要点

（1）施工工艺流程（图2-6）

（2）施工要点

1）平整场地、清除障碍物，为机械作业提供场地条件。对于施工深度较大、柱锤长度不够的情况，可采取先取部分土后冲扩施工。

2）施工时桩位放线时，为保证桩点的醒目、持久，以防漏掉，采用在场地纵横向撒

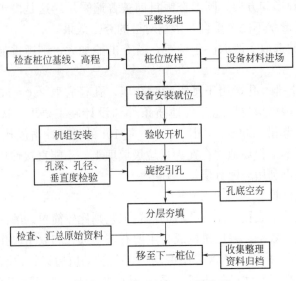

图 2-6　SDDC 桩施工工艺流程

白灰线或在桩位处灌入白灰的方法。

3）垃圾填埋场地直接冲击成孔无法达到施工质量要求，只能借助旋挖钻机先成孔后对孔进行冲击，达到挤密冲击成孔的目的，成孔偏差应≤50mm。

4）锤的质量、落距、夯击材料、分层填料量、总填料量等应根据现场试验确定。本次施工在分层夯填过程中，当回填深度＞1/2 桩长时，夯锤至少提升 8m，夯击 4 次；当回填深度≤1/2 桩长时，夯锤至少提升 5m，夯击 6 次。

2. 灌注桩施工流程及要点

（1）施工工艺流程（见图 2-7）

（2）施工要点

1）进行钻孔施工时，钻杆位置应准确定位，保证钻杆垂直稳固，以防因钻杆晃动而引起扩大孔径，造成不必要的工程质量误差。

2）进行钻孔施工时，应随时观察孔内实际情况，用于反馈下一阶段的钻进施工，调整钻进速度。

3）进行钻孔施工时，如果孔口出现积土或散落土，应及时处理，特别是针对地下水、塌孔、缩孔等异常情况，应做应急处理。

4）桩顶以下 5m 范围内进行混凝土浇筑时应做到随浇随振动，并且每次循环浇筑高度均不允许超过 1.5m，从而实现对灌注桩工程质量的控制。

【质量控制】

质量控制标准：①测量放线：桩中心位置偏差≤50mm。②SDDC 桩：分层夯填过程中，当回填深度＞1/2 桩长时，夯锤至少提升 8m，夯击 4 次；当回填深度≤1/2 桩长时，至少提升 5m，夯击 6 次。保证桩的长度大于垃圾土的厚度，成桩孔径必须＞1.8m，桩体土达到中密～密实，桩间土达到中密以上。单桩竖向抗压极限承载力达到 2000kN，其承载力特征值均达到 1000kN。③灌注桩抗压极限承载力必须＞2900kN。④混凝土强度≥设计强度。

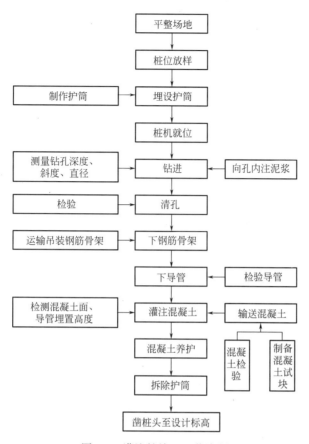

图 2-7 灌注桩施工工艺流程

【地基处理效果分析】

通过对 SDDC 桩的各项检测得到如下结果：单桩竖向抗压极限承载力均为 2000kN，其承载力特征值均为 1000kN，承载力特征值 180kPa，非地下室区域桩体密实度在桩长处理深度范围内为中密，地下室区域桩体密实度在桩长处理深度范围内为中密～密实，非地下室区域桩间土密实度在桩长处理深度范围内为中密，地下室区域桩间土密实度在桩长处理深度范围内为中密，满足设计要求。通过对混凝土灌注桩的各项检测得到如下结果：灌注桩的抗压极限承载力均＞2900kN，桩身结构完整，完整性类别判定为Ⅰ类，满足设计要求。

【专家提示】

★ 孔内深层超强夯法通过挤密作用降低桩间土的孔隙比，充分利用和发挥桩间土的承载力，从而提高了复合地基的承载力。孔内深层超强夯法设备简便，施工质量容易控制，同时本工程填筑料采用大量建筑垃圾，就地取材，如碎砖、灰土、混凝土碎块等，极大地减少建筑垃圾的运输和填埋量，具有良好的节能环保性。

专家简介：

毛正君，西安科技大学地质与环境学院，E-mail：zhengjun _ mao@163.com

第三节　超高填方地基分层回填强夯加固关键技术

（一）概述

工程界一般将回填高度＞20m的填方地基称作高填方地基。近年来在工程实践中，动辄几十米，甚至上百米的超高填方地基层出不穷，传统的土石方回填和地基处理方法限制了高填方地基的应用范围，在原地面处理、回填方法、地基处理工艺上如果采取的工程措施不当，高填方地基的回填高度和加固效果会受到限制，由此形成的隐患也很多，如地基沉陷、边坡滑坡、不均匀沉降等。如何找到一种高效、安全的超高填方加固方法，广大工程技术人员一直在工程实践中不断摸索。

（二）典型案例

技术名称	超高填方地基分层回填强夯加固技术
工程名称	九寨黄龙机场
工程概况	九寨黄龙机场位于青藏高原南麓，四周群山环绕，机场场址位于一个连续的半山坡上，原地貌高差较大，有多条冲沟垂直于跑道轴线，机场建设要挖掉3条山脊，填平7条冲沟，土石方回填高度达到106m，创造了当时高填方施工的新纪录，是目前资料可查的世界第二高填方，所以高填方施工难度巨大。在项目实施中，项目人员在总结以前施工经验和本项目实践中，采用分层回填、分层强夯组合加固技术，即通过采用原地面地基处理、挖填交界面挖台阶、分层回填、分层强夯处理等一系列加固技术，提高了高填方地基的回填高度，使得高填方地基在基础建设中的作用显著增强。此后该技术在昆明长水国际机场等多项高填方施工中得到应用和完善，形成了一套成熟的施工工艺，即采用分层回填、分层强夯，通过调整土方回填参数和分层强夯参数，并进行变化组合，对高填方地基进行有效加固，使得加固效果、地基承载力和工后沉降均能满足设计要求，且具有快速、高效、安全和环保等特点

【施工要点】

1. 飞行区超高填方地基分层回填分层强夯组合加固措施

（1）飞行区原地面处理

由于飞行区高填方地基的附加荷载主要是填筑体本身的自重，随着填筑高度的加大，原地面承受的附加应力也在急剧增加，在这样强大的附加应力作用下，对地基强度和变形的要求就很高。在土石方填筑前，必须将填筑体后期变形影响较大的原地面腐殖土、地面植被、软弱土等清除干净，采取换填或置换的方法，回填质量较好的土，一般土石比＜7:3，并采取相应的处理措施。根据机场飞行区岩土勘察报告和设计要求，兼顾强度和变形的要求，对原地面土质较好的地段采用碾压、强夯和桩基等手段进行处理，在高填方坡脚外侧有临空面的区域，采取了抗滑桩、挡墙等措施，尤其在不良地质条件地段，如溶洞、滑坡、断层和软土地基等，采取了相应的工程措施，满足高填方对地基的要求。

（2）填筑体挖填交界面挖台阶参数

挖除原地面松散的表土，使填方与挖方区紧密接触，台阶的宽度和高度可以根据原地面的坡度，结合强夯布点参数和回填厚度确定，宽度≥1～2排强夯夯点的距离，高度为1

个回填层厚度。由于施工区场地地形复杂，陡缓差异较大，采取了不同的台阶处理方法。如果原地面坡度较缓，台阶宽度可以按布置≥1~2排强夯夯点的宽度进行开挖，台阶高度可不受限制，可以用挖出的台阶宽度来控制台阶高度，尽量与每个回填亚层的高度接近。如果原地面坡度较陡，台阶宽度可能不足以布置1~2排强夯夯点时，宽度可以适当减小，但最小宽度≥1m，可以用台阶高度来控制台阶宽度，台阶高度尽量与回填层厚度相近，保证挖填区域有合理的过渡空间，如图2-8、图2-9所示。

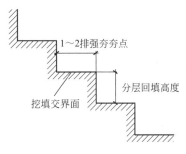

图 2-8　挖填交界面处理

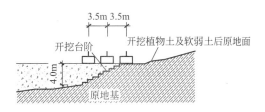

图 2-9　接坡强夯处理整体示意

（3）飞行区土石方分层回填

分层回填时采用堆填的方法，严禁采用抛填的方法，抛填施工时，土石方自上而下倾卸，回填料大小颗粒自然分选，细颗粒留在上部，粗颗粒顺坡分布在中下部，回填层颗粒级配极不均匀，粗细颗粒严重分化，在进行强夯处理时，地基土密实度很难达到最大密实度，容易出现整体沉降和不均匀沉降，影响高填方地基的稳定。正确的施工方法是在回填面上自卸汽车渐次紧邻倾倒土石方，然后用推土设备推平，整平后形成1.0~1.5m回填亚层，一个回填层由若干回填亚层形成。回填层厚度由强夯能级决定，回填亚层的层数由回填层厚度决定。采用堆填法可使回填料均匀，级配合理，地基处理效果好。

（4）飞行区填筑体分层强夯

高填方的强夯应分层填筑、分层强夯，强夯的分层厚度应根据强夯能级的不同采取不同的厚度，结合土石方回填和分层强夯的效率，兼顾了目前主流设备的施工能力，常用强夯能级为3000~8000kN·m。对于道槽区采用坚硬碎石土作为填料的分层厚度宜采用4~5m，强夯能级一般采用3000~4000kN·m，对于土面区采用易风化、易软化岩碎石土和细粒土作为填料的分层厚度，宜采用6~7m，强夯能级采用4000~6000kN·m，做到了经济合理，施工安全性好。由于强夯的单位击实功很大，夯点往往形成超压密柱。对强夯分层层面之间具有锁紧和嵌固作用，有利于高填方边坡的稳定。因此，强夯的能级选用，对于填方地基，当加固深度相同时，应大于一般天然地基的处理能级。昆明长水机场在实际操作中土石方回填分层厚度比强夯能级的有效加固深度少1m左右，这样每个强夯加固墩体可以延伸进入底层回填层，形成相互啮合的状态，充分保证了填筑体本身的稳定性。

1）分层强夯的布点要求（以正方形布点来说明）

夯锤夯击时会对地基土产生附加应力，土力学中假设附加应力沿着45°角扩散，所以无论采取正方形还是三角形布点形式，主夯点的间距与相应能级的有效加固深度相近，间距太小，应力出现重合会造成能量浪费；间距太大，夯间土得不到有效加固。在昆明长水机场通过多个试验区的强夯试验，得出了常见能级的夯点间距经验值：4000kN·m 能级主夯点间距应≥6m，6000kN·m 能级主夯点间距应≥8m，8000kN·m 能级主夯点间距应≥8m，12000kN·m 能级主夯点间距应≥11m，其他能级的主夯点间距可参考相关规范；上、下两个回填层强夯主夯点位置要错开，以便上层回填层强夯加固墩体和下层回填层形成互相啮合的状态，有利于填筑体的整体稳定；单点夯击次数和最后两击的控制标准均由设计单位提出并经强夯试验确定。

2）满夯施工

每层强夯点夯完成后，均增加最后一遍满夯，进行松散表层的处理。满夯施工时，满夯点之间最好采用相互搭接的布点形式，不留夯击盲区。为方便施工现场强夯设备行走，可以采用隔排施工的方法。满夯施工尽量采用轻锤高夯的夯击方法，能获得较大的动能，提高每个回填层地基处理的均匀性、密实性，减少工后沉降，确保每一回填层的处理效果达到设计要求。

（5）飞行区高填方边坡稳定措施

高填方地基形成的边坡高度较大，一旦失稳，造成的破坏严重，所以要慎重对待。

1）填筑体边坡坡体防护

高填方填筑体的边坡结构一般有 2 种：①按照自然坡率或设计坡率放坡，然后在边坡外侧施工各种防护结构，如拱形、菱形等圬工或混凝土结构。②加筋土边坡，这种边坡具有结构简单、力学性质明晰、节约用地等特点，有反滤、泄水、防护、防冲刷等作用，但高度不能太大。昆明长水机场高填方边坡采用前者。边坡的防护结构施工往往在高填方填筑到一定高度后才开始，建筑体的分层填筑分层强夯与边坡结构的施工交替进行，要注意高填方地基的处理范围要大于边坡的施工范围，即边坡防护结构施工时，土方开挖要挖除一部分经过夯实处理的地基土，然后再对边坡土方分层碾压，分段砌筑，保证地基处理不留死角。

2）边坡坡脚防护

在高填方边坡失稳的案例中，边坡坡脚失稳的比例较高，在工程实践中，综合考虑强度和变形的要求，对坡脚地基进行相应处理。在高填方坡脚外侧有临空面的场地，采取了抗滑桩、挡墙等加固措施，尤其对不良地质条件进行了处理，如溶洞、滑坡、断层和软土地基等，避免高填方边坡沿软弱滑动面滑动失稳，从而满足高填方对坡脚地基的要求。

（6）高填方地基盲沟设置

水是造成高填方地基失稳的重要因素，大多数高填方地基是在沟谷中通过土方平衡填筑而成，这就对原有排水系统造成了破坏，如果不进行疏导，降雨形成的地面径流就会对高填方填筑体造成影响和破坏。

1）高填方填筑前原地面的排水盲沟设置

在充分了解了原状沟谷的汇水方式和走向后，在土石方填筑前，用多个粒径组成级配碎石、透水土工布等透水性材料，按照一定方法做成渗水沟（盲沟），盲沟属于柔性构筑物，可以基本沿着现有地形进行布置。在高填方填筑体底部形成一个人工的完善地下排水体系，因为盲沟沟体材料大部分为颗粒填料，而且进行了级配分选，颗粒之间互相嵌挤，具有一定的强度，不影响高填方填筑体的支撑，对高填方填筑体的稳定性影响也较小。

2）填筑体中的盲沟设置

在填筑体覆盖区域范围较大、径流也较大的情况下，单一通过填筑体底部进行盲沟排水已经达不到快速排除地面径流的效果，这就要求通过多层盲沟系统来快速高效地排除地下水。为避免强夯对盲沟的破坏，填筑体盲沟设置在每个回填层经过强夯处理的表面，在进行上层回填层的强夯时，不至于对盲沟造成破坏。

3）盲沟出水口设置

结合高填方地基边坡的砌筑，合理设置盲沟出水口的位置，保证排出的地下水不对边坡造成冲刷，盲沟出水口要用级配材料做反滤层，并用透水土工布包裹，防止水流将填筑体细颗粒材料带出，对填筑体造成破坏。

2. 沉降观测

飞行区填筑体土石方填筑和地基处理完成后，一般要经过 1～2 个雨季（自然密实周期）；地基沉降变形监测从施工开始就要持续进行，完工后地基沉降变形监测时间一般不得少于 3 个月。高填方地基的工后沉降根据回填材料的性质和建筑物类型的不同，允许值在 50～300mm。采用分层回填、分层强夯组合施工技术，整体沉降能快速稳定，在设计规定时间内达到稳定标准。地基沉降板监测点的安装及埋设如图 2-10 所示。

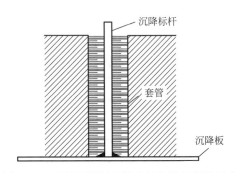

图 2-10　地基沉降板监测点的安装及埋设示意

由于沉降观测点及观测资料繁多，只选取其中某一监测点不同监测时间的沉降记录，从数据上看沉降趋势总体呈收敛状态。

3. 施工质量控制

（1）试验段

正式施工前，要在典型的地段进行试验性的施工，以便确定和验证土石方回填及强夯施工参数。试验性施工结束后，须进行处理效果的检测，提出总结报告。

（2）强夯参数与回填厚度选择

根据主流的施工设备，结合工期和施工效率，合理选择强夯能级和分层回填厚度，达到良好的经济效益。

（3）分层检测

每个回填层处理结束后，一定要分别进行检测，确保每一回填层的处理效果达到设计要求，不留隐患。

【专家提示】

★ 九寨黄龙机场飞行区超高填方填筑体施工采用分层回填、分层强夯组合施工技术，处理后完全达到了预期的效果，经受住了汶川特大地震的考验，震后飞行区、跑道基本能满足飞行要求，为灾后抢险和重建做出了很大贡献。超高填方地基通过土方分层回填和强夯能级的技术组合，通过调整不同的分层回填参数和不同强夯参数，通过有效的工程措施，对超高填方地基进行高效处理，原则上可以处理当前技术条件下任意高度的超高填方地基。

专家简介：

李锋瑞，山西机械化建设集团公司高级工程师，国家一级注册建造师，E-mail：sxxjhlfr@163.com

第四节　分层强夯法在沙漠松散地基处理中的应用

（一）概述

随着国民经济的快速持续发展，我国对石油、天然气等资源的需求越来越大。中亚地区因富含丰富的油气资源受到中国企业的青睐，相应的建设工程在中亚地区日益增多。该地区绝大部分位于沙漠缺水地带，其中土库曼斯坦80％以上的国土均处于沙漠中。沙漠土质松散、强度低、压缩性高、颗粒细且尚未完成自身固结，作为建设用地不做处理无法满足基础设施和工业与民用建筑结构设计要求。因此，在该区域投资开发建设，首要任务就是对松散砂土地基进行加固处理，在经加固处理后使地基承载力、变形及均匀性等都能满足工程建设要求后，方可进行上部结构设计与施工，以确保基础设施和工业与民用建筑工程的正常使用。分层强夯法是在传统强夯法的基础上采用分层填土、分层强夯的处理方式，加大了地基处理深度，提高了强夯的处理效果，具有非常广阔的应用前景。本文结合土库曼斯坦南约洛坦气田建设项目地基处理工程实例，阐述分层强夯法在沙漠地区深厚松散地基处理中的成功应用，所总结的分层强夯法设计参数和施工工艺及过程质量控制方法，可为我国西部大开发和涉外类似工程项目提供借鉴。

（二）典型案例

技术名称	分层强夯法
工程名称	土库曼斯坦南约洛坦气田商品气产能建设工程项目
工程概况	土库曼斯坦南约洛坦气田商品气产能建设工程项目位于土库曼斯坦马雷州南约洛坦地区，主要地形为固定垄岗沙地，局部地形为丘状沙地。厂址占地面积808171m²，拟建工程场地位于沙漠腹地，沙丘起伏较大，高差达15～30m。按照厂区整体规划设计要求，场地经平整后达到室外地面设计标高时，需要回填土深度＜5m区域约占厂区面积的35％，回填土深度5～7m区域约占厂区面积的15％，回填土深度7～15m区域约占厂区面积的10％。因此，本工程地基处理包括现有地面下的松散地基和回填土地基处理。拟建工程位于第四纪平缓的沙漠平原苏尔丹别科斯，海拔280.000～306.000m，地质构造属海西期后台坪的前科佩特达格坳陷。区域地貌单元为波状沙丘地貌。波状沙丘地貌地形起伏，以固定～半固定型沙丘为主，多呈梁窝状沙丘与滩地相间，局部地带为新月形活动沙丘。沙丘表面植被覆盖率5％～45％，表层多有盐渍土结皮，流动性小。

工程概况	根据本工程地质勘察报告提供的建设用地地层构成和特点,描述如下:①第四系上更新统~全新统(Q_{3-4})粉、细砂以风砂沉积为主,矿物成分为石英、长石、云母等,松散~稍密为主,局部含少量黏性土,表层多有盐渍土胶结层。②第四系全新统(Q_4)粉、细砂含黏性土为冲洪积地层,主要分布在穆尔加布河河谷及两岸,矿物成分为石英、长石、云母等,松散~稍密为主,干燥~很湿,分布于穆尔加布河及卡拉库姆河河谷及两岸。③第三系上新统(N_2)粉、细砂含黏性土矿物成分为石英、长石、云母等,干燥为主。 区内地下水主要为沙漠滩地孔隙潜水及河谷冲积层潜水,波状沙丘区地下水位埋藏较深,开挖深度内无地下水分布

【施工要点】

1. 地基处理

工程实践中对于沙漠地区深厚松散砂土地基的密实处理通常采用振冲挤密碎石桩法、水坠法、强夯法进行加固处理。由于本工程建设地点位于卡拉库姆大沙漠腹地,交通运输条件差,且购买建筑材料需要长途跋涉。振冲挤密碎石桩处理方法需要大量的碎石和施工用水,必然造成造价高和工期长的不利局面;水坠法的原理是分层铺设砂土,浸水至其饱和,再用碾压机反复碾压或人工夯实,从而提高砂土密实度,达到工程需要的承载力和变形要求,具有施工工艺简单、就地取材的优点,但因土库曼斯坦地区极度缺水使该方法难以实现。由于建设用地周边无其他居住建筑和工业设施,不需考虑噪声和振动影响,且强夯法也无须任何建筑材料和施工用水,因此本工程地基处理最终选用强夯法。

如前所述,本工程自然地面现状起伏较大,且绝大部分自然地面现状标高低于厂区规划室外地面标高,最大填方处深度达到15m,同时现有地面下也有1~2m厚的松散砂土地基,距现有地面1~2m以下土层为中密细砂层,因此整个厂区回填地基处理深度呈现厚度不一的阶梯状。根据以往将大面积采石坑、鱼塘及烧砖弃土坑等进行回填处理作为建设用地的工程实践经验,对于本工程回填底面不在同一标高的地基处理,采用将回填底面挖成斜坡搭接,按先深后浅的顺序进行分层回填、分层强夯施工。由于采用与现状起伏处相近土质进行分层回填、分层强夯施工,在搭接处易被夯实的同时,也能保障处理后整个地基的密实性和均匀性。

2. 强夯参数

由于本工程属于涉外项目,且强夯设备需从国内调配,因此本工程根据勘察报告提供的地质土层构成情况和上部结构对地基加固处理要求,同时参考规范中提供的不同夯击能在加固与本工程地质土层构成相似土质的预估有效加固深度,并结合以往工程实践经验,选用夯击能为2000~4000kN·m中小夯击能强夯设备进行分层强夯施工。采用中小夯击能强夯设备既适用于分层强夯施工,又能节省从国内调配设备运输成本,施工安全和质量也易于保证。在大面积正式施工前,首先在施工现场采用夯击能为2000~4000kN·m的强夯设备对具有代表性的场地进行试夯,以确定强夯设计参数和大面积正式施工工艺参数。为使试夯工艺参数具有针对性和便于大面积正式强夯施工管理,结合建设用地地表起伏相较于结构竖向设计标高要求,经过对自然地面所测标高网格统计分析,将分层强夯区域分为4大处理类型,并分别通过试夯确定出不同回填厚度的分层数量、强夯能级、夯击数、夯击间距等施工工艺参数，如表 2-3 所示。表 1 中处理深度为达到结构竖向设计标高要求时的回填土厚度和现状地面下 1～2m 厚松散砂土之和，主、插夯点平面如图 2-11 所示。

强夯设计参数

表 2-3

处理类型	Ⅰ类	Ⅱ类	Ⅲ类	Ⅳ类
处理深度	≤5.0m	5.0～7.0m	7.0～10.0m	10.0～15.0m
主夯点夯击能	2000kN·m	4000kN·m	3000kN·m	3000kN·m
主/插夯点布置、间距	正方/梅花状布置 3.25m×3.25m	正方/梅花状布置 3.25m×3.25m	正方/梅花状布置 3.25m×3.25m	正方/梅花状布置 3.25m×3.25m
夯击遍数	点夯1遍、插夯 1遍、满夯1遍	点夯1遍、插夯 1遍、满夯1遍	点夯2遍、插夯 2遍、满夯1遍	点夯3遍、插夯 3遍、满夯1遍
夯击击数	6～8击	7～9击	7～9击	7～9击
满夯夯击能	1000kN·m	1000kN·m	1000kN·m	1000kN·m
备注	1次回填 1次强夯	1次回填 1次强夯	2次回填 2次强夯	3次回填 3次强夯

3. 分层强夯施工过程控制

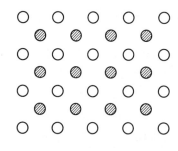

○ 主夯点　◐ 插夯点

图 2-11　夯点平面布置

相较于场地基本平整的原有沉积土（或一次性大面积回填土）软弱地基的强夯施工，分层强夯施工时要求回填施工与强夯施工必须密切配合。根据实际处理区域相对应于表 1 的处理类型，按先深后浅的顺序进行分层回填、分层强夯施工，分层强夯施工严格执行表 1 中强夯设计及施工工艺参数要求。在每一处理类型第 1 层强夯施工前，做好回填底面搭接斜坡的同时，还应根据现状地面下松散砂土实际深度确定第 1 次回填土厚度，回填施工严禁出现超标高回填的情况。考虑到强夯加固处理和土的自重固结双重作用，分层回填厚度可自下而上依次减少。针对本工程 4 大处理类型区域实施分层强夯施工的工艺参数和过程控制方法进行归总如下。

1）对于回填土深度≤5.0m 的Ⅰ类处理区域，均采用 2000kN·m 夯击能进行 1 遍点夯和插夯，最后用推土机将场地推平，采用 1000kN·m 夯击能满夯 1 遍。

2）对于回填土深度 5.0～7.0m 的Ⅱ类处理区域，均采用 4000kN·m 夯击能进行 1 遍点夯和插夯，最后用推土机将场地推平，采用 1000kN·m 夯击能满夯 1 遍。

3）对于回填土深度 7.0～10.0m 的Ⅲ类处理区域，分 2 次回填 2 次强夯。第 1 次回填土至标高 300.000m 处，均采用 3000kN·m 夯击能进行 1 遍点夯和插夯；检验合格后再回填土方至设计场平标高 304.000m 处，然后均采用 3000kN·m 夯击能进行 1 遍点夯和插夯；最后用推土机将场地推平，再采用 1000kN·m 夯击能满夯 1 遍。

4）对于回填土深度 10.0～15.0m 的Ⅳ类处理区域，分 3 次回填、3 次强夯。第

1 次回填土至标高 295.000m 处，均采用 3000kN·m 夯击能进行 1 遍点夯和插夯；检验合格后第 2 次回填土方至标高 300.000m 处，均采用 3000kN·m 夯击能进行 1 遍点夯和插夯；第 3 次回填土方至设计场平标高 304.000m 后，均采用 3000kN·m 夯击能进行 1 遍点夯和插夯；最后用推土机将场地推平，采用 1000kN·m 夯击能满夯 1 遍。

【专家提示】

★ 在中亚地区进行的建设项目，因地制宜地选择分层强夯法加固处理沙漠地区深厚松散砂土地基的成功案例，无疑将对上述地区的软弱地基处理起到借鉴作用。特别是在广袤无垠和缺水的沙漠地区，其无须建筑材料和施工用水、施工设备及工艺简单、施工组织调度快且施工周期短、造价低廉、加固处理效果显著等诸多特点，将会得到更广泛的推广和应用。

专家简介：

李庆伟，中冶建筑研究总院有限公司高级工程师，注册土木工程师（岩土），E-mail：jiegou311@163.com

第五节　沉井振冲式钢筋混凝土桩复合地基施工技术

（一）概述

传统的振冲地基在施工过程中，出现了很多问题，尤其是在桩体成孔过程中出现了严重的塌孔现象，给现场施工操作带来了很多的不便，最终成桩的质量也不是很好，严重影响地基的承载力。同时，成孔出现塌孔现象处理较困难、费时，给施工造成诸多的问题。对于高层建筑或对地基承载力要求很大的情况下，传统的振冲地基是无法满足高承载力要求的，如何选择既经济、安全，又方便施工的地基基础设计显得尤为重要，特别是对于有抗拔设计要求的桩基。

（二）典型案例 1

技术名称	沉井振冲式钢筋混凝土桩复合地基施工技术
工程名称	上海市某高层建筑
工程概况	某高层建筑地基加固项目地处上海典型饱和软黏土区域，原地基土层强度极低，现场实测最大承载力值≤70kPa，给项目施工带来了很大的难题。整个项目占地面积 20785m²，地下软黏土层深 17.3m，含水率较大，设计桩长 22m，桩孔直径 900mm，桩孔间距 3000mm，整个项目设计复合桩 2300 余根。施工现场面临的最大困难是大型施工机械难以进场施工，必须按照"先局部地表处理，再进行沉井振冲桩施工"的顺序，施工方案中提出从项目的南侧地下水位较低的区域向北侧地下水位较高的区域展开施工，即从项目的南侧进行局部（≥100m²）地表加固处理，让大型机械设备先在局部进行施工，对已施工完毕的沉井振冲桩所在区域再进行范围内的地表处理，以此为基点全场全范围开展。针对以上面临的施工难点，经过专家论证，采用沉井振冲法对钢筋混凝土复合桩地基进行施工可行有效

【施工要点】

1. 施工工艺

沉井振冲式钢筋混凝土复合桩地基施工工艺流程如下：定位→埋设护筒→振冲下沉调试→预制管井埋设→振冲下沉→预制管井接长→继续振冲下沉→清孔→吊放钢筋笼→灌注混凝土→振捣、成桩→移位。

1）定位　起重机运行到指定的桩位处，吊起振冲器对中并保持稳定、垂直，当地面起伏不平时，应调整基座保持水平。

2）埋设护筒　埋设前，应按设计图定位出桩孔中心位置并编号，护筒的作用是固定桩孔位置，防止地面水流入，保护孔口，防止塌孔，成孔时引导振冲方向；护筒用10mm厚钢板制成，内径比预制管井的外径大50～100mm，顶面高出地面300～500mm，埋设深度≥1.8m。

3）振冲下沉调试　启动潜水电机带动偏心块，使振冲器产生高频振动，同时开动水泵，通过喷嘴喷射高压水流成孔，初步成孔深度控制在0.8～1.0m，停止振冲操作，拔出振冲器调试观察。

4）预制管井埋设　第1段预制管井埋设应准确定位，埋设深度应和调试成孔深度一致，达到0.8～1.0m，埋设完毕应复核管井埋设位置和垂直误差情况。

5）振冲下沉　振冲下沉过程中，振冲器端头应低于预制管井底部至少0.5m，以便预制管井靠自重顺利下沉；当预制管井下沉困难时，应留振10～20s进行扩孔，适当时从顶部给预制管井施加少许压力以助下沉。

6）预制管井接长　当前一段预制管井顺利下沉，并预制管井的顶部与护筒顶部大致齐平时，进行预制管井的接长。

7）继续振冲下沉　重复上述5）～6）的步骤，直至全部完成成孔施工。

8）清孔　成孔施工完毕后，应进行适当的清孔。

9）吊放钢筋笼　清孔完毕，进行钢筋笼的吊放施工，就位后进行适当的临时固定，其中钢筋的设置可根据地基承载力要求进行设计。

10）灌注混凝土　钢筋笼吊放完毕，将已拌制好的混凝土从孔口进行浇筑，并应分层浇筑。

11）振捣、成桩　每层浇筑的厚度控制在400～600mm为宜，并分层振捣密实，如此自下而上反复进行直至孔口，成桩施工即告完成。

12）移位　重复上述1）～11）步骤，再进行下1根桩的施工。

2. 技术要点

1）预制管井采用钢筋混凝土空心管，每段长度2m，壁厚≥100mm，预制管井内径尺寸应和设计桩尺寸相等。

2）预制管井中心与设计孔径中心的偏差应<20mm，管井垂直度偏差应≤0.5%。

3）振冲下沉过程中，水压控制在500kPa左右，水量控制在300～400L/min，振冲器下沉的速度控制在2～3m/min。

4）预制管井的接长采用浆锚连接。

5）混凝土采用细石混凝土，石子粒径应控制在10～15mm，砂采用粒径0.3～0.5mm的中粗砂，砂石含泥量均≤2%，混凝土的水灰比应控制在0.45～0.55。

(三)典型案例 2

技术名称	强夯法＋CFG 桩在湿陷性黄土地区地基处理技术
工程名称	包头市开元小区工程
工程概况	包头市开元小区工程位于包头市新都市区中部,北从青山路以南,南至纬三路,西从经十一路,东至经七路,总占地面积约 365 亩。该工程由 45 栋商住楼组成,其中 27 层住宅楼 4 栋,建筑高度为 79.7m,25 层住宅楼 6 栋,建筑高度为 73.9m,18 层住宅楼 18 栋,建筑高度为 53.4m,15 层住宅楼 1 栋,建筑高度为 44.7m,11 层住宅楼 1 栋,建筑高度为 33.1m,6 层住宅楼 7 栋,建筑高度 18.6m,建筑层高均为 2.9m;2 层底商 8 栋,建筑高度 8.6m,首层层高 4m,二层层高 3.6m。住宅部分整体设 1 层地下室,基础预理深度为－6.8～－7.0m,基础形式采用筏板基础,结构形式采用框架剪力墙结构;2 层地上部分不设地下室,结构形式采用框架结构。本场地的地貌单元属山前冲洪积扇中部,地形北高南低,孔口高程在 1063.74～1071.48m,地下水位在－10.8～－17.6m,属潜水。地层分别为第四系全新统冲、洪积和第四系上更新统冲积地层,从地表向下依次为素填土、粉砂、砂砾、湿陷性粉土、砂砾、粉质黏土等,具体土层分布分述如下:素填土厚度变化 0.2～2.8m,层底标高 1062.370～1070.680m;第①层粉砂厚度变化 0.3～5.1m,层底标高 1061.520～1069.360m;第②层砾砂厚度变化 0.2～6.1m,层底标高 1057.550～1068.160m;第③层湿陷性粉土厚度变化在 0.5～8.2m,层底标高 1053.420～1065.240m;第④层砾砂厚度变化在 0.5～9.5m,层底标高 1051.600～1059.180m;第⑤层粉质黏土厚度变化在 8.3～15.9m,层底标高 1038.520～1045.730m;第⑥层粉质黏土厚度变化在 8.9～11.4m,层底标高在 1029.510～1035.520m;第⑦层砾砂厚度变化在 1.2～6.0m,层底标高在 1028.310～1033.200m;第⑧层粉质黏土。场地内浅层土质分布较为复杂,特别是第③层湿陷性粉土厚度变化大,厚度由 2～5m 分布不稳定,地下静止水位埋深 10.8～17.6m,属地下潜水类型

【施工要点】

强夯法地基处理

(1)强夯技术参数设计

本工程属Ⅰ级非自重湿陷性黄土场地,楼座设计±0.000 绝对标高为 1069.600～1070.800m,基础埋深为－7.0m。根据 CFG 桩复合地基设计要求,基底以下 2～5m 厚湿陷性粉土在强夯处理后要求全部消除湿陷性,地基承载力特征值达到≥200kPa,压缩模量 E_s≥16MPa。根据以上设计要求及 GB50025—2004《湿陷性黄土地区建筑规范》和 CECS 279:2010《强夯地基处理技术规程》中相关规定确定以下强夯参数:强夯加固深度≥6m,采用单击夯击能 3000kN·m。采用 W1002 履带式起重机,220kN 重锤,直径 2650mm,锤底静压力为 39.9kPa。夯位采用正方形布点、夯点间距选用 4.0m,夯击次数为 8～12 击。根据本地区强夯施工经验,强夯施工选取 3 遍夯法。第 1、2 遍为间隔跳位互补夯,第 3 遍为夯位压叠满面夯,每遍间隔时间在 4d 以上。强夯施工范围应大于拟建建筑基础范围,超出建筑基础外边缘≥3m 的宽度。

（2）强夯施工

1）试夯

为保证该工程大面积强夯施工质量，在场地现场选取 4 号楼区域进行试夯工作。试坑约 500m²，土层开挖深度为 6.0m，强夯试验按照单点强夯和整片强夯分别进行，单点强夯试夯经 18 次夯击总沉降量为 509mm、单夯最大沉降量为 1100mm，伴随锤击次数的增大单击沉降量逐渐减小，11 击以后单夯沉降量≤100mm，根据标准确定最佳夯次为 11 击。试夯场地整体地面强夯后比强夯前总沉降量为 890mm。

2）强夯施工流程

施工准备→土方开挖→测量放样→第 1 遍强夯→第 2 遍强夯→第 3 遍满夯→强夯检测。

（3）CFG 桩复合地基处理

本工程经过强夯处理后地基复合承载力特征值为 200kPa，仅能满足 6 层建筑地基强度要求，设计院提供的建筑物地基承载力分别为 18 层 320kPa、27 层 450kPa。为满足 18 层以上建筑的地基承载力要求，采用 CFG 桩复合地基的方案。

（4）CFG 桩施工过程

1）试桩

在本工程 CFG 桩正式施工前，先在 4 号楼进行试桩工作。试验桩采用 2 组，每组 3 根，设计单桩承载力特征值为 750kPa。

2）CFG 桩施工流程

施工准备→桩测量放样→桩机就位→钻孔至设计深度→压灌混凝土及拔管→基底清槽→截桩头→铺设褥垫层→复合地基检测。

3）CFG 桩检测

CFG 桩施工完毕 28d 后进行复合地基检测，包括低应变检测桩身质量和静荷载试验检测地基承载力，根据试验结果评价复合地基承载力。开元小区工程低应变检测 CFG 桩桩身完整性 1028 根，检测比例≥10%。所有低应变检测 CFG 桩中Ⅰ类桩比例 96.2%，Ⅱ类桩比例为 3.8%，桩身质量完整，不存在缩径或断桩缺陷。

【专家提示】

★ 1）开元小区工程场地内存在Ⅰ级非自重湿陷性粉土层，土层分布不稳定，通过强夯法加固处理能很好地消除湿陷性，同时提高了一定地基承载力。

★ 2）采用强夯法＋CFG 桩技术处理湿陷性粉土地基，既能解决软弱土层的稳定性又能提高地基复合承载力，具有工期短、造价低、效率高、施工安全等优点。

★ 3）在工程具体设计及施工中，要根据本工程结构类型、地质状况和环境因素来合理选取强夯及 CFG 桩设计参数，提高地基处理施工的安全性及准确性。

专家简介：

鲁爱民，中铁建设集团有限公司高级工程师，E-mail：luam626@163.com

第三章 基坑工程施工技术案例分析

第一节 基坑支护施工技术

(一) 概述

基坑支护方法不断革新,新型支护方法和工艺得到迅速发展和应用。大量的工程建设和复杂多变的工程环境以及市场竞争机制的引入,给深基坑工程开挖与支护新技术的表现提供了广阔的舞台,富于创新精神的广大工程建设者在工程实践中不断地探索和应用新的深基坑开挖与支护技术,形成了百花齐放的基坑支护结构类型。

(二) 典型案例1

技术名称	复杂工况下地铁车站深基坑支护关键技术
工程名称	杭州地铁6号线河山路站
工程概况	杭州地铁6号线一期工程起于之江度假区双浦镇站,止于钱江世纪城丰北站,线路全长约26.955km,共设车站19座,换乘站6座,计划于2018年年底建成通车,将大大加强江南副城与之江新城的联系,建成后将成为杭州地铁的骨干线路之一。河山路站位于河山路与石龙山路之间的科海路,沿科海路布置(见图3-1),为地下2层车站。车站主体结构长191.2m,标准段宽22.9m,车站基坑开挖深度为16.1m,东端头井开挖深度为18m,西端头井开挖深度为17.8m;车站共设3个出入口,2个风亭。车站采用明挖顺筑法施工,地下连续墙支护兼作止水帷幕,计划总工期约为34个月

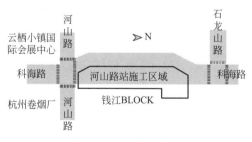

图 3-1 河山路站位置

【工程地质概况】

开挖深度范围内,场区地层由上至下分为:⑪杂填土、⑫耕植土、㉜砂质粉土、㉝砂质粉土、㉞砂质粉土、㉟砂质粉土夹粉砂,局部开挖有㊳砂质粉土和㊷淤泥质粉质黏土,主要开挖土层㉜~㊱为粉土、粉砂,为饱和水,振动易液化,易产生坍塌,稳定性差,渗流作用下易产生流砂,加之无黏土隔水层,极易产生突涌。

基坑坐落于㊱砂质粉土层,状态为松散~稍密,下卧高压缩性㊷淤泥质粉质黏土,坑底极易回弹隆起,淤泥质土的高含水量、大孔隙比、低强度、高灵敏度、弱透水性等特点也加大了基坑支护和施工难度。

坑底以下分布有㊻层粉砂、㊼粉质黏土、㊽粉质黏土。㊻层粉砂呈中密状,工程性能较好;㊼层粉质黏土呈可塑状,为中等偏高压缩性土层,工程性能好;㊽粉质黏土,软~可塑状,具有弱透水性,工程性能一般。所涉及土层的物理力学指标如表3-1所示。

各土层物理力学指标   表 3-1

地层		层厚/m	天然含水量 $\omega/\%$	内摩擦角 $\varphi/(\degree)$	黏聚力 c/kPa	孔隙比 e
编号	名称					
⑫	耕植土	0.3~1.5	—	20.0	5	—
㉜	砂质粉土	0.8~3.0	29.9	26.2	6	0.845
㉝	砂质粉土	0.7~3.5	27.4	28.0	5	0.779
㉟	砂质粉土夹粉砂	4.2~10.9	25.8	30.0	4.2	0.738
㊷	淤泥质粉质黏土	6.0~11.4	40.4	10.2	16.5	1.142
㊻	粉砂	1.8~10.25	24.1	30.5	4	0.754
㊼	粉质黏土	1.5~4.7	34.7	13.9	31	0.953
㊽	粉质黏土	2.5~12.8	37.3	12.8	24	1.036

【地下水概况】

本工程场区的地下水主要为潜水和深层承压水;浅部地下水属孔隙性潜水,主要赋存于①填土层和③粉土层中,主要由降水及地表径流补给,水位埋深 0.7~1.3m;深层承压水主要分布于⑥粉砂层,水量较小,水位埋深 6.500m。

【工程难点】

西湖区石龙山村科海路一带存在黏性土隔水层缺失,形成承压水与潜水直接连通的"天窗"现象。根据车站最深开挖深度对承压水水头埋深最浅时段进行初步验算,基坑开挖存在坑底突涌危险,需在施工过程中慎重对待。因此,地下承压水处理是本工程基坑支护的重点和难点。

【施工工艺】

地下连续墙施工工艺流程:本工程地下连续墙施工分为施工准备、成槽、下钢筋笼、灌注混凝土等工序,总体施工工艺流程如图3-2所示。考虑土层透水性较强,地下连续墙接头采用 H 型钢接头。

【施工要点】

1. 施工准备

本工程地下连续墙无入岩要求,且基本为软土层和砂土层,选用 GB-35 型进口履带式液压抓斗成槽机,三抓成槽,能够满足地下连续墙垂直度小于墙身 1/250 的要求。单元槽段宽 4~6m,标准槽段宽 6m,本工程共设 70 个槽段。

2. 导墙施工

槽段开挖前,应在两侧施工导墙并在外侧回填土。本工程导墙厚 20cm、高 1.5m,内净距 640mm。转角处,应将一边的导墙向外延伸 600mm,导墙顶部高于地面 200m。导

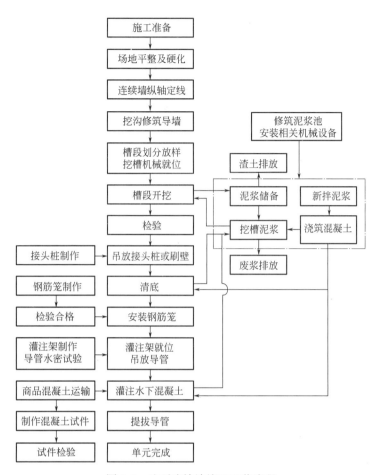

图 3-2 地下连续墙施工工艺流程

墙混凝土强度达到设计强度的 90% 后，才可进行地下连续墙作业。

本工程导墙采用"┐ ┌"形，C20 混凝土，导墙内净空比设计地下连续墙厚度大 40mm，导墙高度一般高出地面 150～200mm，外侧地面加宽 500～1500mm。

3. 泥浆制备

根据施工条件，本工程设 2 个 20m×5m×3m（300m³）的 3 格泥浆池，作为泥浆制备、沉淀和过滤。池底浇筑 150mm 厚 C15 混凝土，池壁和隔墙砌筑 240mm 砖墙以水泥砂浆抹面。新拌制泥浆需要储存 24h 后使用，以保证膨润土充分水化。泥浆配合比为：水：200 商品膨润土：Na_2CO_3 纯碱分散剂：CMC 增黏剂＝1：0.12：0.005：0.0007，纯碱掺加量为 0～0.6%，CMC 掺加量为 0.05%～0.1%。

4. 成槽施工

根据场地实际情况分区段进行跳段挖槽，先施工转角的 L 形和 Z 形槽段后，再施工相邻的一字形槽段。成槽施工工艺流程如图 3-3 所示。

采用三抓成槽法，先用抓斗机抓取每幅导墙的两端头主孔，再抓取中间副孔，副孔长度为 1/3 主孔长度。成槽过程中应及时补充泥浆，保持泥浆液面位于导墙顶面以下 300mm 且高于地下水位 0.5m，防止塌槽。单幅槽搭接部位应清理干净。槽孔深度达设计

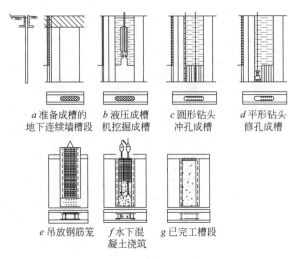

图 3-3　成槽施工工艺流程

标高时，验收合格后用沉淀法和置换法结合清槽。清刷混凝土接头工作应在清槽换浆即将完成前进行，钢筋笼吊装完成后进行二次清槽，达到设计要求后方可进行后续混凝土浇筑工作。清槽 1h 后，槽底 500mm 高度内的泥浆密度应＜1.2g/cm³，含砂率≤8％，黏度≤28Pa・s，沉淀淤积厚度＜100mm。

5. 钢筋笼制作与吊装

1）钢筋笼制作　钢筋笼制作前，准确附和导墙顶标高，预留混凝土导管插入位置，并正确安放超声波管、钢筋应力计等预埋件。钢筋笼纵向钢筋焊接 10d，错开 50d 焊接，箍筋与纵筋点焊或绑扎固定。保护层采用定位 3mm 厚钢板作为保护层垫块，规格 250mm×400mm，间距 2m。

2）钢筋笼吊装　本工程钢筋笼单幅最重达 17t。采用 80t 和 50t 2 台履带式起重机吊装钢筋笼，80t 为主吊，50t 为辅吊。正式起吊前应小幅度试吊装，确保钢筋笼不变形再正式起吊。起吊过程中设专人统一指挥，钢筋笼下放应多人辅助，避免钢筋笼擦刮槽壁。

6. 混凝土浇筑

钢筋笼吊装到位并验收合格后，再次清底置换泥浆，沉渣厚度达到要求后，开始水下混凝土浇筑作业。本工程地下连续墙采取混凝土等级为 C35，P8，坍落度为 180～220mm。采用双导管法浇筑，由于不能振捣，要求混凝土坍落度为 340～400mm，最大骨料粒径≤40mm。混凝土运输到现场后，在导管上端连接混凝土漏斗，在漏斗下口吊放隔水阀封口，将泵车输送管接入漏斗，开始浇筑混凝土，浇筑过程中保证导管埋入混凝土深度≥1.5m，2 个导管底口高差＜1.5m。接头管每 20～30min 上拔 1 次，每次上拔 5～10cm。

【专家提示】

★通过杭州地铁 6 号线河山路站深基坑地下连续墙施工，证明地下连续墙适用于杭州砂性地层，且在部分无隔水层的承压水特殊环境中，可作为止水帷幕满足隔水要求，施工过程中未出现涌水、涌砂等险情，施工完成的地下连续墙垂直度和工程质量可满足相关规范和技术文件要求。本工程中地下连续墙在杭州特殊的地质情况下地铁深基坑支护和止水帷幕施工的施工工艺及采取的预防控制措施科学合理。

专家简介：
丁杭春，高级工程师，E-mail：526357441@qq.com

（三）典型案例 2

技术名称	钢管土钉技术在软土基坑支护中的应用
工程名称	昆明景成大厦
工程概况	昆明景成大厦项目位于昆明市原巫家坝机场内，拟建昆明新中心核心位置。项目由超高层塔楼、裙房以及纯地下室组成。其中超高层塔楼建筑高度 268.8m，层数 57 层，主要功能为办公、酒店；裙房 6 层，主要功能为商业；地下室为整体 4 层，主要功能为停车场、商业及设备用房。 本项目基坑周长为 672.7m。基坑开挖边线北侧超出红线 17.3m，东侧超出红线 4.6m，南侧超出红线 9.7m，西侧超出红线 22.5m。拟建场地整体空旷、平整，场地东西两侧约 400m、北侧约 1.0km、南侧约 2.5km 范围内均为原巫家坝机场用地；本工程开挖土方总量约 40 万 m^3，裙房和纯地下室基础土方开挖深度 18.4～19.4m（底标高为 1871.900m），超高层塔楼基础开挖深度约为 22.0m（底标高为 1869.300m）。 基坑支护形式采用"桩锚"与"钢管土钉＋喷锚"组合支护体系。 1）－8.000m 以下桩锚支护体系 支护桩为旋挖钻孔灌注桩，桩长 $L=30.0～39.0m$，桩径 1000、1200mm，桩间距 1.8～2.0m，旋挖支护桩采用泥浆护壁成孔后放置钢筋笼，灌 C30 水下混凝土；可收回式锚索采用压力分散型预应力锚索制作工艺，锚索采用 $\phi^s15.24mm$ 1860MPa 级低松弛无粘结钢绞线，抗拉强度设计 1320MPa，锚索锚头安装可回收装置，当基坑回填时预应力锚索进行回收，锚索孔采用湿作法成孔，钻孔直径 200mm，深度 29.0～40.0m。采用二次压力注浆工艺施工，由于场地存在软弱土层，应采用套管跟进的成孔技术，防止孔壁塌陷；冠梁、腰梁混凝土强度等级采用 C30。 2）－8.000m 以上钢管土钉＋挂网喷面支护体系 本工程边坡采用人工修坡，坡度为 1∶1，边坡高度 8m，在顶部距离坡口 1m 处设置钢管防护栏杆；钢管土钉为可回收式，杆体为 $\phi48$ 钢管，采用机械直接打入式，入射角度 15°，锚杆长度 9，12m 两种规格；面层挂设钢筋网片，喷射混凝土强度等级为 C20，添加速凝剂，喷射混凝土层厚 100mm。如图 3-4 所示

【基坑场地土层条件】

施工场地属于昆明地区典型的软土地层，施工主要影响土层跨越了 6 个土层，6 个土层的主要物理力学性能指标如表 3-2 所示。

试验场地土层物理力学性能　　　　　　　　　　　　表 3-2

层序	土类	厚度/m	重度 γ/(kN·m^{-3})	黏结强度标准值 Q_{sik}/kPa	压缩模量 E_s/MPa	直剪固快	
						黏聚力 c/MPa	内摩擦角 φ/(°)
①	填土	1.3	19.5	40.0	6.50	40.0	8.0
②	粉质黏土	2.5	19.6	80.0	6.70	47.0	8.1
③	粉质黏土	0.9	18.1	65.0	5.79	30.0	7.0
③₁	泥炭质土	1.1	14.0	25.0	3.15	23.5	3.5
③₂	粉土	5.4	19.9	86.0	8.64	20.0	15.0
④	粉质黏土	2.9	19.1	76.0	7.15	35.0	6.0

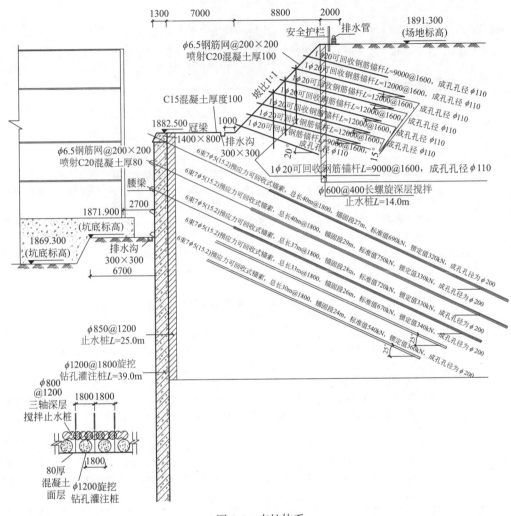

图 3-4　支护体系

【场地水文条件】

场地稳定水位埋深在现地表下 0.4~1.3m，标高介于 1889.200~1891.020m。场地基坑开挖深度范围内主要地基土层以黏性土、粉土、泥炭质土为主，黏性土相对隔水，粉土、泥炭质土均为弱透水层，但基坑开挖深度大，各粉土、泥炭质土层分布范围广、厚度大，场区地处湖积盆地边缘，地下水丰富，水量大。场区钻探深度范围内地下水类型主要有上层滞水、潜水 2 种类型。各粉土层上下均分布有一定厚度的相对隔水黏性土层，本场地地下水具微承压性，由于粉土本身属弱含水层及透水性，地层渗透性较差，其承压性小，对本工程项目影响较小，本项目按稳定混合水位考虑。

根据地勘报告，按基坑面积 15840m² 经计算得基坑涌水量 1539.7~1947.3m³/d。影响半径约为 78.5~142.5m。地下水对基坑开挖施工有一定影响。

【钢管土钉设计】

1. 技术参数

1）钢管土钉采用 $\phi48\times3.25$ 钢管，钢管上梅花形布眼，花眼直径 8mm，锚杆入射角度 15°，钢管土钉外焊 $\phi16$ 钢筋扩大头，加大锚杆成孔孔径至 80mm；钢管土钉注浆前应进行洗孔，清除孔内的土体；锚杆注浆前应对管口周围空隙进行封堵，从管底压入纯水泥浆，灌压至管口周围返浓浆或满足设计注浆量或周围地表有异常反应为止。

2）锚杆注浆材料采用纯水泥浆，水泥用 P·O42.5 级普通硅酸盐水泥，水灰比 0.45～0.50，浆体强度 $\geqslant15MPa$，注浆压力 0.2～0.5MPa。注浆应采用反向注浆工艺，即注浆管插入孔底向外注浆，第 1 次注浆初凝，再进行二次补浆，孔口应设注浆塞。

3）钢管土钉孔位按梅花状布置。

4）锚杆施工基坑土方开挖应实行分层、分段开挖。如图 3-5 所示。

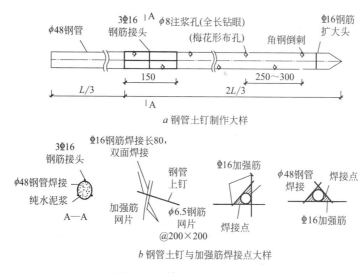

图 3-5　钢管土钉制作与焊接

2. 试验要求

本试验严格按照 JGJ120—2012《建筑基坑支护技术规程》实施：①试验土钉的参数、材料、施工工艺及所处的地质条件应与工程土钉相同；②土钉抗拔试验应在注浆固结体强度达到 10MPa 或达到设计强度的 70% 后进行；③加载装置（千斤顶、油压系统）的额定压力必须大于最大试验压力，且试验前应进行标定。

【施工工艺】

土方开挖→人工修坡→测量定位→钢管土钉安装→挂网→加强筋焊接→喷射混凝土→注浆→养护。

【锚杆、喷锚施工方法】

1. 土方开挖

严格按照"分层、分段、平衡、时效"的原则，自上而下分层、分段开挖坑内土方，分层深度应为设计钢管土钉标高下 0.5m，严禁超挖、欠挖或并层开挖；边坡土方开挖按照不同土质、不同分层厚度的原则进行开挖；基坑沿水平方向的开挖，也应分段进行，每段长度应控制≤25m；支护结构构件强度达开挖阶段的设计强度后，方可下挖；钢管土钉部分需在钢管土钉、喷射混凝土养护 3d 后方可下挖；注浆体强度达到 70% 设计强度；喷射混凝土 1d 龄期的抗压强度应$\geqslant8N/mm^2$；28d 龄期的抗压强度应$\geqslant20N/mm^2$。

1）第 1 层边坡土方开挖

边坡第 1 层分层开挖厚度按 2.8m/层进行，开挖完成后进行第 1 排、第 2 排锚杆施工。第 1 层边坡土体与大面土体开挖高度不同，采用自然放坡进行土方预留，坡度为 1∶2。

2）第 2 层边坡开挖时，泥炭质土已暴露，则按 1.4m/层进行开挖，开挖完成后进行第 3 排锚杆施工。边坡土体与大面土体开挖高度不同，采用自然放坡进行土方预留，坡度为 1∶2。

3）第 3 层边坡土方开挖按 2.2m/层进行，开挖完成后进行第 4 排、第 5 排锚杆施工。边坡土体与大面土体开挖高度不同，采用自然放坡进行土方预留，坡度为 1∶2。

4）第 4 层边坡土方开挖按 2.2m/层对于 −8.000m 以上剩余土体进行开挖，开挖完成后进行第 6 排、第 7 排锚杆施工。如图 3-6 所示。

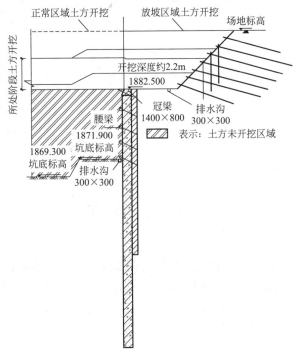

图 3-6　边坡土方开挖示意

2. 测量放线

放线定位：由现场测量放线人员按设计要求放线，并经专人检查后做好施工记录，定位点采用红色喷漆作为标记。

3. 钢管土钉安装

钢管土钉采用 $\varphi48×3.25m$ 钢管，杆件上制作好出浆孔后对准位置，采用锤管机击入地层中。搅拌桩钢管无法直接击穿则采用引孔机进行引孔，引孔时角度需调整好，搅拌桩引穿后，钢管杆件对准孔位，采用锤管机击入土层中。

4. 挂网、焊接加强筋和喷射混凝土

本工程主要为 100mm 厚挂网喷射 C20 混凝土，外加缓凝剂。钢筋网采用双向 $\phi6.5@$

200×200，加强钢筋为 $\phi16$，间距 1600mm。

1）喷锚混凝土制作

喷锚采用细石混凝土，用强制式搅拌机进行搅拌，然后再用喷射机进行混凝土喷射。喷射之前修整边坡，并在锚筋上设立喷厚标志。

人工修坡施工完之后立即挂网，面层中设置 $\phi6.5@200×200$ 双向钢筋网片，设置 $\phi16$ 加强筋，设置钢筋马凳 $\phi6@500$，成梅花形布置。喷射混凝土接头处钢筋预留 10～20cm，以便下道工序搭接，同时应设置混凝土喷射控制标高。喷射混凝土作业应分段进行，同一分段内喷射顺序应自下而上，一次喷射厚度≥30mm；喷射混凝土面应平整、美观，表面无露筋现象。如图 3-7 所示。

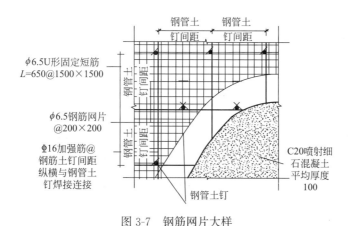

图 3-7　钢筋网片大样

2）操作平台搭设

喷射混凝土前需搭设 3 排脚手架操作平台，平台尺寸 2.7m×3.6m，立杆间距 900mm、步距 1500mm，外围剪刀撑连续布置，水平剪刀撑布置底部 1 道，并加设 3 道斜撑。搭设高度按照每层土方开挖高度，确保人员站立、千斤顶堆放。脚手架立杆底部通长铺设 50mm 厚木跳板。如图 3-8 所示。

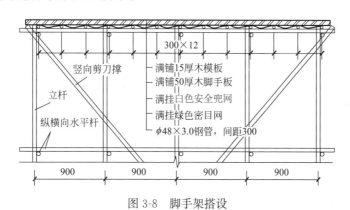

图 3-8　脚手架搭设

5. 注浆

注浆浆液采用纯水泥浆，水灰比控制在 0.5～0.6；采用压力注浆，注浆管应伸入距离端部约 0.5m 处开始注浆，边注边拔管，注浆压力控制在 0.2～0.5MPa，第 1 排锚杆注浆压力≤0.3MPa，控制注浆量，防止地面隆起；注浆至钢管周围出现返浆后停止注浆，当不出现返浆时，应采用间歇注浆。

6. 混凝土养护

宜采用喷水养护，也可以薄膜覆盖养护；喷水养护应该在喷射混凝土终凝 2h 后进行，养护时间应≥7d；气温<5℃时不得喷水养护。

【钢管土钉拉拔试验】

1. 试验方法

1）试验设备主要有加载装置、量测装置及反力装置 3 部分；加载装置采用 YCW100A-200 型穿心式液压千斤顶，高精度油表控制加载大小，量测采用钢尺测读，钢尺测读数据为钢管土钉的拔出量，反力装置主要是防止对钢管土钉产生约束影响，远离钢管土钉；试验是在注浆固结体强度达到 15MPa 或达到设计强度的 75％后进行。

2）本试验采用单循环加载法。单循环加载试验用于土钉抗拔承载力检测时，加至最大试验荷载后，可一次卸载至最大试验荷载的 10％。

2. 试验结果（见图 3-9）

由图 3-9 可知影响试验土钉荷载-位移（Q-s）曲线的因素是多样的，除钢管土钉的变形外，还包括水泥浆体的整体位移、试验用枕木的变形；在初始荷载情况下获知位移较大，其原因主要是由于枕木产生了变形，通过后续试验数据可知，每一根钢管土钉都在随着拉拔力的增大开始出现均匀持续的变形直至试验土钉破坏。

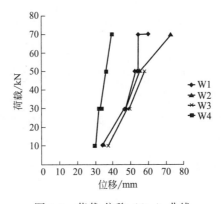

图 3-9 荷载-位移（Q-s）曲线

【专家提示】

★ 1）钢管土钉在昆明景成大厦超大超深软土基坑的应用，优化了基坑支护方案的单一性，形成了钢管土钉＋喷锚与桩锚的最优结合支护方案。

★ 2）景成大厦项目基坑坐落于昆明市巫家坝地区软土区，土层分布的人工填土、粉质黏土、粉土、泥炭质土有不规律互层、夹层现象，且场区地处湖积盆地边缘，地下水丰富，水量大，地质条件复杂。开挖面边坡不稳定极易发生坍塌，利用钢管土钉＋喷锚与桩锚组合的支护方案解决了地质条件不利带来的影响。

★ 3）景成大厦项目基坑开挖深度达到 23m，若单一采用桩锚支护体系，对于软土区基坑支护变形控制不利。因此通过采用钢管土钉＋喷锚与桩锚结合的支护方案，能够对桩顶荷载进行释放，解决桩顶位移大的问题，同时也降低了工程成本。

专家简介：

李贺，某公司西南分公司第十三项目项目技术经理，E-mail：786638577@qq.com

（四）典型案例3

技术名称	复杂深大基坑多支护体系设计与施工
工程名称	广州周大福金融中心
工程概况	广州周大福金融中心总承包工程项目位于珠江东路东侧广州市珠江新城J2-1、J2-3地块，建筑总高度为530m，地上111层，地下5层，裙楼高60m，主要为办公楼、酒店式公寓及超五星级酒店，塔楼主体由8根箱形钢管混凝土巨柱、111层楼层钢梁、6道环形桁架、4道伸臂桁架共同组成的巨型框架筒体结构

【深基坑工程概况】

广州周大福金融中心基坑工程根据施工周边条件、材料堆场布置、施工工期等因素的影响，分主塔楼基坑和裙楼基坑，裙楼基坑又分为A，B，C 3个区先后进行施工，其中基坑支护塔楼区总周长约310m，施工A区总周长约350m、B区总周长约240m、C区总周长约430m。项目±0.000m相当于绝对标高10.100m，基坑开挖底标高为−28.300m，基坑顶面标高为−1.700m，开挖深度为26.600m。场地位于珠江新城中心区，土石用量约为46.1万 m³。

【地质条件】

广州周大福金融中心场地地形较平坦，地貌单元属珠江冲积平原，据钻探资料显示，场区内覆盖层自上而下依次为第四系人工填土层①、冲积层②、残积层③，下伏基岩为白垩系大朗山组黄花岗段沉积岩④，现分述如下：场区内所遇地下水为第四系孔隙承压水和基岩裂隙水。第四系素填土、粉质黏土及淤泥质土为相对隔水层，砂层主要为含水层，厚度较小，分布广，地下水对混凝土结构无腐蚀性，对钢筋混凝土结构中的钢筋无腐蚀性，对钢结构具有弱腐蚀性。

【周边条件】

基坑西侧为珠江东路，珠江东路下为1层已建地下城市空间（深约7.5m），地下室距地下空间2~23m，项目西北角地下一层将与地下空间接通；基坑北侧为花城大道，花城大道下为1层已建地下城市空间（深约7.5m），城市空间下有已建使用中地铁5号线，5号线埋深15.3~18.4m，距拟建地下室9.2~12.6m；基坑东侧分别为合景J2-2、富力J2-5项目，其中北侧J2-2项目基坑挖深约21m，距本工程地下室6~15m，J2-2基坑已开挖到底，主要采用桩撑及桩锚支护；南侧J2-5规划地下室深18m，距本工程地下室约16.5m，J2-5项目还在方案设计阶段；基坑南侧为花城南路，路对面为广州市图书馆，图书馆主体已完工。图3-10为广州周大福金融中心基坑支护周边平面。

【设计方案】

1.主塔楼基坑支护设计

因主塔楼西侧紧靠珠江西路，故西侧、西北、西南侧采用人工挖孔桩排桩＋内支撑＋锚索＋土钉墙。其余区域采用人工挖孔桩排桩＋锚索＋土钉墙，−17.200m标高下为土钉墙，土钉布置为梅花状，孔径130mm，面层为C20喷射混凝土，厚度为100mm，

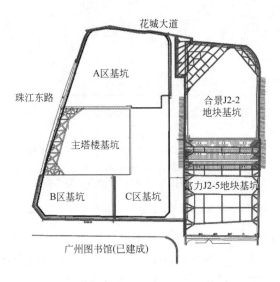

图 3-10　广州周大福金融中心基坑支护周边平面

17.200m 标高以上为排桩，人工挖孔桩 ϕ1200，间距 1500mm，沿竖向于−4.200m 处设 1 道钢筋混凝土内撑，于−10.700、−17.200、−23.700m 处设置 3 道预应力锚索，止水主要采用单排深层搅拌桩 ϕ550@400，深层搅拌桩穿过砂层（透水层）进入不透水层 ≥2.0m，采用 42.5R 水泥，掺入比为 15%。当水泥土强度达到 1.0MPa 后，方可进行土方开挖。

2. A 区基坑支护设计

A 区北侧临近已有地下空间及地铁 5 号线，北侧主要采用桩间双管旋喷桩＋边坡喷锚＋人工挖孔桩（新旧桩）＋4 道内支撑支护，西侧采用搅拌桩＋边坡喷锚＋旋挖桩吊脚＋4 道内支撑＋2 道土钉墙、人工挖孔桩吊脚＋4 道预应力锚索支护（地下空间区域为拉板）＋2 道土钉墙，南侧与 C 区交界处采用桩间旋喷桩＋边坡喷锚＋旋挖桩吊脚＋4 道内支撑＋2 道土钉墙，东侧采用桩间旋喷桩＋混凝土挡土墙＋旋挖桩吊脚＋4 道内支撑支护＋2 道土钉墙。止水主要采用搅拌桩、桩间旋喷桩（北侧、东侧、南侧），单排搅拌桩设计参数为 ϕ550@350，桩长约 9m，钢格构柱采用旋挖桩设计参数为 ϕ1200、桩长约 28.6m。图 3-11 为 A 区基坑支护平面布置。

3. B 区基坑支护设计

B 区根据周边环境情况，主要采用搅拌桩＋边坡喷锚＋人工挖孔桩吊脚桩＋4 道预应力锚索支护＋5 道土钉墙，止水主要采用搅拌桩，单排搅拌桩设计参数为 ϕ550@350，穿过不透水层 ≥2m，桩长约 7m，人工挖孔桩设计参数 ϕ1200@1500（1600），混凝土强度等级 C30，桩长约 16m。图 3-12 为 B 区基坑支护平面布置。

4. C 区基坑支护设计

C 区南面临近花城南路，主要采用人工挖孔桩＋双管旋喷桩止水帷幕＋岩石锚杆墙；东南侧出土坡道主要采用人工挖孔桩＋预应力锚索＋岩石锚杆墙；东北侧采用人工挖孔排桩＋预应力锚索＋内支撑＋岩石锚杆墙，人工挖孔桩设计参数 ϕ1200@1600，混凝土强度等级 C30，桩长约 14m。图 3-13 为 C 区基坑支护平面布置。

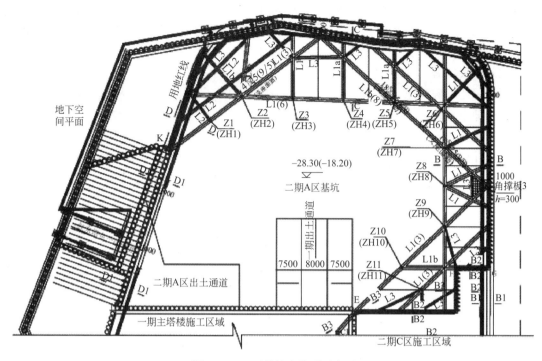

图 3-11　A 区基坑支护平面布置

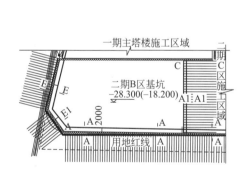

图 3-12　B 区基坑支护平面布置

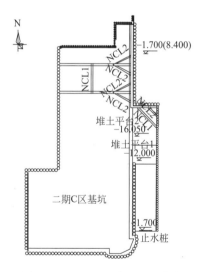

图 3-13　C 区基坑支护平面布置

【施工重难点及解决方案】

1. 临近地铁及地下空间

（1）重难点解析

裙楼 A 区北侧紧邻地下空间及正在运营的地铁 5 号线，且地下空间原有老桩侵入本项目红线，故 A 区支护需破除原有老桩。但地下空间与本项目之间的土体内埋有大量管线，一旦开始老桩破除，极有可能破坏已有管线和地下空间外墙防水，并且造成土体扰动。此外，原有支护设计的冲孔钢管桩施工也会造成土体扰动，影响地铁安全；而旋挖桩对应厚硬岩层施工功效低，进度慢；人工挖孔桩开挖深度又超过了规定允许的 25m 深度。裙楼 A 区北面深基坑支护及土石方开挖面临极大困难。

（2）解决部署

项目采用不破除原有 A 区北侧地下空间老桩方式，利用其作为周大福金融中心基坑支护桩，将地下室外边线外扩，避免破坏土体内原有管线及地下空间外防水。并且，为避免冲孔钢管桩造成的土体扰动对临近地铁的影响及旋挖桩对施工进度的影响，在老桩下部选用人工挖孔桩施工，采用复合桩＋内支撑支护形式，很好地消除了深基坑支护及土方开挖施工对地下空间及地铁运营的影响。图 3-14 为复合桩支护和内支撑支护体系。

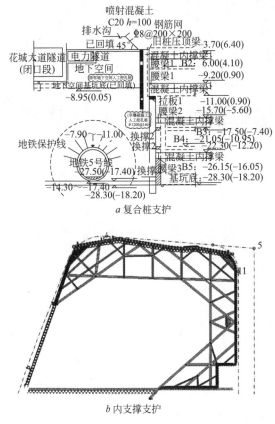

图 3-14　支护体系

2. 外墙与支护桩间距过窄

（1）重难点解析

根据广州周大福金融中心项目图纸，裙楼 A 区地下室北侧结构外墙与支护桩间距仅为 300～1000mm，如此狭小的空间对后期外墙防水及回填施工造成极大的施工难度，并且地下室 B2 层以上地下室结构外边线外扩，外墙外侧模板支设及脚手架搭设、拆除、周转极为困难。

（2）解决部署

将裙楼 A 区北侧结构外墙边线外扩，使结构外墙紧邻支护桩，并在结构外墙施工前采用单边支模，对已有支护桩表面进行凿毛，并在支护桩间空隙内浇筑混凝土，最后在其表面布设新型钠基膨润土防水毯，作为外墙防水，施工方便快捷。防水毯施工完后，采用单边支模完成外墙浇筑，解决了狭小空间内结构外墙防水问题，同时外墙与老桩之间亦无须回填。图 3-15 为防水毯施工。

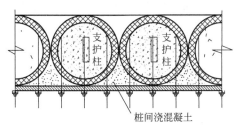

a 裙楼A区结构外墙与支护桩防水毯施工

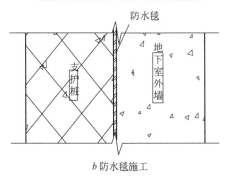

b 防水毯施工

图 3-15　防水毯施工

3. 相邻项目在建基坑施工影响

（1）重难点解析

项目东侧，相邻 J2-2 项目基坑支护施工时，其锚索伸入本项目地下室结构边线内，导致本项目裙楼东侧地下室外墙无法施工。

（2）解决部署

为避免基坑支护及后续外墙施工时对相邻 J2-2 项目锚索影响，针对此处位置基坑施工采用支护结构内收方式，对该部位进行甩项，待 J2-2 项目地下结构施工完成后，项目进行裙楼 C 区基坑再进行施工（见图 3-16）。

4. 相邻项目在建基坑安全影响

（1）重难点解析

裙楼 A 区基坑施工过程中，基坑东侧分别为合景 J2-2、富力 J2-5 项目，其中北侧 J2-2 项目基坑已挖深约 21m，距本工程地下室 6～15m，J2-2 基坑已

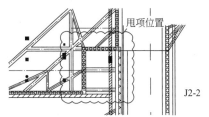

图 3-16　甩项位置平面示意

开挖到底，主要采用桩撑及桩锚支护；南侧 J2-5 规划地下室深 18m，距本工程地下室约 16.5m，因此如何保证相邻项目在施工过程中的基坑安全尤为重要。

（2）解决部署

为保证 2 个基坑的安全，本项目将内支撑设计的位置对应 J2-2 内支撑，实现相邻基坑

与本项目已有土体和结构的对撑，保证了2个基坑的稳定性。

5. 超大体积混凝土底板施工困难

（1）重难点解析

项目裙楼（A，B，C区）地下室底板厚1.2m，属大体积混凝土，底板收缩裂缝成为最大问题，且地下室结构工期紧张，按正常施工方法无法满足节点要求工期。

（2）解决部署

由于本工程基础底板钢筋及混凝土工程量大，基坑较深，工程难点多，鉴于基础底板的重要性，方案编制准备阶段仔细分析底板结构特点、混凝土配合比设计等内容，以确保本工程底板施工组织设计、技术方案的科学性和先进性，从而保证底板施工质量。同时，经与国内相关专家顾问协商沟通，采用新型跳仓法施工工艺，有效消除了底板的后浇带，并很好地解决了裙楼地下室底板裂缝的问题，同时通过地下室结构的跳仓施工，实现了地下室按工期要求顺利封顶。

（3）底板施工规划

裙楼A区共分9个仓，分别为1～9仓，在裙楼A区底板基础浇筑时，先浇筑A5（A区地下五层）的2、4、6、8仓底板，后浇筑A5（A区地下五层）的1、3、5、9、7底板（见图3-17）。裙楼B区共分2个仓，分别为1～2仓，在裙楼B区底板基础浇筑时，先浇筑1仓底板，后浇筑2仓底板（见图3-18）。裙楼C区共分4个仓，分别为1～4仓，在裙楼C区底板基础浇筑时，先浇筑2仓底板，后浇筑1、3仓底板（见图3-19）。

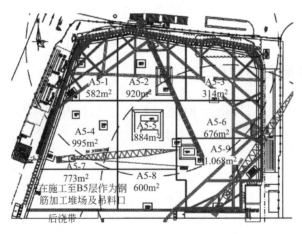

图3-17　A区底板浇筑跳仓法施工布置

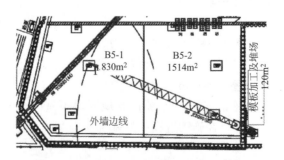

图3-18　B区底板浇筑跳仓法施工平面布置

6. 临近地下空间

（1）重难点解析

广州周大福金融中心地块西邻花城广场地下空间，地下室距地下空间 2～23m，项目西北角地下一层将与地下空间接通，因此，若采用桩锚支护形式进行施工，势必会影响地下空间的正常使用及结构安全。

（2）解决部署

将支护桩与地下空间支护桩利用拉板相连，解决无法采用桩锚支护形式问题，从而加快基坑及地下结构施工进度。

7. 表层地质存在未勘测显示的砂层

（1）重难点解析

在项目开工前，根据勘测院地勘报告显示主塔楼东侧、南侧裙楼基坑地质条件良好，但在现场实际施工时，发现基坑表层地质并不理想，在－9.200m 位置遇到砂层，使原设计锚索锚固力不足以满足基坑施工要求，对现场基坑施工带来极大安全隐患，并且南邻新建广州市图书馆，对图书馆结构安全造成极大隐患。

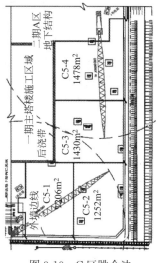

图 3-19　C 区跳仓法施工平面布置

（2）解决部署

为克服锚索锚固力不足的问题，同时保证工期，如期实现堆场转移，将支护设计改为破除 B 区与 C 区交界处局部支护桩，采用桩锚＋放坡的复合支护形式；此外，将 B、C 区普通锚索改为 $\phi500$ 的侧旋喷锚索，并在 B 区已完成的第 1 道锚索下面新增 1 道侧旋喷锚索，而基坑底部留存反压土（见图 3-20）。

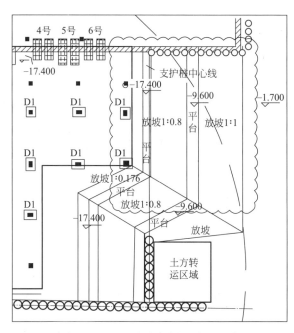

图 3-20　B、C 区软弱砂层支护示意

8. 中、微风化岩层存在断层

（1）重难点解析

主塔楼东南侧裙楼基坑土方开挖过程中，当施工至-20～-23m时，项目部在进行例行监测时发现基坑出现水平位移过大情况，经研究发现中、微风化岩层出现断层，对现场基坑施工带来极大安全隐患。

（2）解决部署

在裙楼B区与C区地质条件差，普通锚索锚固力不足的情况下，为克服断层问题，保证基坑整体稳定性，将C区1仓B3层结构梁、板提前施工，实现基坑与已有结构的回顶，并局部逆作，完成剩余土方及结构施工，在很好解决基坑整体稳定性的同时，提前完成了业主要求的工期节点。

9. 永久结构提前施工支护

一般情况下，遇到支护桩底岩体存在软弱夹层的情况，可采取在靠近支护桩位置内排补做一排支护桩穿过软弱夹层，并增加锚索排数加固支护体系的方法处理。考虑本工程实际，支护桩内侧土石方已经完全挖除，在当前的工况下如再增加1排支护桩，桩成孔作业、锚索成孔作业及锚索灌浆作业均有可能破坏当前支护体系与土体的平衡，影响基坑安全。另外，从工程工期角度来说，增加1排支护桩及锚索（桩成孔、锚索强度发展等工艺关键线路工序时间长）将严重影响裙楼施工进度。因此不考虑采用本方法。

当前临时支撑底部的土石方尚未开挖至底板地面标高，当前临时支撑杆已经受力，无法进行土石方开挖施工及后续施工。综合考虑基坑安全与工程进度，决定采取提前施工B3层结构楼板，由其抵住整个南面滑动土体后拆除临时钢构斜撑，继续后续工程施工的方案。

10. 超长出土坡道

（1）重难点解析

裙楼C区狭长，原设计的基坑出土坡道为1∶6放坡，坡道总长度大，且坡道位于红线内，影响开挖和施工进度。

（2）解决方案

利用拉板将相邻地块支护桩与本项目支护桩相连，稳固基坑间土体（项目红线外），同时利用此土体放坡作为出土坡道，成功将出土坡道转移至基坑外，采用放坡＋拉板＋相邻地块支护桩＋转移出土坡道的方法，节省出土坡道开挖时间，保证工期，解决狭长形基坑出土难度大的问题（见图3-21）。

11. 与相邻在建基坑支护体系矛盾

（1）重难点解析

项目东南角基坑支护采用桩锚无内撑的形式，与相邻J2-5项目即将开挖区域的东西向内支撑方案矛盾，土体内力无法传递；项目用地红线与J2-5支护桩间距离仅有3m，若采用桩锚支护，则无法解决两基坑间3m土体的稳定问题；此外，若采用从J2-5基坑边开始放坡的形式，又无法保证J2-5基坑开挖后的稳定性。

（2）解决方案

将J2-5原有内支撑设计改为对拉锚索的设计形式，即本项目保持原有锚索支护，而

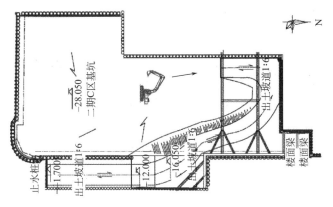

图 3-21　出土方案

J2-5 在土方开挖过程中，采用基坑两边对锁的形式，稳固两基坑间的土体。

【专家提示】

★ 结合周边地下环境特点与分区开挖施工部署，广州周大福金融中心深基坑工程确定采用人工挖孔桩、预应力锚索、内支撑、土钉以及喷锚支护的复合多支护基坑体系，并采取分区开挖、跳仓施工、模拟分析等施工方法克服了基坑深大、施工组织繁杂、管理精细化要求高等诸多难点，保证了现场基坑施工的进度、安全和质量，确保了塔楼及裙楼各区基坑的正常施工。

专家简介：

邹俊，项目执行总经理，高级经济师，E-mail：zoujun@cscec.com

（五）典型案例 4

技术名称	深基坑斜抛撑施工关键技术
工程名称	天津高银 117 大厦
工程概况	天津高银 117 大厦基坑东西长 315m，南北长 394m，开挖面积达 12.4 万 m^2，坑底面积 9.7 万 m^2；基坑大面开挖深度 19m，最大开挖深度 26m，土方开挖总量 210 万 m^3，基坑内 2 道混凝土内支撑混凝土用量约 2 万 m^3。 本工程位于天津市西青区海泰东西大街和海泰南北大街交口处。基坑东侧距海泰南北大街 120m，道路宽度约 15m，街对面为天津商业大学宝德学院砖混结构宿舍楼；基坑西侧为闲置场地，基坑东西两侧与建筑红线之间约有 150m 范围的空地；基坑北侧距已建成厂房约 30m；基坑南侧紧贴建筑红线，最小间距约为 5.5m，红线以外为津静公路。 地下室结构采用全顺作法施工。A＋B 区东、西、北三侧采用浅层卸土放坡＋深层地下连续墙＋2 道钢筋混凝土内支撑(对撑和角撑)；A＋B 区南侧与 C＋D 区北侧共用一面排桩和地下连续墙；C 区东、西两侧采用浅层卸土放坡＋深层地下连续墙＋2 道钢筋混凝土圆环支撑；C 区南侧采用浅层重力坝结合钢斜撑＋深层地下连续墙＋2 道钢筋混凝土圆环支撑；D 区采用封闭地下连续墙＋预应力锚索。基坑平面布置如图 3-22 所示

【斜抛撑设计】

C＋D 区南侧围护体与用地红线最小距离仅为 5.5m，仅存的空间限制了其他诸如土钉

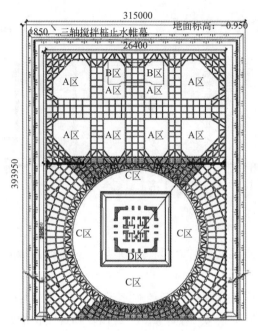

图 3-22 基坑平面布置

墙、锚杆等围护形式的应用。因此，针对南侧浅层 7m 土体采用双轴水泥土搅拌桩重力坝结合钢斜撑的组合措施进行处理。

C 区南侧钢支撑压顶梁中心标高为 -4.550m，截面尺寸为 1000mm×800mm，局部钢筋混凝土角撑中心标高同相应压顶梁标高。钢支撑的另一端与 C 区第 1 道内支撑上的混凝土牛腿相连，C 区第 1 道内支撑的中心标高为 -8.550m，整个支撑呈一定角度的倾斜。钢筋混凝土支撑的混凝土强度等级为 C35，钢支撑材质为 Q235B，钢支撑采用 $\phi 609 \times 16$ 钢管。

【斜抛撑对基坑非对称受力变形控制】

1. 圆环支撑非对称受力诱因分析

1）外部荷载的非对称。

2）边界条件的非对称。

3）圆环支撑体系杆件分布的非对称。

4）土方开挖施工的非对称。

上述诱因综合作用导致基坑 C 区围护体东、西两侧受力相对平衡，而南、北两侧所受水土压力具有非对称、不平衡的特征，使得 C 区基坑内钢筋混凝土圆环支撑体系在南北方向非对称受力。以往类似工程表明，如不采取针对性的技术对策，水土压力大一侧的围护体将产生较大的坑内整体变形，水土压力小一侧的围护体有朝坑外变形的趋势，对周边环境将造成较大的影响。

2. 圆环支撑非对称受力对策

C＋D 区基坑南侧由于邻近津静公路，且紧邻用地红线，该侧无法和基坑东、西两侧一样坑外采用二级卸土放坡的方式，而是采用双轴水泥土搅拌桩重力坝结合钢管斜抛撑对土体进行支护。相较于东西两侧，该侧坑外未进行降水，作用于该侧地下连续墙的水土压力将比东、西两侧大。为保证拆除支撑时，围护结构在非对称受力情况下的安全，减小支撑拆除时对周边环境的影响，考虑在拆除第2道支撑前和拆除第1道支撑前分别在基础底板和地下一层结构梁板上设置型钢换撑。

本工程的支撑开挖施工遵循"先撑后挖"的原则，原则上需在每道支撑完全形成并达到设计强度80%之后方可开挖下一部分。斜抛撑采取分段施工方式，先在边坡挖出作业面，完成支撑后，再进行挖土作业，以控制基坑变形，并使用液压千斤顶对活络头施加预应力，在挖除其余边坡土体时，活络头可有效防止地下连续墙变形。

【斜抛撑施工技术】

1. 施工流程

施工工艺流程：测量定位→基坑围护平面找平→钢板埋件预埋，压顶圈梁施工，C区第1道内支撑施工→钢支撑拼装→钢支撑安装→施加预应力→焊接固定。

2. 斜抛撑施工（见图3-23）

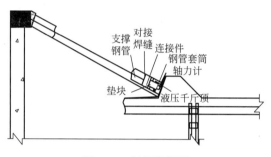

图3-23 斜抛撑剖面

（1）混凝土牛腿施工

冠梁和格构柱上的混凝土牛腿定位采用全站仪和经纬仪测量并在现场做出标记，由于立柱桩可能存在一定的位移和转角，所以牛腿的角度以实际测量为主，确保安装钢管时与牛腿支撑面保持垂直。

（2）钢管加工、吊装

根据现场量取的钢支撑安装长度，在样台上进行试拼，中间管节只需试拼，每根钢管的一端焊接1根长1.45m的活动端头，支撑杆件总长度以现场实际测量为主，拼装好后放在地坪上用麻线两端拉直，钢卷尺丈量或用水准仪测量检查支撑管的平直度，并检查支撑管接头连接是否紧密、支撑管有无破损或变形、支撑两个端头是否平整。经检查合格后用红油漆在支撑上编号，标明支撑的长度和安装的具体位置。同时，检查支撑安装所需的吊装设备、焊接设备以及施加预应轴力所需的组合千斤顶等设备的完好性，确保支撑安装作业能正常连续进行。

轴力计安装：轴力计底座与活络头端头板焊接，另一端直接顶在支撑牛腿预埋件上，为了防止轴力计端头发生侧向位移，在端头增加一段钢管作为套筒，将轴力计安置在管内，类似活塞装置，起到限位作用。

活络头安装：活络头法兰盘一端与钢管直接焊接，另一端切割成半径为287mm圆弧，并焊接轴力计，直接塞到钢管套筒里。

（3）钢支撑的安装

检查合格的支撑用起重机吊装到位，先不松开吊钩，将支撑两端放在钢牛腿上，用人工辅助将支撑调整到设计位置后再将支撑临时固定。对因施工误差造成支撑的端头不能与牛腿钢埋件紧密接触处，必须在预埋件与支撑端头之间加设钢板垫块，以确保支撑轴向受力。

支撑临时固定后，及时检查各节点的连接状况，调整好角度，将固定端直接焊接牢固，带活络头一端需要在活络头底板焊接轴力计，将轴力计端头顶在内支撑牛腿预埋件上，为了防止施加预应力过程中发生侧向位移，需要截取一段钢管作为套筒起到限位作用。

经确认符合要求后方可施加预压轴力。施压时，将 2 台 50t 液压千斤顶吊放入活络头顶压位置，2 台液压千斤顶安放位置必须对称平行，施加预压轴力时应注意保持 2 个千斤顶对称同步进行，预压轴力应分级匀速施加，按照设计要求，施加设计预加轴力 500kN后暂停 5min，检查钢支撑及各部件的情况，若出现不正常位移或变形，应及时停止，并根据现场具体情况采取相应的处理措施，若保持正常状态，可继续施加预加轴力，当达到设计预加轴力时，再次检查各连接点的情况，必要时应对节点进行加固，预加压力稳定后锁定，在活络头中楔紧钢垫块并焊接牢固，然后回油松开千斤顶、解开钢丝绳，完成该根支撑的安装。

【专家提示】

★ 基于天津高银 117 大厦深基坑工程，采用斜抛撑技术解决了基坑受力不对称问题，在有限的空间下有效地控制了基坑变形，既节省了成本又缩短了工期，为今后类似工程提供了参考。

专家简介：

侯玉杰，高级工程师，E-mail：309107981@qq.com

（六）典型案例 5

技术名称	新型支护技术在深基坑工程中的应用
工程名称	杭政储出(2009)101 号地块商品住宅工程
工程概况	杭政储出(2009)101 号地块商品住宅工程,拟建场地北侧近艮山西路,东侧为车站南路,西侧为运河东路,南侧为规划支路 6(已建成)。主要建(构)筑物由 7 幢楼组成,总建筑面积约为 156470.25m²。本基坑呈不规则多边形,基坑总周长约 860 延米。基坑实际开挖深度为 7.20～11.65m,靠基坑边电梯井处局部开挖深度为 13.20m。本工程周边环境较为复杂,基坑距离最近管线约 7.4m,距离基坑开挖线西南角最近约 23m 有 1 幢 4 层砖混浅基础结构房屋,距离基坑开挖线最近约 30.8m 有幢 11 层的高层建筑,基础形式为桩基础

【地质条件】

基坑影响深度范围内的地基土主要由①杂填土、②黏质粉土、③粉砂和⑥淤泥质黏土组成，具体土性参数如表 3-3 所示。

<table>
<tr><td colspan="5" align="center">现场土体的特性参数</td></tr>
</table>

现场土体的特性参数　　　　　　　　　　　　　　　　　表 3-3

土层名称	重度 /(kN·m⁻³)	土层固快试验值		渗透系数 K/(cm·s⁻¹)
		黏聚力 c/kPa	内摩擦角 φ/(°)	
①杂填土	18.5	8.0	18.0	—
②黏质粉土	19.0	2.0	25.0	2.0×10^{-4}
③粉砂	19.2	2.0	31.0	5.0×10^{-4}
⑥淤泥质黏土	17.1	13.0	10.0	2.0×10^{-7}

【水文条件】

根据区域水文地质资料，浅层地下水水位年变幅为 1.0～2.0m，多年最高地下水水位埋深 0.5～1.0m。下部承压水由于埋深较大，故对本工程无影响。由于②黏质粉土和③粉砂的渗透系数较大，基坑在这类土层中开挖应设置止水帷幕。在做好止水帷幕的同时，做好基坑降排水工作，在坑外设置明排水沟并确保随时畅通，及时拦截坑外地表水以防流入坑内，坑内应采取降水措施，有效控制地下水及地表水。

【方案设计】

由于基坑开挖较深，面积较大，且基坑开挖范围内除①杂填土以外，以②黏质粉土和③粉砂这两类透水性较强的土层为主。此外，基坑距离附近管线和建筑物较近，对变形控制要求高。根据以上特点，采用 ϕ850 三轴水泥搅拌桩在基坑四周形成封闭的止水帷幕，坑内采用深井降水。基坑支护形式考虑采用以下 4 种方案：①1 排钻孔灌注桩＋1 道混凝土支撑：优点为变形小；缺点为需另行施工止水帷幕，造价高、工期长。②ϕ850 三轴水泥搅拌桩内插型钢＋1 或 2 道预应力鱼腹梁装配式钢支撑：优点为能控制变形，安全性高，施工空间大，工期短，工程造价较方案 1 低，更环保经济；缺点为工程造价较方案 3 高。③ϕ850 三轴水泥搅拌桩内插型钢＋旋喷搅拌加劲桩：优点为工程造价低、工期短，克服了土层锚杆在砂性土中无法施工的难题；缺点为基坑变形较采用内支撑方案大。④基坑东侧采用方案 2，基坑西侧采用方案 3，结合了这两种方案的优点。

因拟建工程西侧为 1 层地下室，东侧为 2 层地下室，如完全采用方案 2，则西侧只需 1 道装配式支撑，而东侧需 2 道装配式支撑，使得第 1 道支撑能形成封闭的整体结构，但第 2 道支撑不能形成封闭的整体结构，这样上、下 2 道支撑受力体系差异较大。而且根据业主要求，西侧区域主体结构先完成，如果全部采用装配式支撑，西侧主体结构必须等东侧 2 层地下室完成，拆除装配式支撑后方可实施，影响西侧 1 层地下室区域的工期。同时考虑到拟建工程西侧基坑开挖深度较东侧小，变形也较小，故支护方案最终是基坑东侧采用 ϕ850 三轴水泥搅拌桩内插型钢（SMW 工法桩）结合 2 道预应力鱼腹梁装配式钢支撑，基坑西侧采用 ϕ850 SMW 工法桩结合旋喷搅拌加劲桩的支护体系，即方案 4。围护结构第 1 道支撑处平面布置如图 3-24 所示，围护结构东侧典型剖面如图 3-25 所示。

【专家提示】

★ 1）采用预应力鱼腹梁式钢支撑，通过预应力的施加和调整，可控制支护结构的变形，确保支护结构自身以及周围建筑物、地下管线等的安全。

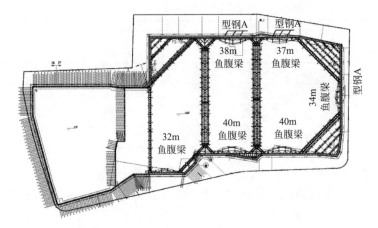

图 3-24　围护结构第 1 道支撑处平面布置

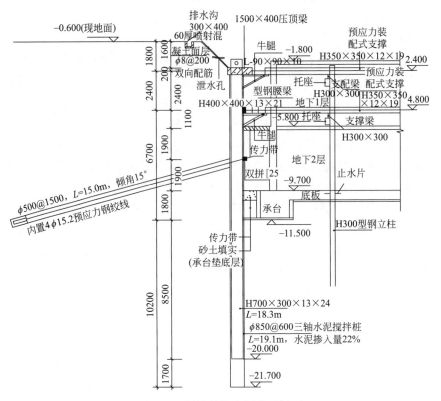

图 3-25　围护结构东侧典型剖面

★2）采用预应力鱼腹梁的装配式钢支撑，能大大减少钢材用量，相比于传统形式的支撑，能降低支护结构工程造价。此外，支撑对基坑开挖空间的占据量也大幅减少，方便施工、缩短工期。

★3）旋喷搅拌加劲桩相比于传统的土层锚杆，其锚固力大大提高，同时可以解决土层锚杆在软弱土层中的成孔困难及在砂土层施工中遇到的管涌、颈缩和渗流等问题。此外，采用锚筋可回收技术，又可以突破斜向旋喷搅拌加劲桩使用不得超过建筑红线的限制，施工结束后，只要将锚筋抽出，将不产生地下障碍物。

★ 4）上述两种较新的支护结构锚固形式，是基坑支护技术的重要改进，如能再结合其他较新的支护工程技术，如 SMW 工法桩、钻孔咬合桩等，得到进一步的推广应用，无疑对提高支护结构的安全性和降低围护工程造价有着十分重要的作用。

专家简介：
张卫，高级工程师，E-mail：156502493@qq.com

（七）典型案例 6

技术名称	设有加芯旋喷桩的双排桩支护结构在基坑工程中的应用
工程名称	昆明市某休闲园改扩建工程
工程概况	昆明市某休闲园改扩建工程,建设场地位于昆明市滇池路与红塔西路交会路口,地貌上属于昆明湖积盆地之中。项目工程拟建办公楼 3 层,设地下室 2 层。基坑开挖深度约为 10.5m,基坑周长约为 340m

【基坑周边环境】

基坑工程周边环境平面布置如图 3-26 所示，图中阴影面积为本基坑工程范围，因本工程为改扩建项目，基坑周边为已建建筑物 C、D、E1、E2、E3 栋等以及市政道路，基坑周边各侧具体布置情况如下：①基坑北面为已建建筑 E1、E2、E3 栋，3 栋建筑物均为管桩基础，其中 E1 栋距离基坑开挖线 9.7m、E2 栋距离基坑开挖线 16m、E3 栋距离基坑开挖线 24m，同时距离基坑开挖线 3.5m 处还存在已拆建筑物的旧基础，为管桩桩基础。②距离基坑南面 13m 为市政红塔西路，道路宽 18m，日常车流量较大。③基坑西面为已建建筑物 D 栋，距离基坑约 5m，该建筑为在使用中的游泳馆，管桩基础。④基坑东面为市政道路滇池路，日常车流量很大，滇池路最近处距离基坑约 4m，同时道路下方管线密集。

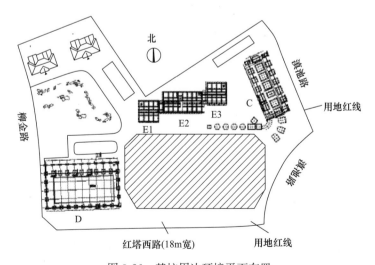

图 3-26　基坑周边环境平面布置

【工程地质条件】

根据本工程的岩土工程勘察报告，场地地基土表面为杂填土，其下为冲洪积相、湖相、湖沼相沉积的黏性土、粉土、泥炭质土层等。地层层位在水平方向和垂直方向层顶埋深及厚度均有一定的变化起伏，反映出沉积环境受水流、物质来源等多种因素的影响结果。基坑底以上主要分布土层为①$_1$杂填土、②黏土、③$_1$泥炭质土、③粉土（该层土非常厚，平均厚度为8m），基坑底落在③粉土层上。

【水文地质条件】

地下水类型主要为孔隙潜水，孔隙潜水主要靠大气降雨及地表径流补给，通过蒸发排泄。孔隙潜水主要赋存于粉土层中，富水性弱，场地稳定的地下水位在1.30～2.10m，③粉土层的渗透系数K为0.56m/d，富水性弱；按混合抽水计算，影响半径为21.50m，根据基坑的尺寸及开挖深度，估算的基坑疏干量为991.9m³/d。

【设计原理】

双排桩支护＋加芯旋喷桩复合式支护结构是在原有双排桩之间设置几排水平拉力，使双排桩之间除了冠梁层的连接外在桩身也增加几道水平约束，从而控制双排桩深层水平位移，减小双排桩桩身弯矩和嵌固深度。桩身所增加的水平约束，通过加芯旋喷桩实现，加芯旋喷桩可采用旋喷桩机水平或者呈一定角度成孔，端部通过高压旋喷扩孔，成孔后内插钢管、钢筋、型钢、微型预制桩等不同结构构件，使之与双排桩连接成一体，共同受力。设有加芯旋喷桩的双排桩结构能够克服常规双排桩结构在超深基坑工程中的不足，有效增加双排桩结构的抗倾覆能力和刚度，有效控制基坑开挖过程中的桩体位移，同时还能适当减少后排桩的桩长，节约工程造价。

桩身设有加芯水平旋喷桩的双排桩结构如图3-27所示。在前排桩和后排桩的施工过程中，分别在其钢筋笼上同一深度位置预埋相同直径的预埋管，成桩施工结束后，待基坑开挖到预埋管深度位置，沿着前后排桩桩身中的预埋管施工水平旋喷桩。旋喷桩采取分段或连续旋喷施工，前后排桩桩间位置全部旋喷固结，若采用分段型旋喷桩，其末端位置的旋喷直径相应增大，形成扩大头的锚固体。旋喷桩施工结束后，在其桩体质量稳定前，将内插结构构件插入其中。

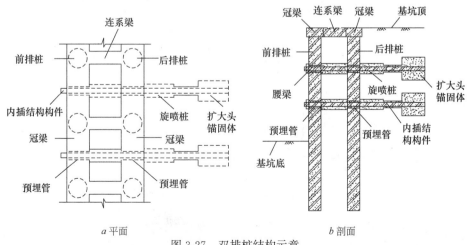

a 平面　　　　　　　　　　　　b 剖面

图 3-27　双排桩结构示意

【技术优势】

双排桩支护结构是一种新型的基坑支护结构，与普通排桩相比，它具有侧向刚度大、基坑变形小、施工工期短等优点，被广泛应用于基坑支护中。但国内外基坑支护中所采用的双排桩多为常规悬臂式双排桩，并且适用于较浅的基坑中，若用于深基坑中，需加大桩径、增加桩长，同时却不能很好地控制桩顶变形，施工成本较高，局限性较大。桩身设有加芯水平旋喷桩的双排桩结构，是一种复合型双排桩支护结构，以降低双排桩自身结构的造价作为出发点，同时研究双排桩的适用性，其主要技术优势如下。

1) 采用双排桩增加水平锚力技术，提高双排桩整体刚度，能很好地将前后排桩以及桩后土体连接在一起，可有效增加双排桩支护结构的抗倾覆能力和刚度，提供较大抗力，有效控制基坑开挖过程中的桩体位移，提高双排桩适用性。

2) 施工简单，速度快，结构稳定性好。

3) 增设水平旋喷桩，减小双排桩弯矩，降低桩配筋率，较好地节约投资。

4) 适用性广，对周边环境影响较小。

【基坑支护设计方案】

(1) 基坑北侧、东侧、西侧

基坑距离已建建筑较近，没空间采用放坡处理，同时因地下障碍物较多，锚索不能使用。若采用双排悬臂桩支护，通过计算，本基坑的坑顶变形将达 40mm，不满足规范要求，经过多方案比较，选用大距离双排灌注桩＋水平加芯旋喷桩（见图 3-28），灌注桩桩径为 600mm，排桩间距为 1.5m，排距 2.5～3m（视场地情况而定），桩身设 1 道水平加芯旋喷桩。

(2) 基坑南侧

采用长螺旋钻孔灌注桩＋预应力锚索进行支护（见图 3-29），灌注桩桩径 800mm，桩间距为 1.2m，桩身设 4 道预应力锚索。

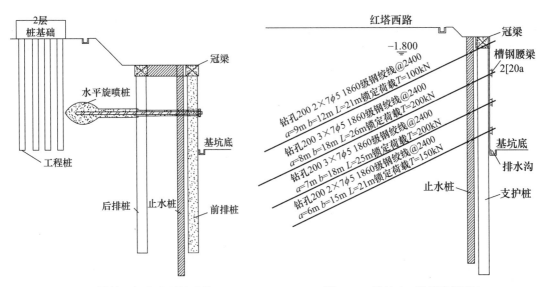

图 3-28 双排桩＋加芯水平旋喷桩   图 3-29 排桩＋4 排锚索剖面

（3）降排水设计

根据地质状况，基坑使用全封闭止水帷幕。坑外设截水沟，坑内设排水沟并且需进行随挖随降，现场对周边排水管网进行疏通和加固，并对坑顶地表做有效封闭，防止地表水大量渗入土体，对护壁造成严重影响，确保护壁安全。

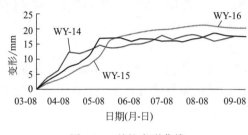

图 3-30　基坑变形曲线

【监测结果】

桩身设有加芯水平旋喷桩的复合型双排桩支护结构在本基坑中成功应用，解决了复杂环境下深基坑设计与施工中的难题。根据监测报告，最大位移量在 2cm 左右，未达到 2.5cm 报警值，监测结果如图 3-30 所示。证明采用复合型双排桩支护结构，其支护结构稳定性强、安全性高、工期较短。

【施工工艺】

1. 施工工艺流程

桩身设有加芯旋喷桩的复合型双排桩支护结构施工流程为：计算确定前后双排桩的施工参数→施工准备工作→制作钢筋笼，在钢筋笼上设计位置安装和绑扎预埋管→前后排桩及冠梁、连系梁施工→土方开挖至预埋管深度位置后，进行旋喷桩成孔、旋喷施工→在旋喷桩桩体质量稳定前插入钢筋→腰梁施工→钢筋张拉→继续开挖基坑。

2. 施工准备工作

施工准备工作分为材料准备、施工机具准备、工作面等。材料准备包括钢筋、预埋管、水泥、钢筋混凝土方桩、锁具等，施工机具准备包括桩机、高压旋喷钻机、100 型地质钻机、高喷台车、高压泵、千斤顶等。

3. 旋喷桩成孔、扩孔

加芯旋喷桩是利用高压旋喷台车把安有喷嘴的注浆管通过高压水泥浆切割土体至设计标高，利用高压设备使喷嘴以一定的压力把浆液喷射出去，高压射流冲击切割土体，使一定范围内的土体结构破坏，浆液与土体搅拌混合固化，随着注浆管的旋转和提升而形成圆柱形桩体，并在末端进行高压扩孔形成扩大头，再将钢筋混凝土方桩插入水泥土中，凝固后便在土体中形成圆柱形状、有一定强度的固结体，最终形成加芯旋喷桩。

（1）桩孔测量定位

根据设计图及标高控制点等资料，测量放出加芯旋喷桩桩位，请监理工程师复测验收。在不受施工影响的地方设置若干个标高控制点。用全站仪及水准仪测量定位，并经二次检测确认无误后方可确定旋喷孔位，并在孔位之上做明显和稳定的标记。

（2）钻孔施工

钻进成孔采用高压水泥浆切割土体成孔并扩孔。

钻孔直径和深度：钻孔时，其成孔直径为 150mm，扩孔段直径为 300mm，终孔深度为设计要求深度以下 500mm。成孔时若出现垮孔，采用优质膨润土作为制浆用主要材料。施工时，分别建立泥浆系统与高喷水泥浆系统，防止串浆、混浆。

（3）水泥浆液制备

注浆材料为水泥水玻璃浆液，水灰比为 0.75：1～1：1，水玻璃掺入量为 2%～4%。

选用 ZJ-400 型高速搅拌机搅拌，纯拌合时间≥1min，且应连续制浆。由送浆工对浆液浓度、密度、温度和时间等进行检测和记录，据此控制浆液质量。

（4）高压旋喷灌浆施工

地面试喷：钻孔验收、高喷台车就位并对准孔口后，为了直观检查高压系统的完好性以及是否能够满足使用要求，首先应进行地面试喷。

开喷：喷管先至指定深度后，拌制水泥浆液，即可供浆、供水开喷。待各压力参数和流量参数均达到要求，且孔口已返出浆液时，即可按既定的提升速度进行喷射灌浆。

高喷灌浆保持全孔连续一次作业，作业中因拆卸喷射管而停顿后，重复高喷灌浆长度≥0.3m。

在高喷灌浆过程中，出现压力突降或骤增、孔口回浆浓度和回浆量异常，甚至不返浆等情况时，查明原因后及时处理。

4.旋喷桩内钢筋置入与张拉

（1）预应力锚杆索体采用

HRB400级 $\phi 28$ 钢筋。钢筋根数及长度按设计进行施工。钢筋进场时应逐盘进行检查，应有出厂证明或试验报告，其表面不得有裂缝、小刺、劈裂、死弯等机械损伤和油迹。钢筋的力学性能应抽样检验，检验合格后方可使用。

（2）钢筋锚杆加工

锚杆编制在现场的锚杆工棚内进行。将同长度的钢筋平铺在工作平台上，编束时按照要求锚固段使用隔离架，隔离架的间距为 1.0m，自由段每 1.5m 设架线环。对于已出现严重锈斑的钢筋不得用于束体编制，对于有少量锈斑的钢筋，必须先除锈后才能使用。锚杆编束完成后，沿长度方向检查是否有扭转和弯曲情况，如存在上述情况应解束，重新编制。编制好的锚杆应进行外观检验，挂上孔号牌，同时对各单元锚杆进行标记，以便后续张拉。

（3）确定钢筋下料长度

下料长度按公式：$L = S + 1.5m$ 计算确定，L 为钢筋下料长度，S 为各单元锚索计算长度。

（4）钻孔完毕后应尽快将锚杆下入孔中

锚杆的安装采用倒悬穿锚法，利用重力滑入孔底。

（5）钢筋下料

钢筋在专用的生产线上按照事先计算确定的尺寸进行定长下料，其断料采用砂轮切割机。

（6）钢筋张拉锁定

在锚杆的前端采用导向帽将锚杆锁紧，该导向帽可以保证锚杆在穿索过程中顺利下滑。采用 P 型锚具，所用锚具及夹具均应符合 JGJ85—2002《预应力筋用锚具、夹具和连接器应用技术规程》的规定。锚垫板采用 200mm×200mm×50mm 钢板，使用的锚具要有出厂合格证和质量检验证明。锚具在使用前，除应按出厂合格文件核对其锚固性能级别、型号、规格及数量外，还应进行外观及硬度检查。高压旋喷施工完成至少 12d 以上，注浆体强度达到设计要求 75% 以上方能进行锚杆张拉。

【专家提示】

★ 桩身设水平加芯旋喷桩的复合型双排桩支护结构，虽然比传统的放坡开挖、桩锚支护结构造价稍高些，但是传统的放坡开挖与桩锚支护无法达到基坑安全及基坑变形的要求。复合型双排桩支护结构是在保证基坑安全条件下最优的支护方式，与内支撑、地下连续墙等支护方式相比，其费用降低很多，也缩短了工期。本文通过工程实例，证明复合型双排桩支护结构的稳定性、安全性、可行性，解决了深基坑支护的难题，节约了基坑支护成本，取得了不错的经济效益，同时为本工程缩短了工期，具有非常可观的社会效益。

★ 但同时仍然存在以下问题。

1）复合型双排桩支护结构的设计计算方法还不够成熟，实测数据还不多，受力机理不够清楚。

2）复合型双排桩基坑外侧需要有一定空间，以利于双排支护桩的实施，因此对于场地极其狭小的场合，该支护形式的使用受到限制。

3）复合型双排桩支护结构选型难度大，需要有丰富经验的设计人员才能选择合适的复合型双排桩支护结构。

★ 针对以上问题，提出以下改进措施，使复合型双排桩能在更多的基坑工程中得到应用。

1）进行双排桩支护结构的设计计算时，采用多种深基坑计算软件分别进行计算，根据已施工双排桩工程的基坑监测数据，为后期工程设计提供参考经验。

2）充分利用基坑外侧空间，借用红线以外空间，施工在红线以外的支护桩需采用加芯水泥土桩，基坑回填后，将内插构件回收，恢复红线以外场地为原状。

3）复合型双排桩支护结构选型前需对现场及基坑开挖要求进行详细分析，委托有相关丰富经验的岩土工程师进行设计，必要时请专家提建议。

专家简介：

许利东，硕士，E-mail：61578540@qq.com

第二节　基坑降水技术

（一）概述

基坑工程地下水控制包括基坑开挖影响范围内的潜水、上层滞水与承压水控制，采用的方法包括集水明排、降水、隔水以及回灌等。应依据拟建场地的工程地质、水文地质、周边环境、基坑支护设计和降水设计等文件，结合类似工程经验，编制降水施工方案。依据场地的水文地质条件、基坑规模、开挖深度、各土层的渗透性能等，可选择集水明排、降水、隔水以及回灌等形式单独或组合使用。降水井施工完成后，应试运转，检验其降水效果；如不能满足要求，应采取措施或重新设置降水系统。降水过程中，应对地下水位变化和地表变形进行动态监测，根据监测数据信息化施工。

(二)典型案例 1

技术名称	基于连通器效应的超大深基坑混合井自动降水技术研究与应用
工程名称	天津高银 117 大厦
工程概况	天津高银 117 大厦工程位于天津市中心城区西南部,地处京津冀发展轴线上,由 117 层的 117 塔楼、37 层的总部办公楼 E,2～3 层的商业廊及 2 层的精品商业组成,总建筑面积 87.4 万 m²。本工程基坑边坡顶部平面尺寸为 394m(南北向)×315m(东西向),开挖面积约 12.41 万 m²,土方开挖量约 210 万 m³,创单体建筑基坑土方开挖之最。基坑采用顺作法施工,根据开挖深度和平面布置,基坑分为 A、B、C、D 4 个区。A、C 区(附属楼、纯地下室)开挖深度为 18.7m,B 区(靠山楼)开挖深度为 19.05m,D 区(117 主塔楼)开挖深度为 25.7m。如图 3-31 所示。基坑 A+B 区东、西、北三侧采用浅层卸土放坡+深层地下连续墙+2 道钢筋混凝土内支撑(对撑和角撑);A+B 区南侧与 C+D 区北侧共用一面排桩和地下连续墙;C 区东、西两侧采用浅层卸土放坡+深层地下连续墙+2 道钢筋混凝土圆环支撑,南侧采用浅层重力坝结合钢斜撑+深层地下连续墙+2 道钢筋混凝土圆环支撑;D 区采用封闭地下连续墙+预应力锚索

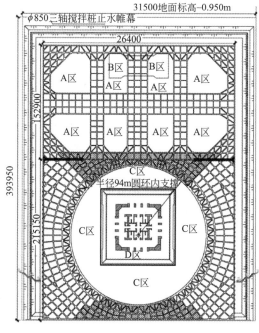

图 3-31 基坑平面

【地质及水文条件】

本工程场地地质及水文条件如图 3-32 所示。根据设计资料,本工程建筑物基础主要位于第一相对含水层(潜水)底板附近以及第一相对含水层(潜水)与第二相对含水层(承压水)之间的相对隔水层中。

【降水原理】

1.“一井多能、同时起效”的混合井降水技术

混合井是针对包含两个及以上含水层的基坑降水而设计的降水井。其设计原理是根据

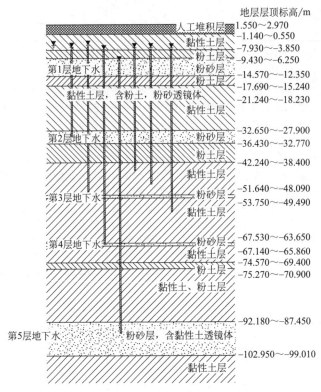

地层层顶标高/m

人工堆积层 1.550～2.970
-1.140～0.550
黏性土层
-7.930～-3.850
粉土层
-9.430～-6.250
粉砂层
第1层地下水
-14.570～-12.350
粉土层
-17.690～-15.240
黏性土层，含粉土，粉砂透镜体
-21.240～-18.230
黏性土层
-32.650～-27.900
粉砂层
第2层地下水
-36.430～-32.770
粉土层
-42.240～-38.400
黏性土层
-51.640～-48.090
粉砂层
第3层地下水
-53.750～-49.490
黏性土层
-67.530～-63.650
粉砂层
第4层地下水
-67.140～-65.860
黏性土层
-74.570～-69.400
粉土层
-75.270～-70.900
黏性土、粉土层
-92.180～-87.450
第5层地下水 粉砂层，含黏性土透镜体
-102.950～-99.010
黏性土层

图 3-32　场区地质条件及地下水分布

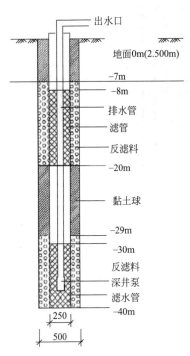

出水口

地面0m(2.500m)

-7m

-8m

排水管
滤管
反滤料

-20m

黏土球

-29m

-30m

反滤料

深井泵
滤水管
-40m

250

500

图 3-33　混合井结构示意

各土层的厚度及透水特性，通过管体构造措施，从地表向下交替布设实管（隔水层）与滤管（含水层），从而实现其对于浅部潜水层具有疏干作用，对于中部及深部承压水层具有减压作用。相对于常规降水井，混合井具有一井多能、同时起效的特点。如图3-33所示。

混合井对于孔隙率较小、土层致密、渗透系数较小的地层降水优势更为显著，混合井的滤管部分在管井不抽水的时候，上层滞水缓慢地渗透到管井中，在基坑抽水时，通过承压含水层，使管井中水位迅速降低。

2. 基于连通器效应的混合井降水技术

由于混合井需钻孔至中部或深部的含水层中，因而混合井中蓄积的地下水与（中）深部含水层中的地下水相连通，而该含水层中的地下水往往是具有流动性的，从而形成混合井与深部相对含水层的连通器效应。

此时通过优化设置的井点水泵即可将汇集在深部相对含水层中的水排出，无须所有井点布置水泵设施。如图3-34所示。

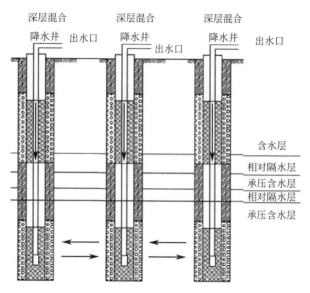

图 3-34　混合井连通器效应原理

3. 基坑管井降水自动维持控制系统（见图 3-35）

基坑管井降水自动维持控制系统中的液位继电器通过 3 根带有探针的电线与降水井中的水相连通从而形成回路。3 根电线末端的探针分别对应低、中、高 3 种水位标高。当井中水位处于不同标高时，探针感应到不同频率后反馈给液位继电器，从而呈现不同回路。当液位继电器处于不同回路时，受液位继电器控制的水泵电闸相应处于开启和关闭状态，从而达到自动、精确、实时降水的效果。

【混合井施工工艺】

混合井施工工艺流程：测放井位→挖泥浆池→埋设护口管→安放钻机→钻进成孔→清孔换浆→下井管→填滤料→填黏土→洗井→井口封闭→安泵试抽水→降水、排水、水位监测→封井。

【施工控制】

1. 钻进控制

施钻过程中须打穿 2 层相对隔水层，承压水因水头差产生渗流对孔壁的稳定性有很大影响，易塌孔。清孔过程应减少拍浆、控制钻具稳定性，保持孔壁的稳定。

2. 滤料控制

由于混合井连通了 2 个含水层，中间仅用黏土球阻隔下层承压水。投料时要保证黏土球厚度与均匀程度，并严格控制滤料及黏土层的填充位置。防止在挖第一含水层及以上部分时，井不开启的情况下，下部承压水沿井壁渗出。

3. 降水监测控制

为了确保混合井的疏干作用及减压作用达到降水设计目的，主要通过设置水位观测井对降水效果进行监测。

观测井水位能准确反映场地地下承压水位动态变化情况。通过及时汇总分析观测井水位监测结果，动态调节降水井开启时间、数量及降水高度，保证施工区域疏干降水及减压

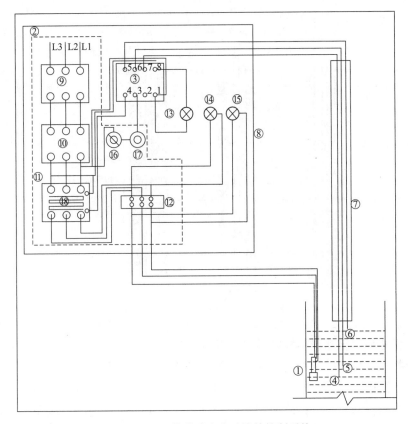

图 3-35　基坑管井降水自动维持控制系统

注：①水泵电机；②电闸；③液位继电器；④⑤⑥带有探针的电线；⑦绝缘胶管套；⑧三级配电箱；
⑨微型断路器；⑩漏电保护器；⑪交流接触器；⑫热继电器；⑬通电红色指示信号灯；⑭启动运行
绿色指示信号灯；⑮热电保护指示信号灯；⑯急停按钮；⑰启动按钮；⑱交流接触器线圈

降水的合理降深要求。

　　基坑内不必另行布置观测井，采用降水期间尚未开启的降水井兼水位观测井，基坑外需另行布设一定数量的水位观测井。

【技术特点及优势】

1. 适用于多含水层条件下的深基坑降水

　　基于连通器效应的混合井自动降水技术对于具有多个含水层的深基坑降水控制尤为适用。该技术根据各土层的厚度及透水特性，在含水层设置滤管，在隔水层设置实管。使得混合井对于浅部潜水层具有疏干作用，对于中部及深部承压水层具有减压作用。从而达到在多个含水层中疏干、减压的降水效果。当场地内土层透水性较差，现场需采用间歇性降水时，该技术的适用性更突出。

2. 有效减少布井数量，节约资源，减少工期

　　1）基于连通器效应的混合井自动降水技术通过"一井多能、同时起效"的混合井降水技术，将降水井设计成集"疏干、减压"为一体的混合井，显著减少了疏干井与减压井的数量，降低了降水井施工量，缩短了施工工期，节约降水人力物力资源。

　　2）利用混合井与（中）深部含水层形成的连通器效应，将混合井蓄积的地下水引至

（中）深部含水层后，通过优化设置的井点水泵即可将汇集在（中）深部含水层中的水排出，无须所有井点均布置水泵，显著降低了降水成本。

3）基于连通器效应的混合井自动降水技术采用基坑管井降水自动维持控制系统，通过液位继电器控制水泵电闸的开启和关闭，自动实现对管井水位的控制，节约了降水人力物力的投入，在取得良好降水效果的同时，经济效益显著。

3."自动、精确、实时"降水，效果好且易于控制

基于连通器效应的混合井自动降水技术基于基坑管井降水自动维持控制系统，根据降水设计计算结果预先设置液位继电器处于 3 种不同回路时对应的水位标高（低、中、高 3 种水位），然后通过不同水位标高时液位继电器对应回路的开闭控制水泵电闸的开启和关闭，达到自动、精确、实时降水的效果，避免了人工观测的不准确性和滞后性，降水效果好。

4. 混合井降水对基坑整体施工影响较小

当上部结构自重能够平衡地下水浮力时降水井才能退出工作，并进行封井处理，该过程受结构体量和施工进度的制约。在此之前，降水井需持续工作，其降水控制、系统维护、用电保障及井管本身对后续土方及结构施工影响很大。混合井由于布井合理，数量较少，从而大幅减少了后期对施工的不利影响。

【专家提示】

★ 基于连通器效应的混合井自动降水技术首先通过管体构造措施，将降水井设计成集"疏干、减压"功能为一体的混合井，对于浅部潜水层具有疏干作用，对于中部及深部承压水层具有减压作用；然后利用混合井与（中）深部含水层形成的连通器效应，将混合井蓄积的地下水引至（中）深部含水层，通过优化设置的井点水泵进行降水，无须所有井点布置水泵；最后通过液位继电器控制不同水位时井中水泵电闸的开启和关闭，达到了自动、精确、实时降水的效果。

★ 该降水技术在满足基坑降水要求的同时，显著减少了降水井、水泵及维护人员数量，降低了降水成本，提高了降水精度及效果。该技术已成功应用于天津高银 117 大厦超大深基坑降水工程，可供类似深基坑降水施工参考借鉴，具有很大的推广价值和应用前景。

专家简介：

艾心荧，天津 117 项目总包技术部责任工程师，E-mail：309107981@qq.com

（三）典型案例 2

技术名称	超深软土基坑降水施工技术
工程名称	津湾广场 9 号楼项目
工程概况	本项目为津湾广场 9 号楼工程，建设地点位于天津市和平区赤峰道、解放北路、哈尔滨道、合江路围合的地块。津湾广场 9 号楼地上部分属于超高层建筑，框筒结构、桩基础。地上由 70 层高层主体（不含顶部造型）及 4 层裙房组成，建筑物下设置 4 层地下室，总建筑面积 209500m²（其中，地下面积 46500m²，地上面积 163000m²）。本工程基坑开挖面积约 10200m²，呈较规则多边形（近似于 L 形），短边 59～99m，长边约 139m，周长约 438m。塔楼坑深 24.6m（坑底相对标高 −24.900m），其他裙楼区域坑深 21.8m，挖土总量约 22 万 m³。基坑模拟如图 3-36 所示

图 3-36　基坑模拟示意

【地质条件】

本工程场地所处地块的地貌类型为滨海平原，总体地势平坦，场地埋深 50.00m 深度范围内，地基土按成因年代可分为 9 层，按力学性质可进一步划分为 16 个亚层。工程地质剖面如图 3-37 所示。

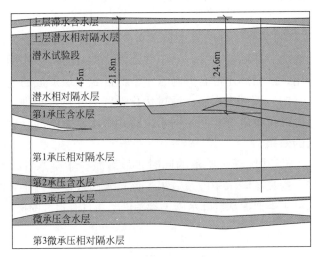

图 3-37　工程地质剖面

鉴于古河道冲积层（Q_4^{3Nal}）土层含水率高，渗透系数较小，该土层降水比较困难，土方开挖时需要特别注意。因此，现场需要准备足量的白灰，以应对该部分土层降水不到位时带来的困难。如果该土层降水不到位，需要将该土层用白灰拌合，并在挖掘机履带下面垫钢排，同时还应在基坑四周设置明沟进行排水，以保证挖土工作顺利进行。

本工程挖土深度达到 21.8m（裙楼部分）和 24.6m（塔楼部分），并且周边需要保护的建筑和室外管网较多，为防止开挖后有渗漏水情况，给后续施工及周边建筑物造成影响，开挖前需对基坑进行渗漏检测，特别是新老地下连续墙接口处、老地下连续墙有质量缺陷的部位。由于第 1 承压水层渗透系数较大，且主要由粉土和粉砂组成，因此，对该层的渗漏检测尤为重要，需要专业的渗漏检测队伍进行检测。

【工程难点】

1）本工程地处海河南畔，地下为老海河河道，淤泥土较多，土中含水率比较高，集水比较困难。

2）本工程东南侧有国家级重点保护文物——盐业银行旧址，施工过程要严格控制因水位下降对盐业银行沉降产生的影响。

3）工程挖土深度达 24.6m，已经触碰到第 1 承压水层，施工要防止第 1 承压水层压力过大造成地表隆起。

【降水方案】

1. 降水井原理

管井成井方法是先用钻孔机钻孔，在孔中形成泥浆护壁，再下井管，最后洗井。深井降水的井管分为钢管井管和无砂管井管，其降水的原理是一样的，都是通过水头梯度使管井周围的地下水流入管井内，形成一个以水泵为顶点的倒圆锥的水头梯度，并通过水泵排出井外。钢管井的耐久性比较好，使用寿命比较长，但是降水效果没有无砂管好，成本较高；无砂管的成本较低，降水效果好，但是耐久性差，使用寿命短。无论是钢管井还是无砂管井，外面都要包尼龙网，防止土砂颗粒堵住滤水管，造成管井内外无法达到相同水压而无法降水。降水井模型如图 3-38 所示。

图 3-38　降水井模型

2. 抽水试验配合设计方案

1）抽水试验的潜水试验段，岩性以粉土、粉质黏土为主，本次抽水试验期间测得的潜水试验段静止水位埋深 1.49m，相当于大沽标高 2.310m。潜水试验段平均厚度 14.51m，结合一期抽水试验结果，综合分析，推荐施工降水使用参数为 $K = 42.0$。

2）第 1 微承压含水层岩性以粉土、粉砂为主，抽水试验期间测得静止水位埋深为 8.00m 左右，相当于大沽标高 -4.320m。根据一期抽水试验计算结果，该含水层渗透系数为 $2.90 \sim 4.50$m/d，由于受含水层岩性差异影响，经综合分析，推荐第 1 微承压含水层施工降水使用参数为 $K = 60.0$。

3）第 2 微承压含水层岩性以粉土为主，本次抽水试验期间测得该含水层静止水位埋深为 $8.08 \sim 8.14$m，相当于大沽标高 -4.360m。根据抽水试验计算结果，该含水层渗透系数为 $2.276 \sim 2.888$m/d，由于受含水层岩性差异影响，经综合分析，推荐抽水试验场地周围第 2 微承压含水层粉土的施工降水使用参数如下：渗透系数 2.455m/d；影响半径 39.2m；弹性释水系数 5.39×10^{-3}。

4）第 3 微承压含水层岩性以粉土为主，抽水试验期间测得静止水位埋深为 8.06m，相当于大沽标高 -4.390m 左右。根据前期 7，8 号楼工程抽水试验计算结果，该含水层渗透系数为 $1.951 \sim 2.223$m/d，由于受含水层岩性差异影响，经综合分析，推荐抽水试验场地周围第 3 微承压含水层粉土的施工降水使用参数为 $K = 39.7$。

5）本次试验通过抽水过程中对各含水层水位变化分析发现各含水层之间有一定的水力联系。各含水层之间的水力联系强弱与隔水层的渗透系数、厚度有直接联系。

3. 井点布设

根据津湾广场 9 号楼的地质条件、基坑情况和经济情况综合考虑，天津市建筑设计院给出管井降水的方案。管井降水具有设备简单、排水量大、降水深度大的优点。但是管井降水属于重力排水范围，吸程高度受到一定限制，要求渗透系数较大（1～200m/d）。而津湾广场地处海河南畔，地质比较适合井点降水，因此采用此方案进行降水，井位平面如图 3-39 所示，图 4 中：①J1 为疏干井 1，井深 28m（共计 13 口），从现地坪起算；②J2 为疏干井 2，井深 28m（共计 12 口），从现地坪起算；③J3 为疏干井 3，井深 31m（共计 10 口），从现地坪起算；④J4 为疏干井 4，井深 31m（共计 10 口），从现地坪起算；⑤J5 为减压井，井深 43m（共计 2 口），从现地坪起算；⑥GJ1 为潜水及第 1 微承压水观测井，井深 26m（共计 16 口），从现地坪起算；⑦GJ2 为第 2 微承压水观测井，井深 43m（共计 17 口），从现地坪起算；⑧图中①为潜水层观测井补井，井深 14m（共计 5 口）。

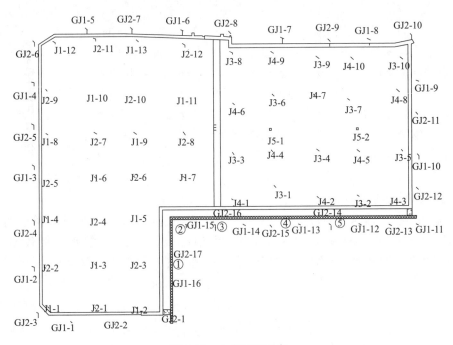

图 3-39　井位平面示意

（1）疏干降水井

布设疏干井 45 口（裙楼部分 25 口，井深 28m；塔楼部分 20 口，井深 31m）。为保证出水效果，滤管采用 ϕ273 桥式滤水管，外包 2 层 60 目尼龙网，砾料为 5mm 等粒径粗砂，从井底围填至地表以下 2m，其透水直径≥650mm，地表下 0～2.00m 井壁外围以优质黏土封闭。

（2）减压降水井

备用自流减压井（平时兼作观测井使用）2 口，由钢管和滤管组成，井深 43.0m，滤管采用 ϕ273 桥式滤水管，外包 2 层 60 目尼龙网，砾料为 5mm 等粒径粗砂，滤管长 5.0m，滤料以上部位采用优质黏土球围填封闭。

（3）潜水及微承压水观测井

成井要求同疏干井，井深 26m，基坑周边均匀布置，邻近盐业银行旧址部位布置 5 口，其余位置间距约为 35.0m，共计 15 口。

（4）碎石盲沟

考虑到地区经验，为有效疏干基坑内土体，沿基坑四周及中间纵横交错设置碎石盲沟，盲沟距离地下连续墙墙趾≥800mm，施工规格300mm×400mm（宽×深），接入市政排水管道前设置三级沉淀池，对排出的地下水进行沉淀处理，避免造成市政排水管道淤塞。

【施工要点】

1. 降水过程重点、难点解决办法

1）对盐业银行旧址一侧的土方降水进行了4次专家论证，分析不同阶段的降水方法，给出合理化建议。

2）前期施工过程中，通过分析降水与盐业银行旧址沉降的关系发现：水位与盐业银行旧址沉降成正比关系，降水速率越快，沉降越大，分层降水能减小沉降量。所以在进行土方开挖前，为保证土方的可施工性和保护周围建筑物不至于突然沉降，应试探性分层降水，先把地下水位降至土方开挖底标高以下2m的位置，并进行控制性抽水，然后再进行土方作业。

3）遇到隔水层时，土中含水率过大、排水困难，应增加明排水设施，在土方开挖过程中，增加集水坑引水，并把坑中积水集中排出坑外。另外也可用电渗井技术，用井管本身作阳极，用电源强加动力，使水汇集到井内，再排出井外。

4）在地下连续墙存在渗漏的点位，应先对地下连续墙进行封堵，之后再做降水试验，试验结果满足土方开挖要求后，再进行后续施工，保证了对周围建筑物的沉降控制。

5）在整个土方开挖过程中，为保护盐业银行旧址，采取分梯度降水的方法：靠近盐业银行旧址一侧的地下水后降，土方最后开挖，保证对盐业银行旧址的土压力，维持其稳定。

6）土方开挖结束后，为防止地下水压力过大、造成基坑地表隆起，减压井以及个别疏干井进行留置，减小地下水压力。

2. 水位变化监测及原因分析

观测井水位反映地下水位情况和止水结构的情况，因此做好观测井的观测工作尤为重要。观测井水位上升和下降原因很多，不能单纯认为观测井水位变化就一定是地下水位变化引起的，还有以下原因。

1）坑外市政管线漏水导致水位上升。

2）施工活动可能会影响水位变化。

3）相邻施工现场进行降水活动会影响地下水水位变化。

4）天气环境也会影响观测井水位。如遇到雨雪天气，会直接导致水位上升。若天气过热，水分蒸发较快，水位也会下降，但是却不能反映工程本身的问题。

5）基坑外连续不断的振动施工，使水从土中脱离出来，也会使水位上升。

津湾广场9号楼GJ1-6水位变化曲线的一部分如图3-40所示，圆圈区域为水位突然有比较大的变化，而后变化又趋于平缓下降，说明该天有突发的外界因素影响了地下水位的变化，但是水位总的变化趋势为逐渐下降，说明地下连续墙结构本身不够密实，须进行堵漏工作。

对于第2承压观测井，如果在施工时没有将第2承压水层与第1承压水层密实地隔离

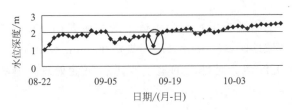

图 3-40 GJ1-6 水位变化曲线

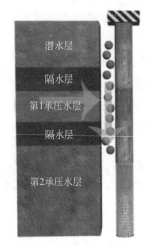

图 3-41 第 1 承压水与第 2 承压水串通示意

开，导致第 1 承压水与第 2 承压水串通（见图 3-41），深水观测井的变化往往要大于第 1 承压水层观测井的变化，而后变化幅度趋于一致。因为假如 2 个水层没有隔离开，第 1 承压水层水肯定会往第 2 承压水层方向流，进而形成平衡，而如果第 1 承压水层水位变化，流向第 2 承压水层的水减少，则会导致深层观测井水位下降，再加上第 2 承压水层水位本身的下降，就会导致深水观测井的变化超过潜水观测井的变化，当两个层承压水变化速率基本一致的时候，又保持一段时间的一致变化速率，这样就失去了监测第 2 承压水层的作用。

3. 减压井封井技术

由于减压井均深入到基坑底板下部承压含水层，故需要在基础底板施工完成后，包括养护阶段和地下室及上部结构施工阶段，在确保承压水水头压力不大于抗浮力的情况下，逐步减少减压井的开启数量，直至静止水位情况下水头压力不大于抗浮力，并由结构设计人员复核计算后，再进行封堵。封井步骤如图 3-42 所示。

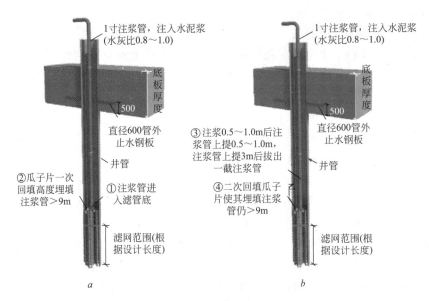

图 3-42 减压井封井步骤（一）

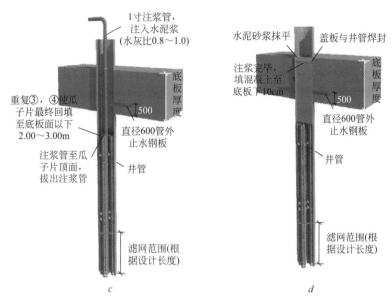

图 3-42　减压井封井步骤（二）

【专家提示】

★ 目前，我国超高层建筑以及地铁工程正在逐步兴起。早些年，软土地基因为水的问题出现过事故。因此，软土地基深基坑降水越来越引起人们的重视。做好基坑降水的监测工作，有利于保证工程和人员的安全，积累相关经验，为后人留下宝贵财富。

专家简介：

李小克，项目副总工程师，E-mail：449295589@qq.om

（四）典型案例 3

技术名称	基于中心岛施工工法下的基坑止降水技术研究
工程名称	武汉凯德广场古田项目深基坑工程
工程概况	凯德广场基坑普挖深度 15.9m，局部坑中坑开挖深度 17.6m，属于超深基坑。基坑东侧为古田二路高架桥、基坑北侧为轻轨 1 号线，基坑开挖面积 6 万 m²，采用中心岛法全顺作施工。 基坑支护体系采用双排桩结合坑内留土、基坑四角采用桩撑支护的形式。基坑东侧、北侧采用700mm 等厚度水泥土搅拌墙止水帷幕，深度 50m。 其他侧采用三轴搅拌桩止水帷幕。 基坑降水设计：基坑内设置 92 口（管井）深井减压井，43 口（真空管井）浅井疏干井；基坑内设置8 口（管井）观测井兼做备用减压井

【水文地质条件】

场地地貌单元属于长江左岸冲积一级阶地。场地地下水按其赋存条件分为上层滞水、孔隙承压水两种类型。其中上层滞水主要赋存于①杂填土层之中，孔隙承压水主要赋存于场地③$_1$粉细砂层及③$_2$砾砂含卵石层中，以②$_1$黏土、②$_2$黏土、②$_3$粉质黏土夹粉土粉砂层为相对隔水层。②$_2$层下含有粉土、粉砂，呈稍密状，颗粒松散，渗透性较强，且与下部砂土连通，与砂土构成统一的承压含水层，在渗透水流作用下易产生流土、流砂。场地地下水与长江有较强的互补关系，动储量丰富，有较高的水头压力。

【止水帷幕选型】

在基坑周边环境空旷、岩土水文地质条件较好的条件下，一般不落底的三轴搅拌桩止水帷幕基本满足要求，保障基坑正常施工和周边环境安全；但在类似武汉长江一级阶地等地下水丰富的富水水文地质条件下，在类似凯德广场等紧邻轨道交通线高架的基坑工程中，相邻构筑物侧必须采取有效的止水帷幕形式，以减小基坑周边环境沉降，落底式的地下连续墙和TRD帷幕是首选的帷幕形式。

凯德广场基坑工程东北侧紧邻武汉轨道交通1号线和古田二路高架，南西两侧为空旷在建工地，东北两侧坑外沉降控制要求较高，西南两侧较低，最终采用的设计方案为，东北两侧采用大深度TRD帷幕以减小基坑外沉降，西南两侧采用一般三轴搅拌桩止水帷幕。

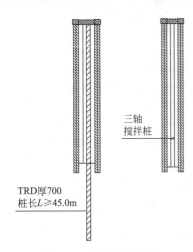

TRD厚700
桩长$L \geqslant 45.0$m

图 3-43　计算模型简图

三轴
搅拌桩

【止水效果有限元对比分析】

为了对比分析TRD止水帷幕和一般三轴搅拌桩止水帷幕止水效果和对控制基坑外沉降的效果，应用Midas GTS NX有限元软件，采用应力-渗流耦合模型，对基坑中部南北两侧建模计算，以对比坑外沉降值、地下水水位、孔隙水压力值等参数变化规律，计算模型如图3-43所示。分析对比TRD落底式止水帷幕和一般非落底式止水帷幕坑外沉降，探讨TRD落底式止水帷幕在富水水文地质条件下保障基坑周边环境的效果。

有限元模型如下：以基坑中部南北两侧支护体系为数值模拟计算模型，模型深度106m，宽度为20m，长度为1060m；其中土体参数及双排桩设计参数完全按实际工程参数取值，双排桩桩长为27.75m，桩径1m，桩间距1.5m，桩顶按1∶1放坡2m，冠梁尺寸1.2m×0.8m，连梁尺寸1m×0.8m；TRD止水帷幕深度为50m，厚度为0.7m；三轴搅拌桩止水帷幕采用桩径0.8m，按中心距0.65m咬合施工，模型中采用厚度0.8m、深度26m的长方体单元等效计算，同时考虑桩间加固体高压旋喷桩的止水效果；基坑开挖普设深度取15.9m，坑中坑开挖深度取17.6m，预留土体高5m，上宽10m，下宽15m，坡前按1∶1放坡，并以三轴加固，预留土体顶面深度9.4m；双排桩顶放坡段因实际工况采用混凝土喷锚支护，所以在模型中建模坡面的混凝土薄板，起止水和挡土作用以符合实际工况；基坑外加15kPa的基坑外荷载。各土层物理力学指标及水力学计算参数如表3-4所示。

各土层物理力学指标　　　　　　　　　　　　　　表3-4

土层名称	层厚/m	重度γ/ (kN·m^{-3})	内摩擦角 φ/(°)	黏聚力 c/kPa	渗透系数/ (m·s^{-1})	弹性模量 E/MPa
杂填土	1.2	19.0	22	5	$1×10^{-6}$	2.1
黏土	8.1	19.0	10	17	$1×10^{-9}$	4.2
黏土	0.8	18.5	11	18	$1×10^{-9}$	5.1

土层名称	层厚/m	重度 γ/ $(kN \cdot m^{-3})$	内摩擦角 φ/(°)	黏聚力 c/kPa	渗透系数/ $(m \cdot s^{-1})$	弹性模量 E/MPa
黏土	3.6	17.9	12	16	1×10^{-9}	6.4
粉土夹粉砂	10.9	18.6	20	17	1×10^{-6}	30.3
粉细砂	21.1	21.0	28	0	1×10^{-5}	45.7
砾砂含卵石	20.0	19.3	45	3	1×10^{-3}	150
强风化泥岩	5.0	21.0	30	80	1×10^{-9}	300
TRD/三轴	—	20.0	1	60	0	100

1）从模型计算得到的地下水总水头值和坑外总水头值离基坑壁水平距离变化曲线（见图3-44）可以看出，因TRD止水帷幕和三轴搅拌桩止水帷幕入土深度、是否进入坑底承压含水层隔水底板等工况因素的不同，导致基坑外侧地下水总水头值存在较大差异。

2）TRD止水帷幕因入土深度大，并进入坑底强风化隔水层，导致基坑内抽水降水过程中，北侧坑外地下水水位几乎没有下降，总水头值几乎不变；三轴止水帷幕因入土较浅，基坑

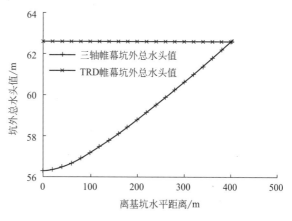

图3-44 坑外总水头变化曲线

内降水将导致基坑外侧水位下降，在近基坑处总水头随距离基本呈上凹形，在离基坑一定距离以外，地下水总水头值基本呈线性变化。

3）因南北两侧止水帷幕深度存在很大差异，止隔水效果也存在很大差异，在基坑北侧未彻底隔水的情况下，坑内降水主要引起南侧坑外地下水的水位变化；基坑深井减压降水井布设，应该更多考虑南侧坑内降水，降水井布设较一般基坑应该更多向南侧偏移，可以取得更好的效果。

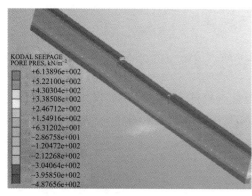

图3-45 坑内外土体孔隙水压力云图

4）在类似基坑工程中，若基坑不同边界存在较大深度差异的止水帷幕时，基坑降水井布设可以更多考虑向浅止水帷幕侧布设。

坑内外土体孔隙水压力如图3-45所示，图3-45中孔隙水压力为负值表示该处地下水存在向下流动的趋势，并且对周边土体产生向下的黏滞力和侧摩阻力，造成对周边土体向下的孔隙水压力作用，即有带动土体向下运动的趋势，从而土体有效应力为总应力

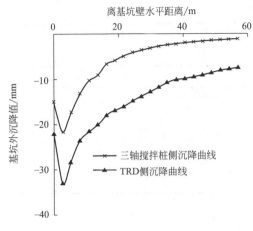

图 3-46 坑外土体沉降变化规律曲线

值加上孔隙水压力的绝对值，造成有效应力增大，土体压缩沉降。

【TRD 和三轴帷幕坑外沉降分析】

坑外土体沉降规律变化曲线如图 3-46 所示，可以看出，北侧沉降最大值为 21.54mm，南侧沉降最大值为 32.29mm，从而可以看出基坑外水位降深差异及水力梯度差异对坑外土体沉降值的影响非常大。

两侧的坑外土体沉降曲线变化规律相似。基坑南侧沉降曲线完全位于北侧沉降曲线之下，反映了基坑南侧因止水帷幕浅而造成坑外沉降的范围更广、沉降量更大。

统计了基坑西南角侧和北侧离基坑 20m 处两分层沉降监测点数据，绘制成分层沉降监测曲线如图 3-47 所示，因基坑南侧为正施工工地，无法设置基坑监测点，所以用基坑西南角监测点代替比较，基坑西侧同为三轴搅拌桩止水帷幕，深度也同南侧。

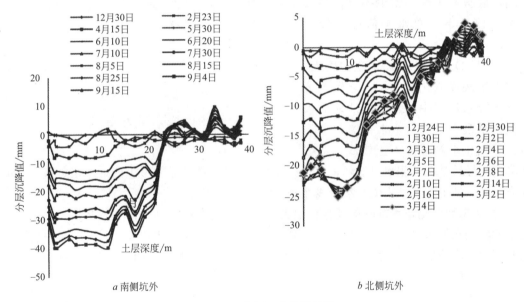

图 3-47　分层沉降监测曲线

从监测曲线可以看出：北侧 TRD 帷幕外沉降最大值为 25mm 左右，基坑西侧沉降最大值为 40mm 左右，两侧沉降差值较大。

从沉降值随深度变化规律可以看出，三轴搅拌桩外侧土体沉降主要发生在 23m 以上，变化率最大区段为 12~23m。TRD 帷幕坑外沉降变化率区段在 7~40m，可以看出，TRD 帷幕因深度较大，降水和沉降影响区段明显较三轴帷幕要大，但变化幅度要小，影响深度范围内沉降更均匀。

【超大型中心岛法开挖基坑分区降水技术】

一般基坑降水井布设思路以基坑所需要的最大降深来布设降水井，通过调整降水井位置来最大限度减少降水井数量；本工程因基坑开挖面积超大，采用配合土方开挖方案的降水井布设思路，即按土方开挖平面分区，分区设计降水井，考虑基坑分区分层土方开挖的特点，使降水井满足在基坑分区开挖某区域土体到达特定深度时，开启该部分区域中全部或者部分降水井便可以达到需要的地下水降深。

本基坑开挖面积达 6 万 m^2，为了降低工程造价、便利施工、缩短工期，基坑设计主要采用中心岛法基坑开挖施工模式，结合水平分区、竖向分层的土方开挖方式，将基坑在水平向分成 9 大开挖区，如图 3-48 所示，在竖向分 3 大层开挖，小区域坑中坑按 4 层开挖。基坑降水井平面布设，以 9 大区为基础，保障每一区域开挖时，开启该区及周边区域部分或全部降水井时，可以达到土方开挖对地下水降深的需求。降水井参数如表 3-5 所示。

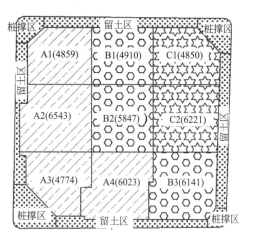

图 3-48 基坑土方开挖分区

降水井参数统计　　　　　　　　　　　　　　　表 3-5

井类型	孔径/mm	井径/mm	数量/口	滤管埋深/m	井深/m	备注
W*	600	300	92	17.0~34.0	35.0	深井减压井
S*	600	300	43	17.0~25.0	26.0	浅井疏干井
G*	600	300	8	17.0~34.0	35.0	深井观测井兼备用井

在基坑土方开挖第 1 阶段，开挖 A3 区至 −5.500m，此时开启 A2、A3、A4 区部分疏干井及部分降水井。通过观测基坑内部观测井和部分降水井内地下水水位，运用 surfer 软件将监测得到的坑内水位绘制成等高线图，网格化后生成三维的地下水位等值面图。从等值面图和网格图中可以看出此时基坑周边地下水水位在 −2.000m，基坑西南角地下水水位在 −6.200m。降水井开关状态统计如表 3-6 所示。

第 1 阶段降水井开关状态统　　　　　　　　　　　表 3-6

型号	A2、A3、A4 区总数量/口	启用数量/口	备注
W*	33	5	减压井
S*	16	8	疏干井
G*	3	3	观测兼备用井

土方开挖第 2 阶段，西南角 A3 区向 A2、A4、B2 区推进，此时开启 A2、A3、A4、B2 区部分疏干井及部分降水井，开挖至 −10.500m 时地下水位等值线图如图 3-49 所示，出此时基坑周边地下水水位在 −2.000m 左右，基坑西南角 A3 区地下水水位在 −10.500m 左右。降水井开关状态统计如表 3-7 所示。

图 3-49　A3 区开挖至 −10.000m 地下水位等值线图

第 2 阶段降水井开关状态统计　　　　　　　　　　　　　表 3-7

型号	A2、A3、A4、B2 区总数量/口	启用数量/口	备注
W*	42	18	深井减压井
S*	19	16	浅井疏干井
G*	4	4	观测兼备用井

当土方开挖处于第 3 阶段，A3 区土方开挖至基坑底 −15.900m，土方开挖流向为 A3→A2→B2、A4→A1→B2，此时开启 A1、A2、A3、A4、B2 区部分疏干井及部分降水井，此时基坑周边地下水水位在 −2.000m 左右，基坑西南角 A3 区地下水水位在 −17.000m，A2、A4 区在 −12.000m 左右，满足基坑土方开挖要求。降水井开关状态统计如表 3-8 所示。

第 3 阶段降水井开关状态统计　　　　　　　　　　　　　表 3-8

型号	A2、A3、A4、B2、A1 区总数量/口	启用数量/口	备注
W*	51	32	减压井
S*	24	18	疏干井
G*	4	4	观测兼备用井

当土方开挖处于第 4 阶段，A3、A2、A4、B2 区至基坑底 −15.900m，由 A3→A2→B3、A3→A4→A1 流水开挖，此时开启 A3、A2、A4、B2、A1、B3 区疏干井及部分降水井，基坑周边地下水水位在 −8.000m 左右，基坑 A3、A2、A4、B2 区及 A1、B3 区部分区域地下水水位在 −18.000m。降水井开关状态统计如表 3-9 所示。

第 4 阶段降水井开关状态统计　　　　　　　　　　　　　表 3-9

型号	A2、A3、A4、B2、A1、B3 区总数量/口	启用数量/口	备注
W*	62	49	深井减压井
S*	32	19	浅井疏干井
G*	6	6	观测兼备用井

基坑土方开挖处于第 5 阶段，开挖 T2 和 SOHO 塔楼至坑中坑底标高 −17.600mm，此时再额外开启两坑中坑附近 6 口降水井，此时基坑周边地下水水位在 −8.000m 左右，基坑 A3、A2、A4、B2 区及 A1、B3 区部分区域地下水水位在 −17.000m，坑中坑地下水

位在－19.000m左右。降水井开关状态统计如表 3-10 所示。

第 5 阶段降水井开关状态统计

表 3-10

型号	A2、A3、A4、B2、A1、B3 区总数量/口	启用数量/口	备注
W*	62	55	深井减压井
S*	32	19	浅井疏干井
G*	6	6	观测兼备用井

【专家提示】

★ 1）在临江临湖的富水地区超大型基坑中，对坑外沉降控制要求不同时，基坑各边可采用不同的止水帷幕设计形式，在沉降量控制要求较高部位可采用类似 TRD 等落底式止水帷幕。

★ 2）止水帷幕深度越大，基坑降水过程中坑外水位降深越小、总水头值和孔隙水压力变化越小，基坑外土体沉降也越小。

★ 3）在基坑不同边界存在较大深度差异的止水帷幕时，基坑降水井可以更多考虑向浅止水帷幕侧布设。

★ 4）在中心岛法开挖的超大型基坑中可以很好地实现分区开挖、分区降水，即按土方开挖的分区为基础布设降水井位置，在不同的土方开挖阶段，开启不同位置和数量的降水井，来满足土方开挖要求，以达到分区土方开挖各个阶段开启的该区域及周边的降水井数量最优的目的。

专家简介：
周鹏华，总工程师，E-mail：154713918@qq.com

第三节　基坑监测

（一）典型案例 1

技术名称	城市隧道小间距相邻深基坑施工监测分析
工程名称	风情大道改造及南伸(湘湖路—亚太路)工程
工程概况	风情大道改造及南伸(湘湖路—亚太路)工程位于杭州市萧山区,北起湘湖路,南至亚太路,下穿柴岭山的穿山隧道为双洞三车道分离式隧道,其入口段(主线 K8＋190—K8＋320,左分离 K8＋190—K8＋320)采用明挖顺作法施工,地势起伏较大,地面标高为 6.500~7.500m,基坑开挖深度为 12.30~13.30m。 基坑工程处于山前地带,地质条件变化较大,既有土性较好的洪坡积土及风化基岩存在,又有力学性质非常差的深厚软土地层存在。工程地质条件如表 3-11 所示。场地地下水主要为孔隙潜水,浅部地层属弱透水层,水量贫乏,地下水主要受大气降水补给,侧向径流缓慢。勘察期间地下水实测水位埋深为 0.7~1.3m。 基坑围护结构采用排桩结合 3 道内支撑的支护体系,排桩为 $\phi1000@1200$ 钻孔灌注桩,钻孔灌注桩外侧围护止水帷幕采用 $\phi850@600$ 三轴水泥搅拌桩。第 1 道支撑采用 900×1000 的现浇钢筋混凝土支撑,第 2、3 道支撑均采用 $\phi609(t＝16)$ 钢管支撑。由于支撑较长,设置竖向支撑系统,采用上部钢格构柱,下部新打设 $\phi800$ 钻孔灌注桩。基坑支撑平面布置及支护结构剖面如图 3-50、图 3-51 所示

<table>
<thead>
<tr><td colspan="6" align="center">工程地质条件　　　　　　　　　　　表 3-11</td></tr>
</thead>
<tbody>
<tr><td>土层序号</td><td>土层名称</td><td>层厚/m</td><td>重度/(kN·m⁻³)</td><td>内摩擦角/(°)</td><td>黏聚力/kPa</td></tr>
</tbody>
</table>

土层序号	土层名称	层厚/m	重度/$(kN \cdot m^{-3})$	内摩擦角/(°)	黏聚力/kPa
①₁	杂填土	2.6	18.0	12.0	10.0
②₂	粉土	2.9	18.9	22.5	14.6
③	淤泥质粉质黏土	7.3	17.7	5.4	12.0
⑧₁	粉质黏土	1.7	19.6	20.1	39.8
⑨₂	中风化砂岩	8.0	20.0	45.0	—

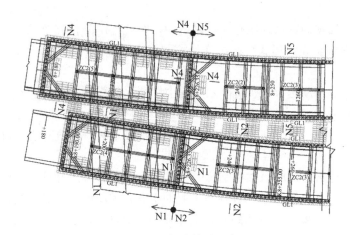

图 3-50　基坑支撑平面布置

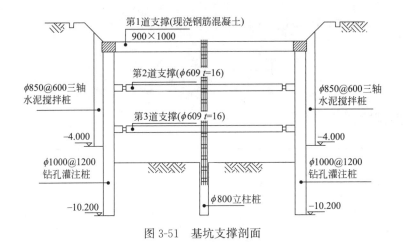

图 3-51　基坑支撑剖面

【施工方案】

1. 开挖方案

本工程基坑具有挖深较深、地质条件变化较大、周围环境条件较好、无重要的建（构）筑物，基坑呈条状且宽度较窄（主线基坑与左分离基坑距离从 5.9m 过渡到 10.2m）等特点，考虑以上具体情况及相邻基坑开挖相互之间影响较大，本工程主线与左分离基坑均采用"分层分段，先撑后挖"方式开挖，即每 10m 作为 1 个施工段，每施工段分 4 层土方开挖，基坑开挖共分6个工况，其中工况2～5两基坑出现交叉施工。具体施工工况如表 3-12 所示。

基坑开挖工况   表 3-12

工况	主线基坑	左分离基坑
1	第1层土方开挖，开挖与第1道支撑施工	—
2	第2层土方开挖与第2道支撑施工	第1层土方开挖与第1道支撑施工
3	第3层土方开挖与第3道支撑施工	第2层土方开挖与第2道支撑施工
4	第4层土方开挖	第3层土方开挖与第3道支撑施工
5	底板施工	第4层土方开挖
6	—	底板施工

第1层土方开挖深度为 2.4m；第2层土方开挖深度为 4m，累计挖深 6.4m；第3层土方开挖深度 3.7m，累计挖深 10.1m；第4层土方开挖 2.7m，累计挖深 12.8m。

第1道支撑深度为 1.95m，第2道支撑累计深度为 6.0m，第3道支撑累计深度为 9.7m。

2. 监测方案

监测项目包括支护结构水平位移及沉降监测、支撑轴力监测、坑底土体回弹监测；环境监测主要包括坑外深层土体水平位移监测、坑外地表沉降监测、坑外地下水位监测。基坑监测点布置如图 3-52 所示。

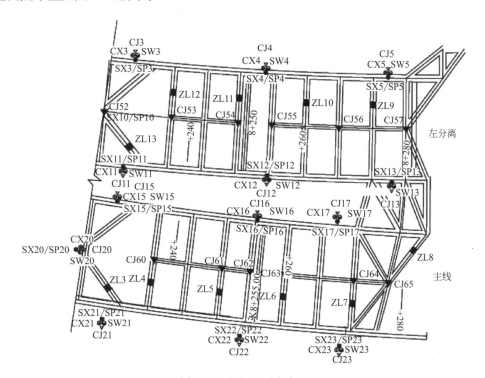

图 3-52 基坑监测点布置

【监测分析】

1. 地表沉降监测分析

为更好地反映相邻基坑地表沉降情况，选择 CJ4、CJ12、CJ16、CJ22 监测点分析，CJ4 沉降观测点位于左分离基坑外侧、CJ12 沉降观测点位于左分离基坑内侧、CJ16 沉降观测点位于主线基坑内侧、CJ22 沉降观测点位于主线基坑外侧，各施工工况的数据曲线如图 3-53 所示。

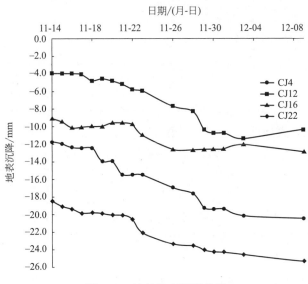

图 3-53　坑外地表沉降曲线

从图 3-53 可看出，各监测点数据沉降曲线没有明显的陡降段，显示各施工工况地表一直在缓慢沉降，直至底板施工渐趋平稳。

从图中还可看出，两相邻基坑内侧监测点 CJ12、CJ16 沉降值较小，其最终沉降量 CJ12 为 10.4mm，CJ16 为 12.9mm；而外侧监测点 CJ4、CJ22 沉降值较大，其最终沉降量 CJ4 为 20.5mm，CJ22 为 25.4mm，可解释为中间土条受相邻两基坑同时开挖的影响，地表沉降有所减少。

2. 立柱沉降监测分析

选取桩号 K8＋250 的主线基坑立柱 CJ54 及左分离基坑立柱 CJ62 监测数据进行分析，立柱沉降曲线如图 3-54 所示。

从图中可以看出，整体上 CJ54，CJ62 监测点数据曲线基本上可划分为 5 个阶段，分别对应前述施工工况。

（1）阶段 1

线基坑立柱快速隆起，而左分离基坑则缓慢下沉，这是因为主线基坑第 1 层土方率先开挖，主线基坑坑侧土体向坑内位移。在本阶段末期随着混凝土支撑的施工，主线基坑立柱隆起有所停顿。

（2）阶段 2～4

线基坑和左分离基坑立柱都缓慢隆起，两者隆起速率接近相等。

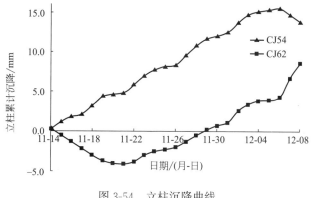

图 3-54　立柱沉降曲线

（3）阶段 5

线基坑立柱有所下沉，而左分离基坑立柱一直隆起，这是因为主线基坑土方开挖完成，左分离基坑第 4 层土方开挖，主线基坑坑侧土体向左分离基坑坑内位移。该阶段，左分离基坑立柱隆起速率大于前 3 阶段，可理解为主线基坑结束开挖，对左分离基坑的影响有所降低。

主线基坑最终隆起 13.8mm，左分离基坑最终隆起 8.6mm，考虑到主线基坑第 1 层土方开挖时沉降 4.1mm，左分离基坑累计隆起量 12.7mm，与主线基坑隆起量相当；另外，阶段 1 和阶段 5 主线基坑与左分离基坑监测数据曲线大致对称，阶段 2～4 则基本类似。以上两点表明两相邻基坑同步开挖相互影响一致。

3. 支撑轴力监测分析

选取桩号 K8＋250 剖面的支撑轴力进行分析，混凝土支撑取主线基坑的 ZL6 和左分离基坑 ZL10，第 1 道钢支撑取主线基坑的 ZL6-1 和左分离基坑 ZL10-1，第 2 道钢支撑取主线基坑的 ZL6-2 和左分离基坑 ZL10-2，监测数据曲线如图 3-55 所示。

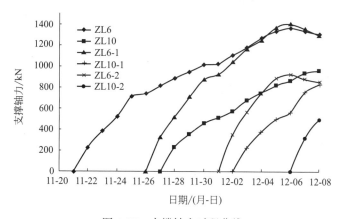

图 3-55　支撑轴力时程曲线

钢筋混凝土支撑最大轴力发生在 ZL6 监测点，最大轴力为 1364kN，设计最大轴力 1584kN；第 1 道钢支撑最大轴力发生在 ZL6-1 监测点，最大轴力为 1402kN，设计最大轴力为 2065kN；第 2 道钢支撑最大轴力发生在 ZL6-2 监测点，最大轴力为 923kN，设计最大轴力为 2065kN，均不超过设计轴力。

从图中可以看出，主线基坑和左分离基坑 3 道支撑轴力呈振荡上升趋势，前期轴力上升较快，随着土体开挖，增速降低，这是由于随着土体逐渐下挖，深层土体最大侧向位移逐渐下移引起。

主线基坑 3 道支撑轴力在左分离基坑开挖时都有较明显减缓现象，在主线基坑开挖结束而左分离基坑第 4 层土方继续开挖，即 12 月 5 日以后，3 道支撑轴力都呈下降趋势。分析可知，左分离基坑开挖致使主线基坑支撑轴力明显变小，主要原因为相邻基坑开挖致相邻部分土体应力释放，土体刚度降低，起不到应有的支撑效果，致使支撑轴力下降。

4. 坑外水位监测

坑外地下水位时程曲线如图 3-56 所示，监测数据显示，各监测孔的水位在 $-100 \sim -1030$mm 变化，各孔水位基本稳定。

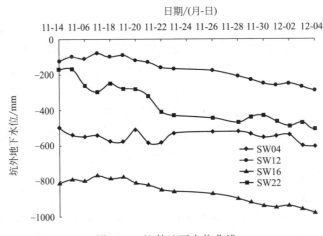

图 3-56　坑外地下水位曲线

5. 深层土体水平位移监测分析

基坑 K8+250 位置设置有 4 个深层土体水平位移监测点，CX4 监测点位于左分离基坑外侧、CX12 监测点位于左分离基坑内侧、CX16 监测点位于主线基坑内侧、CX2 监测点位于主线基坑外侧，各施工工况下水平位移曲线如图 3-57 所示。

图 3-57 中正值为从主线基坑向左分离基坑位移，负值为从左分离基坑向着主线基坑位移。图中各工况深层土体水平位移曲线显示各监测点深层土体水平位移分布形态大致上呈现两头小、中间大的特征，这与单个基坑开挖研究结论类似。各监测点深层土体水平位移的发展与在不同深度的分布情况差异性较大，表明深层土体水平位移情况与主线、左分离基坑施工工序相关。

（1）工况 1

主线基坑 CX22 监测点最大位移 6.48mm，深度为 2m；CX16 监测点最大位移 6.08mm，深度为 2m。左分离基坑 CX04 监测点最大位移 4.65mm，深度为 2m；CX12 监测点最大位移 3.10mm，深度为 2m。

（2）工况 2

主线基坑 CX22 监测点最大位移 6.42mm，深度为 6m；CX16 监测点最大位移 7.10mm，深度为 6m。左分离基坑 CX04 监测点最大位移 8.78mm，深度为 3m；CX12 监

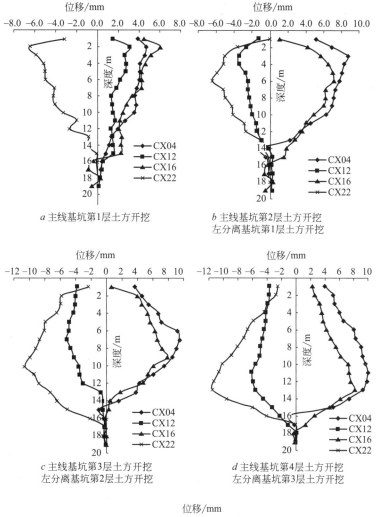

a 主线基坑第1层土方开挖

b 主线基坑第2层土方开挖
左分离基坑第1层土方开挖

c 主线基坑第3层土方开挖
左分离基坑第2层土方开挖

d 主线基坑第4层土方开挖
左分离基坑第3层土方开挖

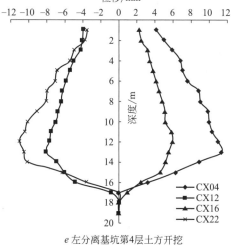

e 左分离基坑第4层土方开挖

图 3-57 深层土体水平位移曲线

测点最大位移 3.43mm，深度为 4m。

（3）工况 3

主线基坑 CX22 监测点最大位移 10.60mm，深度为 10m；CX16 监测点最大位移 7.90mm，深度为 9m。左分离基坑 CX04 监测点最大位移 9.41mm，深度为 7m；CX12 监测点最大位移 5.10mm，深度为 7m。

（4）工况 4

主线基坑 CX22 监测点最大位移 11.50mm，深度为 13m；CX16 监测点最大位移 8.18mm，深度为 13m。左分离基坑 CX04 监测点最大位移 10.01mm，深度为 11m；CX12 监测点最大位移 6.05mm，深度为 11m。

（5）工况 5

主线基坑 CX22 监测点最大位移 10.98mm，深度为 12m；CX16 监测点最大位移 6.03mm，深度为 12m。左分离基坑 CX04 监测点最大位移 11.38mm，深度为 13m；CX12 监测点最大位移 8.02mm，深度为 13m。

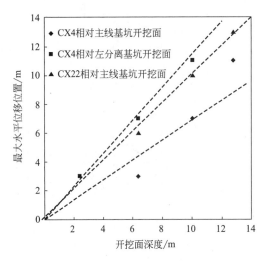

图 3-58　最大水平位移位置与开挖面深度关系

整个基坑施工过程中，主线基坑 CX16、CX22 监测点的最大水平位移与左分离基坑 CX12，CX4 监测点的最大水平位移接近，显示相邻基坑开挖时，相互影响一致。所有工况下，基坑相邻侧监测点 CX12 和 CX16 的最大水平位移均较相应外侧监测点 CX4、CX22 的最大水平位移小。

最大水平变形深度与开挖面深度的关系如图 3-58 所示。该图表明主线基坑监测点最大水平位移发生在最终开挖面附近；左分离基坑监测点最大水平位移在单个开挖面施工时（工况 1 只有主线基坑开挖，工况 5 只有左分离基坑开挖）亦发生在最终开挖面附近，在主线基坑和左分离基坑同时开挖时最大水平位移发生在左分离基坑最终开挖面下方，主线基坑最终开挖面上方，深度与左分离基坑最终开挖面深度之比大约为 1.2，与主线基坑最终开挖面深度之比平均约为 0.7。

【讨论】

为更好反映深层土体水平位移情况，选取 K8＋220～K8＋280 范围内 12 个深层土体水平位移监测点分析在开挖结束时各监测点最大水平位移 δ_{hm} 与开挖深度 H 的关系，其中主线基坑有 CX3～CX5、CX11～CX13，左分离基坑有 CX15～CX17、CX21～CX23，如图 3-59 所示。

从图 3-59 可以看出，各监测点没有变现出与所处位置相关的规律。最大水平位移基本上都落在 $(0.02～0.11)\%H$ 区间范围内，满足工程设计提出的 $0.4\%H$ 土体水平位移预警值。

另外，最大水平位移 δ_{hm} 与对应的基坑底边沉降监测点最大值 δ_{vm}，δ_{vm}/δ_{hm} 关系如图 3-60 所示。

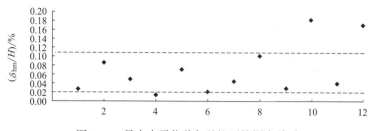

图 3-59　最大水平位移与基坑开挖深度关系

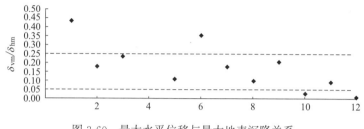

图 3-60　最大水平位移与最大地表沉降关系

【专家提示】

★ 1）小间距相邻基坑开挖深层土体水平位移分布形态与单基坑开挖类似，呈现两头小、中间大的特征，先行开挖基坑深层土体最大水平位移在最终开挖面附近，但后开挖基坑深层土体最大水平位移在最终开挖面以下，即最大水平位移位置下移。

★ 2）先行施工基坑受后行施工基坑的影响较小，后行施工基坑受先行施工基坑影响大。

★ 3）后行基坑开挖使得先行开挖基坑支撑轴力明显减小。

★ 4）相邻基坑开挖时，两基坑相邻侧土体的竖向位移与水平位移都较非相邻侧土体小。

★ 5）相邻基坑最大水平位移 δ_{hm} 与挖深 H 的比值在 0.0002～0.0011 范围内；最大水平位移 δ_{hm} 与对应的基坑坑外沉降值 δ_{vm} 之比绝大部分为 0.05～0.25。

★ 6）两相邻基坑同时开挖时，相互影响一致。

专家简介：
梁师俊，E-mail：liangshijun@21cn.com

（二）典型案例 2

技术名称	厚软土地区深基坑支护设计与监测分析
工程名称	嘉兴晶晖广场深基坑工程
工程概况	晶晖广场场地位于嘉兴市南湖区，建筑总用地面积 20747.8m^2，总建筑面积 116580m^2，其中地上建筑面积 82966m^2，地上拟建 1 幢 25 层商办综合楼，1 幢 29 层商办综合楼及 2～4 层商铺，地下室 2 层，基础形式采用桩基础，基坑呈不规则多边形，基坑周长约 585m，开挖面积约为 17031m^2；场地较平坦，基坑周边地面标高为黄海高程 2.400m 左右，基坑实际开挖深度为 8.9m。基坑东侧地下室外墙距离南湖大道绿化带约 45m，基坑南侧地下室外墙距离马塘路约 8.8m，基坑西侧地下室外墙距离秦逸路约 10.15m，基坑北侧地下室外墙距离曲善泾绿化带约 15m

本场地在最大勘探深度范围内分布地层除表层填土外，主要为全新世中期 Q_4^2 的褐黄色、灰黄色黏性土层、灰色淤泥质粉质黏土、砂质粉土层；全新世早期 Q_4^1 的灰色粉土、粉土夹黏性土层；晚更新世晚期 Q_3^2 灰色砂质粉土、褐～黄褐色黏性土层。其沉积环境为人工堆积、海相沉积、河湖相沉积及冲海相沉积。基坑支护设计详细土层如表 3-13 所示。

土层参数 表 3-13

层号	地层名称	平均厚度 H/m	天然含水量 W/%	天然重度 γ/(kN·m⁻³)	固结快剪（峰值）		渗透系数 K/(10⁻⁶cm·s⁻¹)
					内摩擦角 φ/(°)	黏聚力 c/kPa	
②	粉质黏土	1.5	32.8	18.7	13.9	22	3.00
③	淤泥质粉质黏土	16.5	39.7	17.9	10.6	15	5.50
③ₐ	砂质粉土	5.0	32.4	18.6	28.8	5	160
⑤₁	砂质粉土	7.6	29.5	18.8	29.7	7	203

【水文地质条件】

场区勘探深度内以浅层地下水为主，主要为浅部孔隙潜水以及承压水。孔隙潜水主要赋存于浅部粉质黏土层及淤泥质粉质黏土层土中，稳定水位埋深一般在 1.0～2.0m，潜水水位变化主要受控于大气降水垂直渗入补给，以及微地貌的控制，与场地北侧的河流有一定的水力联系；承压水赋存于深部的粉性土、砂性土中，实测水位标高为黄海－1.000m左右，水位比较稳定。

【基坑支护设计】

1. 基坑支护形式选取（见图 3-61）

根据本工程的特点、施工条件及相关规范，基坑工程侧壁安全等级为一级，根据场地地层特点、周边环境条件以及挖深等因素，进行支护方式选型。竖向支护体系最终采用

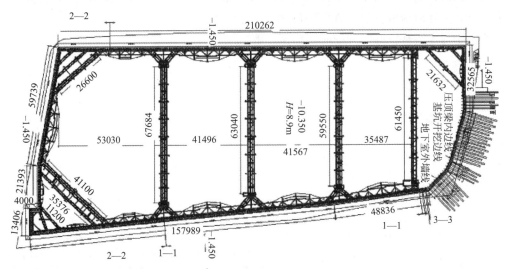

图 3-61 基坑围护结构平面布置

SMW工法桩，水平向支撑体系最终选取预应力鱼腹梁工具式钢支撑和旋喷加劲桩组合的形式。

本工程坑底以下⑤$_1$层砂质粉土存在承压水，经验算可能会造成坑底突涌；本基坑坑内布设23口减压井降低承压水水头高度，保证基坑安全。

2. 支护结构设计

根据基坑的特点选取2个典型剖面，支护体系剖面如图3-62所示。

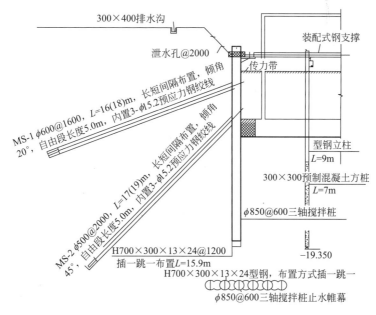

a 1—1

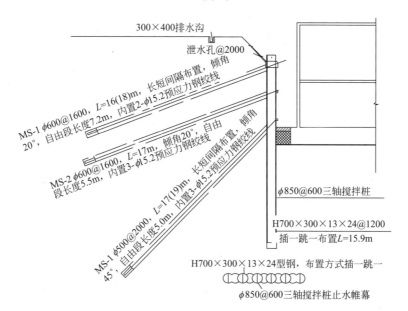

b 3—3

图3-62　基坑剖面

（1）1—1 剖面（见图 3-62a）

本剖面基坑开挖深度为 8.9m，竖向围护采用 SMW 工法桩，SMW 工法桩采用 ϕ850@600 三轴搅拌桩内插 H700×300×13×24，水平向支撑采用 1 道预应力鱼腹梁工具式钢支撑，第 2、3 道支撑采用旋喷加劲桩，第 2 道支撑直径 600mm，倾角为 20°，水平间距为 1600mm，长度为 16/18m，长短间隔布置；第 3 道支撑直径 500mm，倾角 45°，水平间距为 2000mm，长度为 17/19m，长短间隔布置。

（2）3—3 剖面（见图 3-62b）

本剖面基坑开挖深度为 8.9m，竖向围护采用 SMW 工法桩，SMW 工法桩采用 ϕ850@600 三轴搅拌桩内插 H700×300×13×24，水平向支撑采用 3 道旋喷加劲桩；第 1 道加劲桩直径 600mm，倾角 20°，水平间距 1600mm，长度 16/18m，长短间隔布置；第 2 道加劲桩直径 600mm，倾角 20°，水平间距 1600mm，长度 17m；第 3 道加劲桩直径 500mm，倾角 45°，水平间距 2000mm，长度 17/19m，长短间隔布置。

【施工监测】

1. 监测内容

在基坑开挖及基础施工期间，对周围环境和围护结构的变形进行监测，以便根据变形情况，及时采取有效的防护措施，确保周围环境和围护结构的安全，使整个基础施工处于安全、受控状态，做到信息化施工。主要监测项目包括：围护结构顶部垂直及水平位移监测、深层土体水平位移监测、土压力监测、支撑轴力及加劲桩锚索拉力监测、基坑外侧地表沉降监测和基坑外侧地下水位监测。

2. 监测方法

1）沉降监测　沉降监测采用 Caiss Ni004 精密水准仪加测微器和铟瓦标尺，依照国家二等水准的标准进行测量。

2）水平位移监测　水平位移监测使用 WILD T2 经纬仪，采用视准线法或小角度法进行位移观测。经纬仪测站点定期用全站仪进行复核。在通视条件不良情况下，用全站仪进行坐标测量。

3）深层土体位移监测预埋测斜管，采用 CX—3C 测斜仪监测土体的变形。观测时，可由管底开始向上提升测头至待测位置，或沿导槽全长每隔 500mm（轮距）测读一次，测完后，将测头旋转 180° 再测一次。两次观测位置（深度）应一致，合起来作为一测回。每周期观测两测回，每个测斜导管的初测值应测四测回，观测成果均取中读数。

4）坑外水位监测　水位监测采用 SWY-31 型钢尺水位仪，观测精度±0.1mm。

5）支撑轴力及旋喷锚桩拉力监测　通过轴力计采集仪采集轴力计测量数据，直接读数。

【监测结果分析】

1. 深层土体水平位移监测

带支撑部分 1—1 剖面选取 CX04 测斜孔，纯锚桩部分 3—3 剖面选取 CX14 测斜孔，对这 2 个不同围护形式典型剖面深层土体位移数据做对比分析，分别绘制深层土体水平位移随时间变化曲线，如图 3-63 所示。随着基坑开挖的进行，基坑土体的位移量逐渐增大，最大位移量的深度也在不断加深，开挖到设计深度后，土体变形达到最大值。CX04 最大值出现在 8m 处，最大值为 52.76mm；CX14 最大值出现在 7m 处，最大值为 51.77mm，

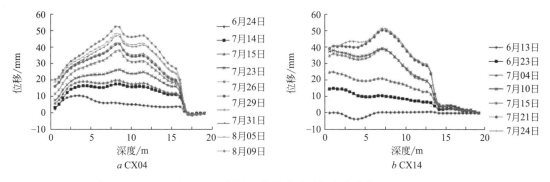

图 3-63　深层土体位移随时间变化曲线

最大位移值均出现在基底附近。

两图对比可看出随着开挖深度的增大，基坑顶部的位移增加量是不同的，纯锚桩部分 CX14 孔位移明显大于带支撑部分 CX04 孔。

由此对比可见，在软弱土层中支撑对变形的控制较预应力锚桩要好。土体的整体变形主要发生在坑底以上 2m 左右，土应力最大处，我们通过有限元法计算也得到了这一结论。

2. 基坑外侧地表沉降分析

基坑外侧地表沉降监测主要对基坑西侧道路和南侧道路进行监测，共布设 11 组，每组 3 个，共 33 个监测点。现选取其中 6 组典型监测点进行分析。道路沉降随时间变化曲线如图 3-64 所示。随着基坑的开挖，基坑西侧道路开始发生沉降变形，约 2mm，在第 2 道锚桩施工完成后，道路沉降变形趋于稳定，随着开挖深度和开挖面积的增加，变形继续增加，在底板施工完成后，变形趋于稳定，最大变形量为 13.9mm。

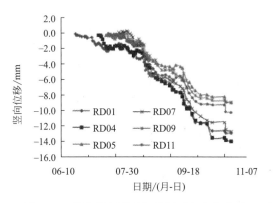

图 3-64　基坑外侧道路沉降随时间变化曲线

3. 加劲桩锚索拉力监测

选取基坑北侧 3—3 剖面锚桩在纯软弱土层和在硬土层中的轴力变化进行分析。锚索拉力随时间变化曲线如图 3-65 所示。

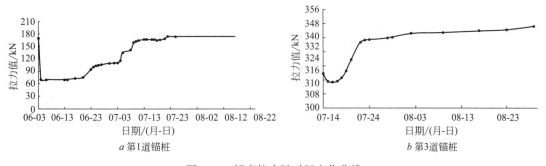

图 3-65　锚索拉力随时间变化曲线

第1道锚桩在软弱土层中，由图3-65a可知预应力张拉到170kN后迅速衰减，1d后衰减至70kN稳定，随着土体分层开挖，锚索轴力随之阶梯状增加，最后稳定在174.5kN。

第3道锚桩进入砂质粉土5m左右，张拉预应力到320kN，4d衰减至315kN稳定，之后随着土体的开挖，锚索轴力缓慢增加，最后趋于稳定，拉力值约为346kN（图3-65b）。

根据锚索轴力监测结果，结合土体位移监测结果，在软弱土层中锚索张拉后预应力难以保持，衰减幅度较大。之后随着土体的开挖，锚索轴力逐渐增大，坑外土体产生较明显的水平位移，且位移达到稳定的时间较长；当锚索进入砂质粉土一定深度后，张拉后锚索预应力保持较好，随着土体开挖锚索轴力变化不大，土体水平位移很小，且达到稳定的时间短。

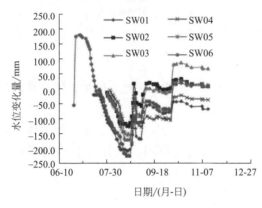

图3-66　基坑外侧地下水位随时间变化曲线

4. 基坑外侧地下水位分析

基坑外共布设6个水位观测孔，地下水位随时间变化曲线如图3-66所示。基坑开挖由北向南推进，在基坑开挖期间，坑内通过管井降水，坑外地下水位随时间变化上下波动，尤其北侧波动较大，但都在设计要求范围之内，最后水位趋于稳定，这说明SMW工法桩止水效果较好。

【专家提示】

★ 1）在软土地区中，由于软土蠕动较大，预应力锚桩的预应力衰变速率较大，对变形的控制效果不如支撑，但通过增加预加力和复拉可以有效减少应力损失，减小基坑变形。

★ 2）随着基坑开挖深度和开挖面积的增大，基坑外侧道路沉降变形增大，在底板施工完成后，变形趋于稳定，最大变形量为13.9mm，对周边环境造成的影响较小。

★ 3）在基坑开挖过程中，基坑外侧地下水位在小范围内上下波动，最后趋于稳定，这说明SMW工法桩的止水效果较好。

专家简介：
李焕焕，E-mail：1020232013@qq.com

（三）典型案例3

技术名称	深基坑变形监测研究
工程名称	天津津湾广场9号楼超大深基坑工程
工程概况	津湾广场9号楼位于天津市和平区，周边有4条现有道路。此工程属于超高层建筑，建筑高度299.8m，总建筑面积209500m²。主楼地上70层，裙房地上4层，地下设置4层地下室，且地下室连为一体。基坑呈较规则多边形（近似于L形），短边约59～99m，长边约139m，周长约438m，开挖面积约10200m²。主楼区域坑深24.6m，裙房区域坑深21.8m，挖土总方量约22万m³。基坑周边空间狭小、环境复杂。拟建物南侧地下室与现有的工商银行（盐业银行旧址）主体结构外墙最近处距离约7m，盐业银行为钢筋混凝土砖混结构，木桩基础。该建筑年代久远，属于国家级文物建筑，是本工程的重点保护对象。

【地质条件】

工程场地所处地块的地貌类型为滨海平原，是典型的软土地区，总体地势平坦，主要由黏性土、粉土、粉砂组成。其中人工填土层土质较差，不均匀。古河道冲击层土质不甚均匀，中部粉土层为液化土层。各土层的物理力学指标如表3-14所示。

土层物理力学指标　　　　表 3-14

土层名称	厚度/m	重度 γ/ (kN·m⁻³)	e	E_s/MPa	内摩擦角 φ/(°)	黏聚力 c/kPa
杂填土	1.5	18.5	—	—	10.0	5.0
素填土	1.5	19.4	0.77	3.73	6.0	10.0
粉质黏土	4.5	19.2	0.83	5.63	18.5	12.6
粉土	3.5	19.4	0.74	13.07	30.1	8.5
粉质黏土	1.0	18.8	0.91	4.79	16.7	14.3
粉质黏土	4.0	19.3	0.79	6.57	25.0	12.4
粉质黏土、黏土	1.0	20.2	0.67	6.58	24.0	12.5
粉质黏土	5.0	20.1	0.67	7.02	22.1	13.3
粉土、粉砂	9.0	20.2	0.61	16.98	33.2	10.2
黏土、粉质黏土	4.5	19.8	0.73	7.43	18.4	29.8
粉质黏土	4.0	20.1	0.67	7.94	22.6	13.1
粉土	2.0	20.6	0.57	15.82	35.9	8.9
粉质黏土	2.0	20.0	0.69	8.43	22.1	21.5
粉土	3.0	20.2	0.62	15.72	31.9	8.5
粉质黏土	16.0	19.8	0.75	8.18	23.2	27.4

【基坑支护体系】

该基坑工程支护体系为地下连续墙加4道钢筋混凝土内支撑（主楼区域局部增设第5道钢筋混凝土内支撑）挡土支护形式，地下连续墙厚度1000mm（主楼部位及邻近盐业银行旧址附近的地下连续墙厚度增加为1200mm），深度45m。地下连续墙兼作止水帷幕隔断第1、2微承压含水层，嵌入粉质黏土层。支撑系统首层局部设置栈板和支撑中板，支撑梁节点处采用垂直方向钢格构柱支撑。

【监测方案】

1. 监测内容与测点布置

监测内容及控制标准如表3-15所示，测点布置如图3-67所示。

监测项目及控制标准　　　　表 3-15

监测项目	测点编号	监测控制标准
围护墙深层水平位移	CX1～CX8	累计值≥25mm 变化速率≥3mm/d
围护墙顶竖向位移	JC1～JC24	累计值≥20mm 变化速率≥3mm/d
周边地表沉降	DB1～DB15	累计值≥30mm 变化速率≥3mm/d

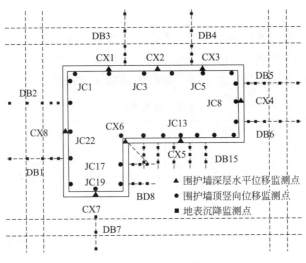

图 3-67　测点布置

2. 施工工况

为了更好地控制围护墙及坑外土体的变形，土方开挖采用分层、分块、对称、平衡、限时的土方开挖方法，土方开挖至设计标高后，及时进行内支撑施工，减少基坑暴露时间。施工工况如表 3-16 所示。

施工工况　　　　　　　　　　　　　　　　　表 3-16

工况	测点编号
1	土方开挖至−0.500m,第1道内支撑施工完成
2	土方开挖至−6.900m,第2道内支撑施工完成
3	土方开挖至−12.300m,第3道内支撑施工完成
4	土方开挖至−17.100m,第4道内支撑施工完成
5	土方开挖至−21.300m,第5道内支撑施工完成
6	主楼区域土方开挖至坑底−24.600m
7	基坑底板施工完成

【监测结果分析】

1. 围护墙深层水平位移

围护墙在各工况下的侧移曲线如图 3-68 所示，其中 CX4 和 CX7 点由于施工过程中遭到破坏而无法监测。监测点 CX1～CX3 点均位于基坑北侧，三者的变形非常相似。而 CX5 和 CX6 位于基坑南侧，靠近重点保护文物盐业银行。虽然除 CX6 点变形较小外，其余监测点的侧移值均超过了 25mm 的警戒值，但是基坑整体安全，并没有发生事故。

为了更加全面分析深基坑变形规律，采用 ABAQUS 有限元软件对该基坑工程进行数值模拟分析。模拟得出的围护墙侧移云图如图 3-69 所示。

2. 围护墙侧移整体变形性状分析

在首层土体开挖过程中由于内支撑尚未架设，围护墙此时为悬臂挡墙结构，墙身变形曲线呈前倾型，其最大侧移发生在墙顶。在首层土体开挖完成后，围护墙的最大侧移为

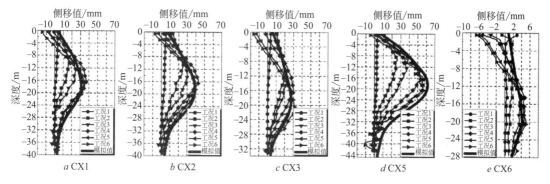

图 3-68 围护墙在各工况下的侧移曲线

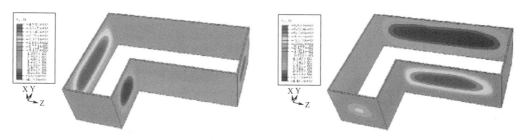

图 3-69 围护墙体侧移

5.28mm，位于 CX2 点处。随着基坑开挖深度的增大及围护墙顶内支撑的架设，墙顶的水平位移受到了限制，墙体中部逐渐向坑内突出，其变形形态已由悬臂型变成了内凸型，最大侧移发生位置也相应地逐渐下降，并发生在基坑开挖面附近。当基坑开挖至坑底时，除位于角部的 CX6 点外，其余各监测点的侧移均较大。南北两侧围护墙体的最大侧移值分别为 56.89mm 和 39.88mm，均位于深度 20m 处。造成南侧围护墙体侧移较大的原因是其外侧紧邻盐业银行，使得南侧墙体所受土压力较大。

由图 3-68 侧移曲线可知，模拟值与监测值基本吻合，整体变形形态近似，验证了数值模拟的可靠性。其中 CX5 点模拟值大于监测值，造成这种现象的原因是在实际施工中对盐业银行进行了注浆保护，而在数值模拟中并没有对此进行考虑，从而造成该侧墙体模拟值大于监测值。除 CX5 点外，其余各监测点模拟值均略小于监测值，造成这一差异的原因可能有两点：①施工现场存在超挖现象；②支撑架设不及时，软土地区基坑较为明显的时间效应对围护墙的变形造成了一定影响。由此也说明，基坑无支撑暴露时间越长，围护墙的变形越大，因此在施工过程中应尽量减少基坑无支撑暴露时间。

3. 围护墙最大侧移

图 3-70 为围护墙体各监测点最大侧移与开挖深度之间的关系，图中 δ_{hm} 为墙体最大侧移值，H 为基坑开挖深度。

从图中可以看出，围护墙各监测点最大

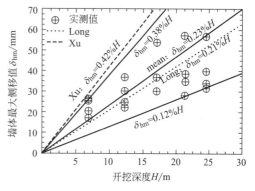

图 3-70 围护结构最大侧移与开挖深度关系曲线

侧移值均位于 $0.12\% \sim 0.38\% H$，平均值为 $0.23\% H$。

Long 统计世界范围内基坑实测数据得出，对于软土厚度 $> 0.6H$，围护墙的最大侧移平均为 $0.21\% H$；徐中华统计得出上海软土地区采用地下连续墙顺作法施工的基坑，围护墙的最大侧移平均为 $0.42\% H$。由此可知该基坑的墙体侧移变形明显小于徐中华统计的上海地区的围护墙变形，这是由于上海地区存在着较深厚的淤泥质黏土，土体抗剪强度低，而该工程所在地区和上海软土地区相比土质较好，抗剪强度较高。同时也证明该基坑较好地控制了围护墙的侧移。

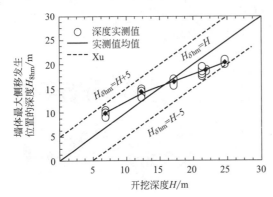

图 3-71　墙体最大侧移发生位置的深度与
开挖深度关系曲线

4. 围护墙最大侧移发生位置

图 3-71 为围护墙各工况最大侧移发生位置的深度与开挖深度之间的关系，图中 $H_{\delta hm}$ 为围护墙体最大侧移发生位置的深度，H 为基坑开挖深度。从图中可以看出随着基坑开挖深度的逐渐增大，围护墙体最大侧移出现位置的深度也在逐渐增大，同时其相对于基坑开挖面的位置由位于开挖面之下逐渐过渡到开挖面之上。其变化范围和徐中华统计的上海地区围护墙最大侧移发生位置 $H-5 \sim H+5$ 的变化范围相近。

围护墙最大侧移发生位置的深度同土层分布有着重要关系，尤其是位于开挖面处土层的性质。本工程第①$_2$、②、③土层土体以软塑状态为主，局部为淤泥质黏土，属于中～高压缩性土，土体强度低，变形大。因此，在此深度进行土方开挖时，开挖面附近存在软弱土层，墙体的最大侧移发生位置出现了一定程度的下移。第④层土体主要以可塑状态为主，属于中压缩性土，因此当基坑开挖至此深度时，墙体最大侧移位置发生了一定程度的上移，出现在开挖面附近。随着基坑开挖深度的加深，第⑤、⑥层土体以密实状态为主，属低压缩性土，土体强度增大，其对围护墙的约束作用增强，因此最大侧移出现在开挖面之上。从力学角度定性分析可知，基坑开挖面下层土体强度越大，其对围护墙的约束作用越强，因此最大侧移出现的位置就会在开挖面之上，反之则在开挖面之下。

5. 围护结构变形的时空效应

基坑工程具有显著的时空效应，尤其是位于软土地区的深基坑工程。由图 3-68 可知，位于墙体中间的 CX2 点在同一深度变形比更靠近角部的 CX1 点和 CX3 点大，同时它们最大侧移发生位置的深度基本一致。CX6 点位于基坑阳角处，其变形自始至终相对于其他监测点都很小，最大侧移为 4.95mm。同时由图 3-69 数值模拟云图也可直观看出围护墙的侧移变形具有明显的时空效应。

在基坑底板施工期间虽然 CX2 和 CX5 点基坑开挖深度没有变化，但是其最大位移分别增大了 2.42mm 和 4.35mm，且其出现位置都发生了轻微的下降。这种现象是由于基坑时间效应产生的影响。在软土地区，土体的含水量大、渗透性差、强度低，基坑内土体的开挖将导致土体的应力状态发生改变，土体固结不断进行。当超孔压完全消散、土体固结完成后，土体应力及变形仍将发生变化，即土体将发生次固结变形，而这一现象也称为土体的流变性。

6.围护墙顶竖向位移

图 3-72 为围护墙顶各监测点在各个工况下的竖向位移变形曲线，图 3-73 为数值模拟得出的围护墙体竖向位移变形云图。由图 6 可知在基坑的开挖施工过程中，围护墙顶的竖向位移表现为回弹。在基坑底板施工完成后，可以看到围护墙的竖向位移有所减小。这是因为基坑底板施工完成后，由于结构自重增大造成了围护墙顶的回弹减小。基坑阳角两侧墙体 wall3 和 wall4 的竖向位移，从各自的阴角处向阳角 JC16 点逐渐变大，最终在 JC16 点达到最大值。围护墙在各个工况下的回弹最大值均发生在基坑的阳角处，在整个基坑的施工过程中，围护墙顶的最大回弹值达到了 40.8mm。造成这种现象的原因是该基坑阳角两侧墙体均较长，使得该阳角接近基坑中心处。阳角处临空面大，坑外土体对该处围护墙体约束较小，土体开挖卸荷大，坑底土体回弹对围护墙体造成较大的影响从而造成阳角处回弹值最大。

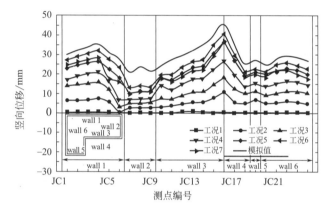

图 3-72　围护墙顶各测点在各个工况下的竖向位移

图 3-73　围护墙顶竖向位移云图

由图 3-72 可知，围护墙顶竖向位移模拟值和实测值整体相近，但是模拟值略大于实测值，其中在东侧墙体 wall2 处与实测值相差较大。造成这种差异的原因是在实际施工中首层内支撑采用局部封板作为施工通道，在施工过程中封板处有频繁的运土车辆和临时堆载，造成此处回弹较小。

从图 3-72 和图 3-73 均可看出，除基坑阳角两侧的墙体 wall3 和 wall4 以外，其他墙体变形均是墙体中部较大而角部较小，表现出明显的空间效应。同时北侧墙体 wall1 由于围护墙的长度最大而回弹最大，基坑西侧的 wall6 回弹次之，wall2 和 wall5 墙体由于墙体长度较小、空间效应明显而回弹更小。

围护墙顶竖向位移与基坑开挖深度之间的关系如图 3-74 所示，由图可知，围护墙顶最大回弹值＜0.18％H，而平均回弹值为 0.091％H。徐中华总结得出上海地区采用常规顺作法施工的基坑的围护墙顶回弹值一般＜0.2％H，而平均回弹值为 0.073％H。由此可知该工程围护墙顶的平均回弹值略大于徐中华总结的上海地区围护墙顶的平均回弹值，造成这种差异的原因可能是该基坑存在较为明显的阳角，其阳角两侧墙体的回弹值较大。

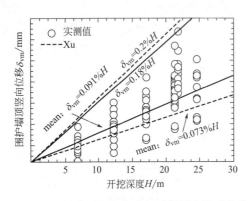

图 3-74　围护墙顶竖向位移与开挖深度关系曲线

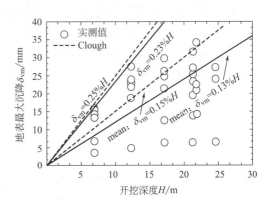

图 3-75　地表沉降与开挖深度关系

7. 最大地表沉降（见图 3-75）

图 3-75 为周边地表沉降与开挖深度之间的关系，由图可知基坑周边地表最大沉降为 0.23％H，最大沉降平均值为 0.13％H。Clough 根据若干工程总结得到软土地区地表最大沉降≤0.25％H，最大沉降平均值为 0.15％H。丁勇春统计的上海软土地区地铁车站深基坑最大沉降值为 0.04％～0.6％H，沉降平均值为 0.3％H。由此可知该基坑周边地表最大沉降值和平均沉降值均符合 Clough 的统计结果，但是远小于丁勇春统计的上海地区地铁车站深基坑最大沉降平均值 0.30％H，可能的原因是丁勇春统计的地铁站深基坑位于上海地区软土地区，该地区的具有较厚的淤泥质黏土。同时其统计的地铁站深基坑支护结构种类较多包含逆作法和顺作法，地下连续墙和 SMW 工法桩，内支撑包括混凝土内支撑和钢管支撑，因此其统计数据较为离散，均值较大。

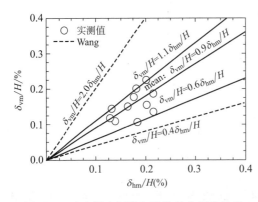

图 3-76　地表最大沉降与墙体最大侧移关系

基坑的变形受到诸多因素的影响，这些因素会同时对围护墙侧移和地表沉降造成一定影响，因此建立墙体最大侧移和地表最大沉降之间的关系可以更好地分析两者之间的相互作用。O_u 统计台北地区基坑得出 δ_{vm} 大多数位于 $0.5～0.7\delta_{hm}$；Moormann 统计得出在软黏土中 δ_{vm} 通常为 $0.5～2.0\delta_{hm}$，均值为 $1.0\delta_{hm}$；王卫东通过统计分析得出在上海软土地区 δ_{vm} 一般介于 $0.4～0.2\delta_{hm}$，平均值为 $0.84\delta_{hm}$。图 3-76 为基坑的无量纲化的地表最大沉降与无量纲化的墙体最大侧移之间的关系，数据包括中间工况。从图 3-76 中可以看出 δ_{vm} 介于 $0.6 \sim 1.1\delta_{hm}$，平均值为 $0.9\delta_{hm}$，这和 Moormann 针对软土地区和王卫东总结的上海地区的基坑变形规律很接近。

【专家提示】

★ 1）围护墙最大侧移随基坑开挖深度的增大而增大，其变形形式为内凸型，最大侧移介于 $0.12\%H$ 和 $0.38\%H$，平均值为 $0.23\%H$；围护墙最大侧移发生位置随基坑开挖深度的增大而下降，在开挖过程中最大侧移发生位置逐渐由开挖面之下过渡到开挖面之上。

★ 2）基坑阳角处由于临空面大，围护墙受坑外土体约束较小，同时靠近基坑中心处，因此回弹最大，最大回弹值为 40.8mm。围护墙最大回弹值 $<0.18\%H$，而平均回弹值为 $0.091\%H$。

★ 3）总结得到了基坑周边地表沉降的包络线，并由此确定基坑的沉降影响范围约为 $3H$。周边地表沉降随着基坑开挖深度的加深而逐渐加大，地表最大沉降为 $0.23\%H$，平均值沉降为 $0.13\%H$；其与围护墙体最大侧移的比值基本介于 $0.6 \sim 1.25$，平均值约为 0.9。这与 Moormann 和王卫东总结的软土地区深基坑的变形规律相近。

★ 4）基坑施工引起的围护墙变形及其对周边环境的影响具有明显时空效应，基坑中部变形较大，角部由于坑角效应的存在而变形较小；在开挖深度不变时，基坑的变形随时间的增长而增大，土的流变性对基坑有明显影响，应减少基坑无支撑暴露时间，及时进行内支撑及底板施工，利用支撑刚度和结构自重来降低基坑开挖卸荷造成的土体侧移及地表沉降。

专家简介：

吴迈，博士，副教授，E-mail：wumaitj@126.com

（四）典型案例 4

技术名称	超深基坑组合支护体系设计与施工监测
工程名称	北京市朝阳区霞光里 5 号、6 号商业金融项目
工程概况	朝阳区霞光里 5 号、6 号商业金融项目位于北京市朝阳区三元桥外霞光里，东南临霞光里北一街，南接北京无线通信局用地，西邻机场高速路和地铁 10 号线三元桥站，北邻中国华大集成电路设计中心。项目总用地 9579.25m²，总建筑面积为 68085m²，其中地上 16 层，面积 40000m²，地下 6 层，面积 28085m²，建筑高度 79.85m。地上主要功能为办公、商业，地下主要功能为停车场、机房、餐厅等（见图 3-77）。 该工程±0.000 相当于绝对标高 39.100m，基底相对标高为−29.800m，预计基础形式为筏板基础，基坑支护设计采用"刚柔结合"地下连续墙＋钢筋混凝土内支撑＋预应力锚杆＋复合土钉墙组合支护体系。工程安全等级为一级，环境保护等级一级，侧壁重要性系数 1.1，支护结构设计使用期限 2 年

【工程地质条件】

本场地勘探深度（80.0m）范围内的地层划分为人工填土层及一般第四纪冲洪积层，特征自上而下主要描述如下：人工填土层①杂填土，①₁ 黏质粉土素填土；一般第四纪冲洪积层②黏质粉土，②₁ 砂质粉土，②₂ 粉质黏土，②₃ 黏土，②₄ 粉砂，③粉质黏土，③₁ 黏土，③₂ 黏质粉土，④粉砂，④₁ 黏土，④₂ 粉质黏土，④₃ 中砂，⑤黏土，⑤₁ 黏质粉

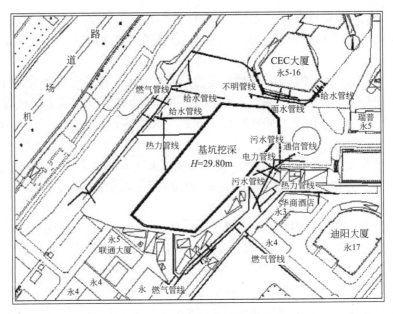

图 3-77　基坑周边环境布置

土，⑤₂砂质粉土，⑥中砂，⑥₁粉质黏土，⑦黏土，⑦₁粉质黏土，⑦₂黏质粉土，⑧粉砂，⑨黏土，⑨₁粉质黏土，⑩中砂，⑩₁粉质黏土，⑪粉质黏土，⑪₁黏土，⑫₂中砂，⑫粉砂，⑫₁粉质黏土，⑬粉质黏土，⑬₁粉砂。

基坑支护设计详细的土层参数如表 3-17 所示。

土层参数

表 3-17

层号	地层名称	平均厚度 H/m	天然含水量 ω/%	湿密度 ρ/ $(g \cdot cm^{-3})$	孔隙比 e	饱和度 S_r/%	固结快剪（峰值）内摩擦角 ϕ/(°)	固结快剪（峰值）黏聚力 c/kPa	渗透系数 K/ $(m \cdot d^{-1})$
①	杂填土	3.3	—	1.85	—	—	10.0	—	—
②	黏质粉土	5.0	20.3	2.03	0.599	91.6	32.9	13.2	0.10
③	粉质黏土	4.3	21.4	2.05	0.598	95.9	18.8	27.6	0.02
④₂	粉质黏土	3.4	17.7	2.11	0.513	93.3	27.6	23.3	0.02
⑤	黏土	4.4	31.9	1.90	0.917	96.1	9.9	39.6	0.01

【水文地质条件】

场区勘探深度内主要以上层滞水、潜水、承压水为主。其中第 1 层上层滞水水量很小，以管线渗漏、大气降水等为主要补给方式，以蒸发为主要排泄方式，地下水位变化无规律，受人为活动影响较大；第 2 层潜水的主要补给来源为大气降水和地下径流，主要排泄方式为蒸发及侧向径流；第 3 层承压水的主要补给来源为地下径流，主要排泄方式为侧向径流。

【工程难点】

本工程基坑深度 29.8m，属于北京市乃至全国垂直支护深度最深的基坑之一，且面临场地水文地质条件复杂、周边建筑物繁多、周边交通条件有限等因素。通过对本工程场地的多次实地踏勘，结合勘察报告和设计文件，对本工程重点难点及相应对策总结如下。

1) 基坑开挖深度大。本工程主楼基坑槽底埋深达到 30m，基坑面积约为 5000m²，基坑周长约 300m，属于超深基坑。因此，如果对支撑受力构件选择不当，边坡的局部失稳就会造成边坡的整体失稳，从而造成整体支护结构的破坏，将会危及周边建筑物的安全，由此带来的损失无法估量。

2) 水文条件特别复杂。根据勘察报告提供，场区主要涉及 5 层地下水，其中 1 层上层滞水、1 层潜水、3 层承压水，且承压含水层为粉砂、中砂层，承压水层水头压力较大，对支撑影响较大，同时也影响锚杆施工和方案的选型，所以对如何处理地下水，采取何种方式止降水，保证周边建筑物、道路、管线等安全稳定至关重要。

3) 周边条件极其复杂，建筑物繁多。本工程周边环境非常复杂，基坑北面距离约 14.0m 为中国电子 CEC 大厦，地下室埋深 11m 左右，原有支护为土钉墙支护；南侧为联通大厦，装配式结构、无地下室，基础形式为条形基础，对变形比较敏感，为重点监测对象；周边管线也比较复杂，场地北侧的通信线路是国家通信网的重要组成部分，对变形控制要求较高，西侧有在用燃气、热力、电气管线，对管线的保护也至关重要。

4) 施工场地位于闹市区，周围办公、居民楼较多，施工易产生扰民。根据现场踏勘，场地周边及车辆进出道路两侧办公楼、居民楼繁多，工地施工、机械、材料、土方运输会发生扰民问题。

【支护体系设计】

建筑基坑支护的设计原则是"技术先进、经济合理、安全可靠"，从而为确保地下结构施工期间基坑边坡稳定性、基坑周边建筑、道路及地下设施安全，根据相关技术规程中支护结构选型表、场地周边地上地下情况以及类似的工程经验，本基坑工程方案选择地下连续墙＋钢筋混凝土内支撑＋预应力锚杆＋复合土钉墙的组合支护体系。

此组合支护体系相较于单一支护体系既保留了钢筋混凝土内支撑刚度大、变形小、受力明确的特点，可以有效限制土体位移，从而保证南北侧建筑安全，同时在其他区域使用预应力锚杆既弥补了钢筋混凝土内支撑对施工扰动大、施工时间长、占用施工空间以及只以水平受力为主的不足，并且依靠其强大的预应力和锚杆受拉作用，严格限制了边坡位移。其平面布置如图 3-78 所示。

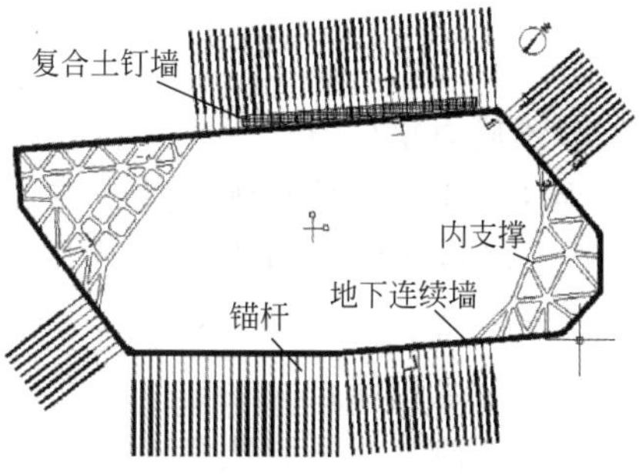

图 3-78　基坑±0.000 标高支护体系平面布置

1. 地下连续墙设计

本工程考虑到拟建建筑物后期管线穿入、支护体系受力、栈桥设计等因素，地下连续墙墙顶（冠梁顶）标高设在－2.100m 位置。场地西侧（代征绿地侧）考虑后续下沉广场施工，局部地下连续墙墙顶标高设置为－7.700m。

地下连续墙厚度 1.0m，槽段宽度 6.20m 左右，地下连续墙平面中心线长度 299.03m，冠梁宽度 1.00m，高度 0.8m。主要分为 A、B、C、D4 类。如表 3-18 所示。

地下连续墙基本设计参数（m）　　　　　　　　表 3-18

地下连续墙	冠梁顶标高	有效墙顶标高	墙底标高	有效长度	嵌固深度	成孔深度
A 型	−2.100	−2.900	−44.900	42.00	15.30	44.50
B 型	−7.700	−8.500	−44.900	36.40	15.30	44.50
C 型	−2.100	−2.900	−44.900	42.00	15.30	44.50
D 型	−2.100	−2.900	−45.900	43.00	16.30	45.50

2. 内支撑设计

支撑系统的平面布置形式众多，从技术上同样的基坑工程采用多种支撑平面布置形式均是可行的，但科学、合理的支撑布置形式应兼顾基坑工程的特点、主体地下结构布置以及周边环境的保护要求和经济性等综合因素的和谐统一。

本工程地处市区，周边条件极其复杂，建筑物繁多，对基坑工程的变形控制要求较为严格，所以支撑采用的是桁架支撑布置形式，支撑材料为钢筋混凝土，在基坑南北侧 3—3 剖面、南侧 4—4 剖面设置上下 4 道支撑和腰梁，中间区域 1—1 剖面、2—2 剖面在 −18.000m 以下设置 2 道支撑和腰梁，该布置形式的支撑系统具有支撑刚度大、传力直接以及受力均衡的特点，可以有效控制土体变形。其平面布置如图 3-79 所示。为便于材料运输，在首层角撑上还设置了 8m 宽栈桥。

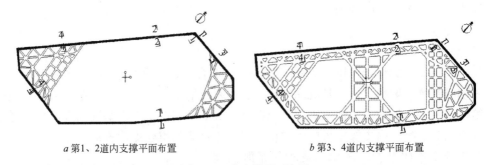

a 第1、2道内支撑平面布置　　　　　　　　*b* 第3、4道内支撑平面布置

图 3-79　内支撑平面布置

3. 预应力锚杆设计

为便于土方开挖和施工进度需求，并根据相关规范要求，在基坑东侧 1—1 剖面处上部 18.0m 左右设置 4 道锚杆，在基坑西侧 2—2 剖面处设置 3 道锚杆，第 1 道锚杆位于冠梁上。其布置剖面如图 3-80 所示。

4. 复合土钉墙设计

场地西侧（代征绿地侧）考虑后续下沉广场施工，使用的是复合土钉墙设计。本工程上部 7.3m 采用 1:0.3 放坡，设置 5 道土钉，竖向间距 1.30～1.40m，水平间距 1.50m，土钉材料拟采用 1 根直径 20mm 钢筋（HRB400），注浆材料同锚杆设计，P·O 42.5 水泥净浆，土钉墙锚喷混凝土强度 C20，面层锚喷厚度 100mm。

土钉墙设置水平向加强筋共 5 道，竖向加强筋间距 3.0m，背筋长度 3.0m，加强筋采用直径 16mm 钢筋（HRB400）。钢筋网片采用 $\phi 8@200 \times 200$ 钢筋（HPB300）。预应力锚杆成孔直径 150mm，自由段长度 5.0m，锚固段长度 10.0m，2 根 1860MPa 级钢绞线，锚杆拉力标准值 140kN，张拉锁定 120kN，腰梁采用 [20a。

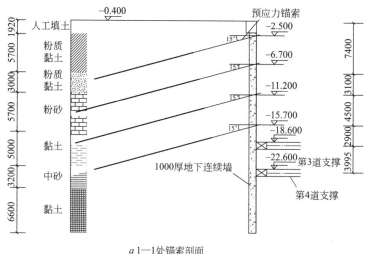

a 1—1处锚索剖面

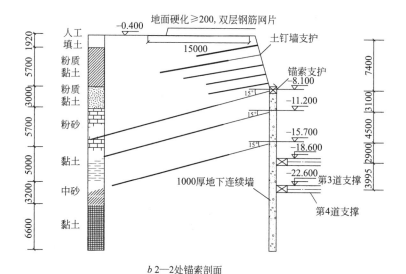

b 2—2处锚索剖面

图 3-80　基坑围护结构剖面

【支护体系施工】

1. 地下连续墙施工

本工程地下连续墙成槽深度达 45.0m，土层含多层厚砂层，地层较坚硬，成槽机开挖难度大，效率低。所以地下连续墙槽段开挖采用 2 台液压抓斗成槽机（金泰 GB46 或 GB60）进行施工，标准槽段长度为 6200mm，共计 50 个槽段。在地下连续墙成槽过程中遇到密实度较高坚硬厚砂层，成槽机无法独立施工，采用了与旋挖钻机配合，"两钻一抓、三钻两抓"的施工工艺。

为了检测已成槽孔的垂直度，在每幅槽段成槽后利用超声波测壁仪对槽壁垂直度进行测试，如槽壁垂直度达不到设计要求，用抓斗对槽壁进行修正，直至槽壁垂直度达到设计要求。

2. 锚杆施工

锚杆杆体按设计要求采用 ϕ15.2 的普通低松弛钢绞线。在锚杆钻孔完成后，立即放置杆体。锚杆注浆采用水灰比 0.45～0.50 的素水泥浆，养护 7d 后，经验收试验合格，进行集中统一张拉施工，锚杆张拉顺序应考虑对邻近锚杆的影响。

由于本工程承压水水头过大，为防止锚杆钻孔流砂流水现象的发生，坑内设置了 10 口疏干井进行降水。在有些区域地下水压力较大，发生了少量流砂流水现象，采用干性水泥团加水玻璃袋向孔内充填。

3. 复合土钉墙施工

复合土钉墙采用人工或锚杆钻机成孔。成孔结束后，放置土钉杆体，杆体采用 1ϕ20 的三级热轧钢筋。待一批土钉的主筋都放入后，用注浆泵统一注浆，要求须将注浆管插到距孔底 50cm 并且每孔至少在注浆后再补浆 1～2 次，确保土钉钻孔内的注浆质量。最后披挂面层钢筋网，焊接横向加强钢筋，把所有土钉杆体与加强筋连接起来，使土钉杆体、面层网、加强筋构成一个完整的骨架。

施工必须做好地表排水工作，防止施工用水、生活用水等渗入边坡。施工过程中发现边坡渗水，及时查明水源，采取有效措施截断水源，边坡上设置疏水管，确保边坡安全。

4. 内支撑施工

内支撑体系与土方开挖密切相关，支撑施工、土方开挖顺序、方法必须与设计工况一致，并遵循"先撑后挖、限时支撑、分层开挖、严禁超挖"的原则进行施工。在施工前先进行施工测量，保证支撑的平面定位。测量完毕后，开始钢筋绑扎，重点是粗钢筋的定位和连接以及钢筋的下料、绑扎，确保钢筋与格构柱的连接质量满足设计和规范要求。钢筋全部采用定尺下料，定尺加工。为保证支撑混凝土施工质量，在 5cm 厚的 C15 混凝土垫层上铺设多层板作为底模。

【基坑支护监测】

1. 监测内容

此工程基坑开挖深度深，周边条件复杂，施工难度大，基坑监测等级为一级。为实现信息化施工以保证基坑施工安全，并根据相关技术规范对以下项进行监测。

1）地下连续墙墙顶水平位移和竖向位移变形报警值累计值为 35mm，变化速率为 3mm/d。其基坑地下连续墙墙顶监测点平面布置如图 3-81 所示。

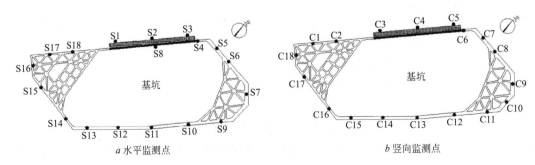

图 3-81　墙顶位移监测点布置

2）地下连续墙墙身及周边土体深部水平位移变形报警值累计值为 45mm，变化速率为 3mm/d。

3）地下连续墙内力和支撑轴力监测预警值按控制值（设计值）的 70% 取值。

4）锚杆拉力监测预警值按设计值的 80% 取值。

5）立柱竖向位移变形报警值累计值为 35mm，变化速率为 2mm/d。

2. 监测时间

自 2015 年 7 月 29 日—2016 年 1 月 6 日基坑开挖至槽底。以下针对地下连续墙墙顶水平位移和竖向位移进行初步分析。

1）由地下连续墙墙顶水平位移监测曲线（见图 3-82a）可知，在第 2 道支撑施工完毕的施工初期，各墙顶监测点水平位移并未出现太大变化，随着基坑内土体的挖除，地下连续墙内外侧压力发生改变，产生压力差，导致墙背土体产生位移，个别点出现了较大位移，但都在可控制的范围之内。

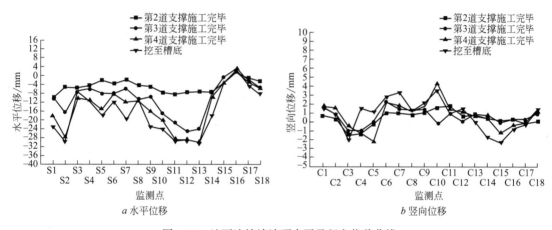

图 3-82　地下连续墙墙顶水平及竖向位移曲线

2）从地下连续墙墙顶竖向位移监测曲线（见图 3-82b）可以看出，基坑在挖至槽底之前部分区段墙顶一直处于缓慢上抬阶段，说明基坑开挖是一种卸载过程，开挖越深，土体原始应力改变就越大，会引起基坑底面土体的回弹变形。

观测结果表明，基坑采用地下连续墙＋钢筋混凝土内支撑＋预应力锚杆＋复合土钉墙支护方案能够有效限制地下连续墙墙顶土体位移，满足基坑支护要求，确保了主体结构地下工程的安全施工。

【专家提示】

★ 超深基坑的支护设计关键技术在于同时要考虑到确保基坑自身结构及周边环境的安全和后续土方挖运的快速方便。本基坑支护设计基于"大坑化小、分段设计、刚柔结合、组合支护"的设计理念，通过采用多手段相结合的创新支护方式并合理布置内支撑，为主体结构施工提供了空间，达到了节约成本、缩短工期的目的。

专家简介：

张国庆，项目经理，E-mail：13911395316@139.com

（五）典型案例 5

技术名称	软土深基坑支护监测实例分析
工程名称	宁波火车站南广场基坑工程
工程概况	本工程位于宁波火车站南广场，西至苍松路，东至尹江路，南侧为甬水桥路，北侧为地铁2号线端头井基坑。主要由南广场东、西区及永达下立交3部分组成，如图3-83所示。 该场地位于平原地区深厚土质地上，无岩溶、滑坡、泥石流等不良地质作用。场地地表下97m深度范围内的岩土类别包括黏性土、粉土、砂土、碎石土、填土及粉砂岩等，层位分布总体上较稳定。 该场地内分布多层地下水，包括潜水、微承压水和承压水。因本工程基坑最大开挖深度16m左右，浅部潜水和微承压水对该工程有较大影响。根据勘查结果，该场地主要存在下列不利条件：①厚层软土 该场地属典型软土地区，地表下20m深度范围内广泛分布厚层软土，给本工程带来一系列岩土工程问题。②厚层杂填土 现场勘探时发现，局部地段杂填土厚度＞3m，填土中含较多砖块、碎石及混凝土碎块。③地铁2号线区间隧道 拟建的地铁2号线区间隧道从永达路下立交和南广场下方斜穿过。④相邻建筑 永达路下立交东段的南侧与居民小区荣安世家13号的小高层住宅楼相距仅10m左右。⑤地下管道 永达路下立交沿线基本与现状尹江路重合，道路下方埋设有大量的各类地下管线

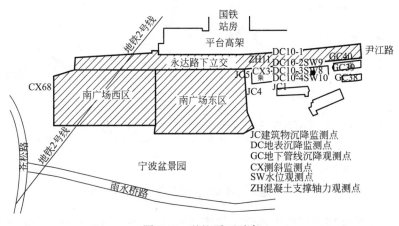

图 3-83　基坑平面示意

【基坑支护方案】

南广场西区基坑开挖深度约 5.75m，围护结构为 ϕ700@800 钻孔灌注桩＋ϕ700@500 双轴搅拌桩挡墙，钻孔灌注桩桩长 12.5m，双轴搅拌桩桩长 11.5m。由于基坑开挖深度较浅，所以未设置水平支撑。

南广场东区基坑开挖深度 4.45～4.65m，围护结构为 ϕ700@1000 钻孔灌注桩＋ϕ700@500 双轴搅拌桩挡墙，钻孔灌注桩桩长 12.5m，双轴搅拌桩桩长 11.5m。由于基坑开挖深度较浅，同样未设置水平支撑。

永达路下立交基坑最深开挖深度约 15.57m，围护结构为钻孔灌注桩＋双轴搅拌桩挡墙＋三轴搅拌桩止水，钻孔灌注桩桩长 22.5m，双轴搅拌桩桩长 15.0m，三轴搅拌桩桩长 22.0m。支撑形式：最深开挖位置共设 3 道，第 1 道为混凝土支撑，第 2、3 道为混凝土支撑＋钢支撑；其余开挖较浅位置设置 2 道或 1 道支撑。

基坑支护如图 3-84 所示。

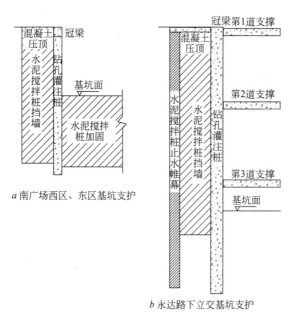

a 南广场西区、东区基坑支护

b 永达路下立交基坑支护

图 3-84　基坑支护示意

【基坑监测方案】

按照 GB50497—2009《建筑基坑工程监测技术规范》及设计文件要求，本次施工监测包括如下内容。

1）基坑围护结构体系监测项目　①围护桩（墙）顶水平位移及沉降，106点；②围护桩（土体）深层水平位移（测斜），74孔；③支撑轴力，108只钢筋计、5只轴力计；④立柱沉降，17个。

2）周边环境监测　①周边地表垂直位移，105点；②周边管线沉降，175个；③建（构）筑物的沉降、倾斜，38个；④坑外水位观测，21孔。

主要监测点布置如图3-83所示。

南广场区域基坑安全等级Ⅱ级，基坑监测等级Ⅱ级；永达路下立交基坑安全等级Ⅰ级，基坑监测等级Ⅰ级。永达路下立交区域基坑东南角为荣安世家，距离基坑最近10m，是重点监测部位。

各监测项目的报警值如表3-19所示，混凝土支撑轴力报警值为±3000kN。

各监测项目报警值　　　　　　　　　　　　　　　表 3-19

监测项目	报警值	
	速率/(mm·d^{-1})	累计值/mm
地表沉降	±3	±30
墙顶沉降	±2	±15
地下管线变形	±2	±10
围护结构测斜	±3	±30
立柱沉降	±5	±20
建筑物沉降	±2	±25
基坑外水位	±200	±750

【监测成果分析】

由于永达路下立交基坑开挖深度大且周围建筑物变形要求高，是重点监测部位。所以监测成果以永达路下立交基坑为例进行分析。

1. 地表沉降分析（见图 3-85）

由图 3-85 可以看出，受基坑开挖、土体卸载等施工因素的影响，周边地表沉降处于下沉趋势。但各施工阶段变化情况有所不同，详细情况如下。

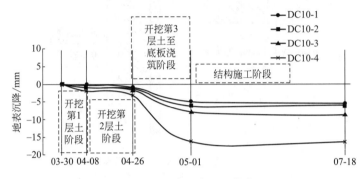

图 3-85　地表沉降历程曲线

1）基坑开挖，土体卸载，基坑周边地表沉降下沉。第 1、2 层土开挖阶段由于出土方便、开挖速度较快、第 2 道混凝土支撑架设及时等原因，地表沉降变化较小，最大变量为 −3.07mm，最大变化速率为 −0.12mm/d。

2）第 3 层土开挖至底板浇筑阶段，地表继续下沉，由于出土不便、垫层及底板浇筑施工时间较长，地表沉降变化较大。在这一阶段最大变量为 −13.50mm，最小变量为 −3.98mm，平均变量为 −7.34mm，最大变化速率为 −0.59mm/d，最大累计变量为 −16.57mm。

3）底板浇筑以后，对围护结构有一定的支撑作用，结构施工阶段，地表沉降变化较小，最大变量为 −0.76mm，最大变化速率为 −0.01mm/d，截止结构施工完成最大累计变量为 −16.61mm。

从以上数据可以看出，开挖第 3 层土至底板浇筑阶段为地表沉降变化最大阶段，这一阶段变量占总累计变量的 81.3%。由于下立交东段设置 3 道混凝土支撑，所以地表沉降累计变量较小。

2. 墙顶沉降分析（见图 3-86）

由图 3-86 可以看出，受基坑开挖、土体卸载等施工因素的影响，墙顶沉降出现不同程度的下沉和上抬，详细情况如下。

1）开挖第 1、2 层土阶段，墙顶沉降处于下沉趋势，最大变量为 −2.38mm，最大变化速率为 −0.10mm/d。

2）开挖第 3 层土至底板浇筑阶段，墙顶沉降处于上抬趋势，这一阶段最大变量为 6.09mm，最大变化速率为 0.26mm/d。

3）结构施工阶段，期间为施工需要，拆除第 2、3 道混凝土支撑，围护结构向基坑方向位移，墙顶沉降有一定的下沉趋势。这一阶段最大变量为 −2.76mm，最大变化速率为 −0.05mm/d，截至结构施工完成最大累计变量为 4.27mm。

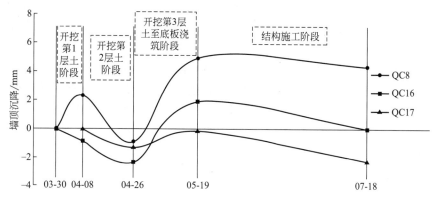

图 3-86　墙顶沉降历程曲线

3. 地下管线沉降分析（见图 3-87）

由图 3-87 可以看出，基坑开挖周边管线沉降处于下沉趋势。由于给水管线布设的是间接点，其变化趋势和地表沉降变化趋势一致。给水管线最大累计变量为 −15.32mm（超出报警值）。

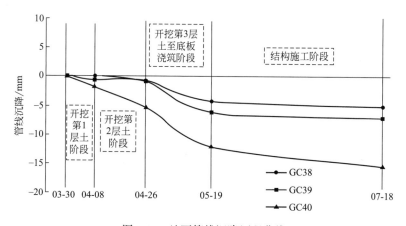

图 3-87　地下管线沉降历程曲线

4. 测斜分析（见图 3-88）

由图 3-88 可以看出，永达路下立交受基坑开挖、土体卸载等施工因素的影响，围护结构向基坑方向位移，测斜变化详细情况如下。

1）基坑开挖、土体卸载，围护结构向基坑方向位移，测斜监测数据变大，开挖第 1 层土测斜最大变量为 5.51mm，为开挖面以下 2m 位置，最大变化速率为 0.61mm/d。

2）随基坑开挖深度加深，测斜继续变大，开挖第 2 层土阶段测斜最大变量为 12.37mm，最大变化速率为 0.69mm/d，截至第 2 层土开挖完毕累计变量最大值为 16.42mm。

3）开挖第 3 层土至底板浇筑阶段，测斜继续向基坑方向位移，这一阶段测斜最大变量为 9.51mm，最大变化速率为 0.41mm/d，截至底板浇筑完毕累计变量最大值为 23.70mm。

4）结构施工阶段，测斜有一定的回弹。这一阶段测斜变化较小，最大变量为一1.53mm，最大变化速率为一0.03mm/d，截至结构施工完毕累计变量最大值为22.61mm。

从以上数据可以看出，在整个施工期间，测斜向基坑方向位移。第2层土开挖阶段由于出土量较大、开挖深度加深，测斜变化较大，是整个施工期间变化最大的阶段。由于基坑设置3道混凝土支撑，测斜最大累计变量为22.61mm，未超出报警值。

由图3-89可以看出，在整个施工期间，南广场西区围护结构上部向基坑方向位移，下部向背离基坑方向位移，其变化规律与永达路下立交不同。上部位移较大，最大位移量为43.11mm，虽然基坑开挖深度比永达路下立交基坑小，但位移量却比永达路下立交基坑明显大，最主要的原因是由于南广场西区开挖面无水平支撑。

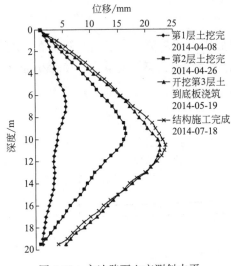

图 3-88　永达路下立交测斜水平
位移-深度关系曲线

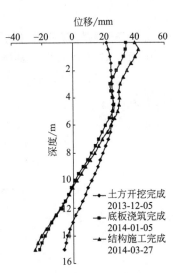

图 3-89　南广场西区测斜水平
位移-深度关系曲线

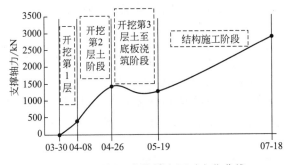

图 3-90　混凝土支撑轴力历时变化曲线

5. 混凝土支撑轴力分析（见图3-90）

由图3-90可以看出，受基坑开挖、土体卸载等施工因素的影响，围护结构向基坑方向位移，对混凝土支撑轴力有一定的挤压作用，详细变化情况如下。

1）第1层土开挖阶段，混凝土支撑轴力变化较小，变化量为383.3kN。

2) 第 2 层土开挖阶段，混凝土支撑轴力继续变大，这一阶段变量为 1039.7kN。

3) 第 3 层土开挖至底板浇筑阶段，由于底板浇筑对围护结构有一定的支撑作用，混凝土支撑受拉，这一阶段变量为 -186.6kN。

4) 结构施工阶段，由于施工需要，拆除第 2、3 道混凝土支撑，围护结构向基坑方向位移，第 1 道混凝土支撑受压，混凝土支撑轴力变大。这一阶段混凝土支撑轴力变量为 1640.5kN，为这几个阶段最大，截至结构施工完成最终累计变量为 2877.0kN（未超出报警值）。

6. 立柱沉降分析（见图 3-91）

由图 3-91 可以看出，在整个施工期间，立柱有一定的上抬趋势，但各阶段变化情况有所不同，详细情况如下。

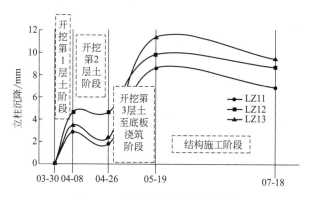

图 3-91　立柱沉降历时变化曲线

1) 基坑开挖第 1、2 层土时，土体卸载，围护结构向基坑方向位移，对混凝土支撑轴力有挤压作用，立柱随之出现上抬趋势，这一阶段最大变量为 4.75mm，最大变化速率为 0.18mm/d。

2) 第 3 层土开挖，随基坑开挖深度加深，围护结构继续向基坑方向位移，立柱继续抬升。截至底板浇筑，这一阶段立柱最大变化量为 8.82mm，最大变化速率为 0.38mm/d。

3) 结构施工阶段，由于底板浇筑完成，对围护结构有一定的支撑作用，立柱沉降出现一定的下沉趋势，但变化较小，最大变量为 -1.89mm，截至结构施工完成立柱最大累计变量为 9.47mm，未超出报警值。

7. 建筑物沉降分析（见图 3-92）

由图 3-92 可以看出，受前期围护结构施工、邻近基坑开挖的影响，建筑物出现不同程度的沉降，详细情况如下。

1) 第 1 层土开挖之前 JC1、JC4、JC5 和 JC8 中最大累计变量为 -8.13mm，最小累计变量为 -6.31mm，平均累计变量为 -7.11mm。

2) 基坑开挖阶段至底板浇筑，建筑物沉降有一定的抬升趋势；结构施工阶段建筑物沉降有一定的下沉趋势；截至结构施工完成最大累计变量为 -7.44mm，最小累计变量为 -5.07mm，平均累计变量为 -6.46mm。

3) JC1、JC4、JC5 和 JC8 为建筑物 4 个角处的沉降监测点，截至结构施工完成，4 个

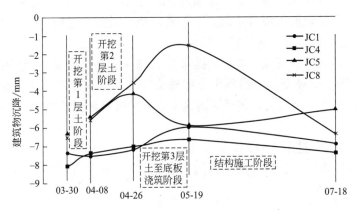

图 3-92　建筑物沉降时间历程曲线

点的最大差异沉降为 2.37mm，最小差异沉降为 0.48mm，由此可以看出建筑物沉降处于安全可控范围。

8. 水位分析（见图 3-93）

由图 3-93 可以看出，随着基坑的开挖，坑外与坑内水压力差增大，容易出现渗漏水，引起坑外水位下降；水位变化除受基坑开挖变形影响外，受坑内降水、晴雨天气影响亦较大。整个施工期间，水位最大累计变量为 −158.0mm，未超出报警值。

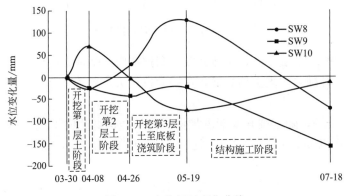

图 3-93　水位历时变化曲线

【专家提示】

★ 宁波火车站南广场施工期间，对基坑围护体系及周边环境进行实时监测，由于南广场东区和西区开挖面无水平支撑，各项监测数据变化较大，报警率较高；而永达路下立交区设置有水平支撑，监测数据变化较小，报警率较低，总体来说，监测数据在可控范围之内，基坑处于安全状态。

专家简介：
刘振平，博士，注册岩土工程师，E-mail：lzp7901@126.com

第四节 基坑施工

(一) 典型案例1

技术名称	深基坑顺逆结合后浇带施工技术
工程名称	上海中心大厦
工程概况	上海中心大厦位于上海浦东陆家嘴中心商业区,地上建筑高度632m,毗邻金茂大厦、环球金融中心。其四周均为城市主干道,地下管线众多,周边环境极其复杂。主楼基坑为内径121m的圆形基坑,采用顺作法施工;外围裙房基坑为不规则四边形,采用逆作法施工。主楼地下室顺作与裙房逆作结合部位为主楼围护结构,随裙房结构施工逐层拆除后设置沉降后浇带。 基坑工程采用了塔楼区顺作、裙房区逆作相结合的方案,将基坑分为主楼区和裙房区2个分区基坑。基坑总面积约34960m²,共设5层地下室,塔楼区基坑开挖深度31.2m,局部33.2m;裙房区基坑开挖深度26.7m。主楼结构出±0.000后再逆作施工裙房基坑。主楼基坑围护采用1.2m厚地下连续墙,墙深50m,水平支撑为6道环形支撑;裙房基坑围护采用1.2m厚"两墙合一"地下连续墙,墙深48m,利用结构梁板兼作支撑。裙房与主楼在首层及首层以下不设缝,在首层以上设置永久性的抗震缝;在施工阶段,沿主楼的周边布置后浇带减小主楼与裙房差异沉降。该后浇带设置条件复杂,超长且埋深大,受地下水影响大;同时,后浇带分布范围广,不但包含水平梁板,尚有劲性混凝土柱、车道板等竖向构件,节点处理复杂,施工质量要求高。上海中心大厦基坑工程平面如图3-94所示。 本工程深度27m以上分布有粉质黏土、黏土及淤泥质黏土为主的饱和软土层,具有高含水率、高灵敏度、低强度、高压缩性等不良地质特点。场地地表下27m处分布⑦层砂性土,为第2承压含水层,⑨层砂性土为第2承压含水层,两层互相连通,水量补给丰富

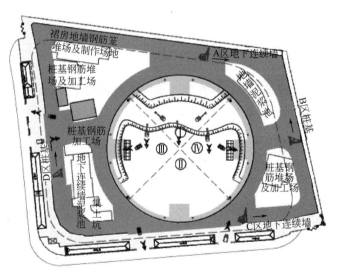

图3-94 上海中心大厦基坑工程平面示意

【后浇带设置】

本工程在顺逆结合部位利用主楼围护结构设置1条宽2.5～3m后浇带,与在地下连续墙接缝处设置沉降后浇带的常规做法相比,在一定程度上避免了施工风险。裙房地下室逆作以各层楼板梁结构作为基坑开挖阶段的水平支撑系统,而设置在楼板处的后浇带将水平支撑系统一分为二,使得水平力无法传递。因此,必须采取措施解决后浇带位置的水平传力问题，故在 B0~B4 层采用临时楼板作为换撑，B5 层后浇带东、西、北 3 侧采用 40 号型钢作为换撑，型钢的抗弯刚度相对于混凝土梁的抗弯刚度要小得多，因此不会约束后浇带两侧底板的自由沉降。同时，考虑到南侧设有停车库地下车道，且后浇带区域距离主楼巨型柱较近，故采用 2m 宽钢筋混凝土板带作为换撑，中心间距 4m。后浇带范围内共涉及混凝土框架柱 21 个、劲性柱 2 个，换撑汇总如表 3-20 所示。

后浇带内换撑汇总   表 3-20

	B0	B1	B2	B3	B4	B5
结构板厚	250	180	190	180	200	1600
换撑板厚	200	180	190,160	180	200	300

【后浇带防水设计】

1. 防水节点设计

后浇带封闭前防渗漏预控是保证建筑物使用功能的决定性因素。在 B0~B5 层后浇带施工过程中，均采取了相应的防渗漏措施。以 B5 层为例，底板后浇带处防水具体做法如下。

1）后浇带部位开挖至设计标高，注浆施工完成第 6 道环撑接口处堵漏，墙顶回填砂后，增加第 6 道环撑处 800mm 宽膨润土防水毯预铺。

2）300mm 厚垫层浇捣，环撑处增厚至 400mm，垫层面 2mm 厚水泥基防水涂料及巴斯夫 S400 乳液粘贴麻袋布保护层，其上铺设 8000mm 宽膨润土防水毯。

3）防水毯上铺设 500mm 宽外贴式橡胶止水带并固定，收口处聚乙烯塑料棒填充，第 6 道环撑处增加 2 条遇水膨胀止水条（20mm×25mm）和 1 条预埋式多次注浆管。

4）超前止水带浇筑混凝土时，从橡胶止水带两侧同时下料，经充分振捣后覆盖保湿养护 14d 以上，采用 40mm 厚聚硫密封膏收口密封。

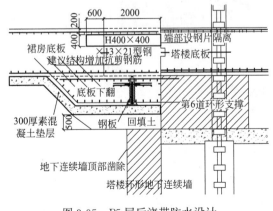

图 3-95　B5 层后浇带防水设计

5）超前止水带平面增设 2 条止水条，后浇带两侧各增设 2 条止水条及 1 条预埋式多次注浆管。

6）后浇带混凝土自防水采用强度等级提高一级的补偿收缩混凝土，振捣时对后浇带彻底清理并加强对止水钢板下方混凝土密实性的控制，浇捣完成后表面涂刷 1mm 厚水泥基渗透结晶型防水涂料。

后浇带防水设计如图 3-95 所示。

2. 注浆防渗

B5 层后浇带内壁垂直方向已设置钢板止水带及膨胀止水条，为了预防后浇带现浇大体积混凝土与原结构存在渗流通道引发底板渗漏水，增加了预埋式多次全断面注浆管注浆措施。施工工艺流程为：基面清理→埋设注浆管→后浇带浇筑混凝土→压水检查→灌浆。

1）预埋注浆管

沿 B5 层后浇带内壁两侧分段埋设高压灌注管，预设位置位于底板完成面以下 250mm 处，将两侧端部留置在混凝土表面以外，采用专用固定件固定，便于后续灌浆。

2）浇筑混凝土

待后浇带内部垃圾及积水清理完成，预留钢筋按设计及规范要求进行恢复后，便可进行后浇带混凝土浇筑。

3）压水检查

逐个对预埋高压灌注管压入清水和压缩空气，将缝内的杂物冲洗干净。

4）化学灌浆

采用亲水型聚氨酯发泡止水材料，与砂完全混合固化，形成一胶质弹性体，与水作用后，迅速膨胀堵塞其裂缝，达到了止水目的。

【后浇带封闭】

1.条件分析

选取核心筒中央东西横向、南北纵向及核心筒边缘等角部的观测点，利用其沉降数据作为后浇带封闭依据。其中，东西横向纵断面沉降变形发展如图 3-96 所示，根据图 3 及实测沉降数据分析，后浇带两侧顺作区与逆作区对应的监测点变形尚未完全协调；逆作区变形趋于稳定，顺作区则持续缓慢下沉。

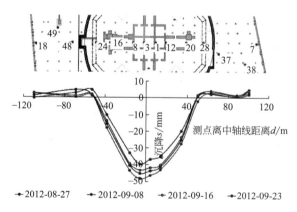

图 3-96　东西横向纵断面沉降变形发展

因为后浇带位置是根据主楼顺作的地下连续墙位置设定的，离开巨柱有一定距离，因而从目前的沉降数据看，总的沉降值及后浇带内外的差异沉降值均不大。结合前述主楼、裙房沉降均趋缓，发生异常差异沉降的概率极低。基于上述分析，理清可能出现的超应力区域及相应对策，完善了后浇带施工方案，启动后浇带施工准备工作。

2.施工顺序

依据后浇带封闭前沉降变形综合分析，结合深基坑顺逆结合部位后浇带圆形特征，以及周边环境变形敏感等因素，对后浇带封闭施工顺序进行全面优化。先施工 B5 层后浇带，随后施工 B0～B4 层后浇带，施工顺序如图 3-97 所示。南侧后浇带顺作区与逆作区沉降变形梯度较陡，且南侧主楼巨型柱离地下连续墙较近，一旦出现问题，不仅影响到整个基坑围护结构的稳定性，也会对主楼结构造成损害，故南侧区域后浇带施工延后且从下至上逐层进行。西侧劲性柱结构区域后浇带施工受钢结构吊装的影响，需待钢结构吊装完成后才能开始结构补缺工作，因劲性结构节点较为复杂，分层施工难度较大，故西侧2跨后浇带区域从下至上每层依次施工。

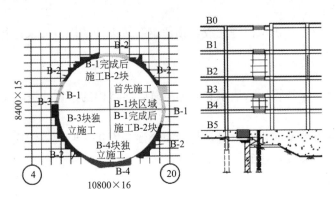

图 3-97 后浇带施工顺序

3. 封闭施工

（1）顺作区临时支撑

主楼地下室顺作区结构施工至后浇带时需人为断开，原多跨连续梁变为悬挑梁，受力状态发生改变。故需在主楼靠内地下连续墙一圈设置临时框架柱及临时环梁，作为梁板支座。与顺作永久结构同时设计、同时施工，保证了结构安全，缩短了协调时间。同时建议部分临时柱在允许情况下采用型钢支承柱以降低造价。

（2）钢筋接驳器预埋

B0～B4层后浇带施工过程中，部分预埋钢筋接驳器存在偏斜、高低不齐、丝牙破坏、锈蚀等问题，小部分楼板预留接驳器位置较低，钢筋保护层＞5cm，造成楼板有效厚度不足。经协商确定在接驳器连接钢筋的基础上，两侧进行植筋补强，要求植筋时钢筋边距及间距均满足相关规范要求。上述措施在主楼及裙房地下连续墙预埋接驳器中实际应用，提高接驳器存活率至80%以上，取得了良好的应用效果。

（3）后浇带内框架柱

B0～B4层后浇带采用错层分块施工，后浇带内框架柱采用跳层施工、自下而上顺作2种施工方法。采用跳层施工框架柱，需确保施工过程中每层框架柱的预留钢筋位置准确，不出现偏位情况，且在B1，B3层后浇带施工过程中，楼板凿除后，下部无框架柱，需在下部加设临时支撑，确保结构的受力转换；采用自下而上顺作法施工，柱先施工至楼层标高时，后浇带临时楼板需凿洞以提供水平梁插筋空间，由于后浇带宽度较小，梁水平钢筋接头无法按照50%留设错开，需在梁柱节点位置的梁钢筋预留Ⅰ级接驳器接头，即留设在同一截面，施工过程中需严格控制预留接驳器的标高，确保预留接驳器在浇筑混凝土过程中不发生较大偏移。

4. 混凝土浇筑与养护

地下5层后浇带内部积存大量建筑垃圾及淤泥，垃圾清理及浮浆凿除难度大。积水排干后，内壁两侧混凝土人工凿毛修平并剔除松散石子，对预埋钢板止水带下部的松散层重点清理至密实层。用钢丝刷刷除钢筋及止水钢板上的锈皮，压力水清洗排干并按照防水节点施工后，进行钢筋绑扎安装。底板后浇带混凝土采用 P12 抗渗微膨胀混凝土，过程中加强对止水钢板下方及内侧壁混凝土振捣控制，确保气体排出、振捣密实。每段后浇带混凝土浇筑完成后，在混凝土表面适时进行修浆成活，并及时覆盖塑料薄膜和草包进行蓄水养护，养护时间≥28d。

【后浇带施工效果】

根据后浇带封闭前后对应测点的监测数据，可以得到主楼与裙房在后浇带封闭前后的差异沉降情况。图 3-98、图 3-99 即为东侧裙房与主楼测点在后浇带封闭前后的沉降发展趋势，通过分析可知，在后浇带封闭前，裙房沉降值较主楼大，两者的差异沉降也较大，最大值为 5.1mm。而在后浇带封闭之后，两者的沉降变化趋于平稳，沉降值也较后浇带封闭前小；由于后浇带封闭后基础结构整体受力，裙房与主楼的差异沉降也较后浇带封闭前大大减小，在此期间最大差异沉降值仅为 0.65mm。

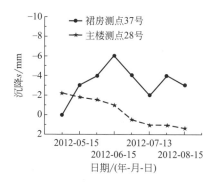 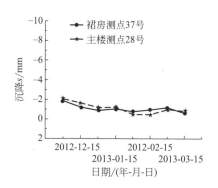

图 3-98 后浇带封闭前东侧附近测点沉降　　　图 3-99 后浇带封闭后东侧附近测点沉降

【专家提示】

★ 以上海中心大厦地下室顺逆结合部位后浇带为工程背景，详细描述了地下室后浇带设置、防水及封闭施工技术，并提出相应建议及控制点。同时，通过对后浇带封闭前后主楼与裙房差异沉降分析，结果表明，经过合理设计和施工的后浇带对控制主楼与裙房的差异沉降取得了显著效果。

专家简介：

唐强达，总监理工程师，E-mail：tangqiangda@jkec.com.cn

（二）典型案例 2

技术名称	深基坑混凝土支撑局部拆换施工技术
工程名称	中交集团南方总部基地(A 区)总部大厦工程
工程概况	本工程位于广州市海珠区沥滘振兴大街,总建筑面积约 15.4 万 m²,地上包含 1 栋 43 层主楼和 1 栋 5 层裙楼。主楼高度 207.9m,裙楼高度 38.3m。 本工程基坑面积约 15561m²,基底开挖深度 14.5m。基坑东、南、北三侧采用钻孔灌注桩加 2 道混凝土内支撑的支护形式;基坑西侧采用放坡的支护形式。第 1 道混凝土支撑截面为 1000mm×1000mm,第 2 道混凝土支撑截面为 1200mm×1200mm,支撑梁混凝土强度等级为 C30。基坑混凝土支撑的平面布置如图 3-100 所示。

工程概况	本工程原计划地下室结构整体施工,因主体施工单位进场时间较晚,主楼封顶工期按原计划很难保证,为确保主楼工期,决定东、西区地下室仍按原设计方案进行换撑,即先施作1层地下结构,随后中粗砂回填和浇筑50cm厚混凝土传力板,然后拆除1道混凝土支撑。中间主楼区域采用钢筋混凝土梁板+后浇带内预埋工字钢传力的方式进行换撑施工,待完成主楼区3层地下结构后进行侧墙外回填施工,以此保证主楼施工进度。钢筋混凝土梁板换撑如图3-101所示

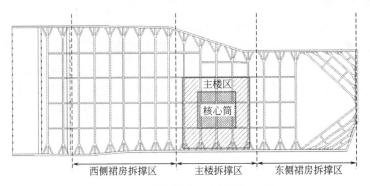

图 3-100 基坑混凝土支撑平面布置

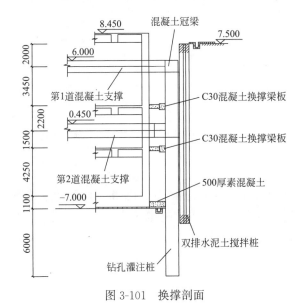

图 3-101 换撑剖面

【施工工序】

1. 整体部署

（1）前期准备

为增强内支撑拆除时围护桩的安全,在底板外侧浇筑50cm厚素混凝土,在底板与围护桩之间形成刚性铰。

（2）中区主楼换撑施工步骤

墙柱钢筋绑扎→墙柱、梁板模板及换撑梁板模板支设→梁板钢筋及换撑梁板钢筋安装、后浇带传力型钢安装、加固→墙柱、梁板、换撑梁板混凝土浇筑→下一道工序。

（3）中区主楼拆撑施工步骤

混凝土换撑梁、板浇筑（与梁板同期浇筑）→混凝土支撑拆撑（混凝土达到设计强度的80%）→防水层施工→保护层施工→回填。

2. 换撑施工

根据施工部署，并经设计核算，中间主楼区换撑施工采取300mm厚C30混凝土换撑板、500mm厚C30换撑腰梁来实现内支撑梁的换撑，混凝土换撑板间隔预留1000mm×1000mm孔洞，作为原围护桩与地下室外墙间土方回填口。混凝土换撑梁、板平面布置如图3-102所示。施工步骤如下。

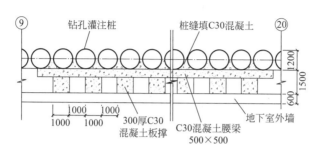

图3-102 主楼区换撑结构平面

（1）架体搭设

在外围混凝土板上搭设脚手架，脚手架搭设要求如下：①换撑板 立杆横向间距400mm，纵向间距900mm，步距1200mm；换撑板下主龙骨采用φ48，壁厚3mm钢管（采用顶托连接，并控制好螺杆伸出高度不得大于螺杆长度的1/3），间距900mm，次龙骨采用50mm×100mm木枋，间距250mm。②换撑混凝土腰梁 立杆横向间距400mm，纵向间距900mm，步距1200mm；换撑板下主龙骨采用φ48，壁厚3mm钢管（采用顶托连接，并控制好螺杆伸出高度），间距900mm，次龙骨采用50mm×100mm木枋，间距200mm。

在架体搭设完成后，同时将围护桩外覆土及桩间残存的建筑垃圾等清除干净，以便换撑施工。

（2）模板支设

架体搭设完成后，组织模板支设，支设过程中要求模板连接稳固、接缝严密。

（3）钢筋加工与安装

在地下室外墙施工时，首先根据主体墙配筋图、地下2层及1层楼板配筋图进行外墙和楼板钢筋绑扎，然后进行换撑梁、板的钢筋加工及安装。换撑腰梁钢筋与围护桩上植入的钢筋形成整体的钢筋骨架。

3. 传力型钢安装

在钢筋加工与安装的同时，在地下二层和地下一层沉降后浇带位置布置I25a（Q345）传力型钢于主次梁间和楼板内。传力型钢埋入混凝土梁500mm，端部设置250mm×116mm×10mm端板。沉降后浇带换撑处板钢筋预留，混凝土后浇，梁和该层结构一起浇筑完成。

根据设计图纸及第三方监测单位反馈的监测数据，第二道支撑内力最大为9576.25kN，每跨12m计算。地下二层人防沉降后浇带加强传力型钢布置间距为1200mm，每跨型钢根数为（12000/1200）＋1＝11根，取11根，每根受力按870.57kN；地下二层非人防沉降后浇带混凝土型钢梁换撑间距最大2800mm，则型钢根数为12000/2800＋1＝5.24根，取5根，每根受力为1915.25kN。

经过验算地下二层非人防沉降后浇带混凝土型钢梁受压为 80.7N/mm²，地下二层人防沉降后浇带混凝土型钢梁受压 183.3N/mm²，都小于工字钢抗压强度设计值 $f=315$N/mm²，结构安全。

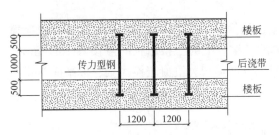

图 3-103　后浇带传力型钢平面布置

传力型钢布置如图 3-103 所示，结构地下一层的传力型钢设置参考地下二层设置。

4. 混凝土浇筑

换撑处混凝土浇筑顺序为：地下室外墙、内墙及柱→地下二层楼板、换撑板、腰梁及桩缝。根据现场实际情况，本工程换撑板、腰梁及桩缝间可操作空间受限，施工中采取汽车泵、溜槽及振动棒结合的施工方法来浇筑混凝土。

5. 支撑拆除

（1）拆除顺序

中间主楼拆撑区共 5 道支撑梁，从中间开始拆除，支撑拆除顺序：连续梁→八字撑→对撑梁跨中→对撑梁端部。根据现场实际情况，结合后浇带分布情况，将每区内支撑拆除划分为南北两区，对称施工拆除内支撑梁。施工过程中，为确保基坑稳定，要求南北两区拆撑时进度保持基本一致，并随时监测基坑动态，确保施工安全。

对于钢构柱的拆除，待第 1、2 道内支撑全部拆除完毕后再行拆除。

（2）拆除方案选定

前期监测数据显示基坑围护结构变形较大，基坑安全隐患较大。而一般的内支撑拆除方法如静爆、手动风镐、机动风镐、水钻等对基坑的扰动大，对基坑的结构安全造成重大隐患。采用常规方法对内支撑进行拆除达不到无损拆除的目的，对基坑结构安全造成隐患。

综合考虑工期成本及现场条件等因素，采用绳锯与水钻配合的切割工艺来进行内支撑梁的拆除。

（3）拆除施工步骤

满堂支架搭设→切割位置放线→钻吊装孔和穿绳孔→安装固定导向轮→固定绳锯机→穿吊装绳→安装金刚石绳索→连接相关操作系统→设置安全防护栏→内支撑梁切割→梁块吊装→风镐破除。

在内支撑拆除时，安排专人 24h 值班，确保施工作业安全。应尽可能将内支撑拆除区域的基坑周边材料（木方、钢管、顶托等）转运至其他位置，以减少基坑周边荷载，确保基坑安全。同时加密基坑的监测频率，随时反馈监测数据。

在基坑稳定的前提下，采用叉车配合 300t 汽车式起重机的组合形式将已切割内支撑吊装至大型平板拖车，后运至指定位置进行内支撑梁的破除及切割。

6. 回填土工程

主楼区土方回填待主楼区地下结构全部施工完成后一次性回填，回填土工艺流程：防水及保护层施工→基底清理→回填砂→修整、找平、验收。

回填方式：利用换撑板带上预留的孔洞，采用模板预制溜槽配合人工手推车回填施工，溜槽宽 1.5m，高 0.3m。溜槽应在基坑边搭设的满堂脚手架固定，反铲勾机直接将砂抛入溜槽内滑落至基坑。

混凝土支撑拆除对围护结构本身及周边环境将产生较大的影响，因为支撑拆除前后是一个结构内力转换的过程，围护结构内力重分布，将导致围护结构的内力变化和变形，因此及时掌握围护结构的附加影响显得尤为重要。

中间主楼区采用梁板换撑施工期间，监测单位配合加密相应位置的深层水平位移监测，基坑拆撑期间围护结构的深层水平位移如图3-104所示。从图中曲线可以看出，基坑第2层混凝土支撑拆除后，基坑"鼓肚子"变形明显增大，位移最大点变形增长约3mm；基坑第1层混凝土支撑拆除后，围护桩顶部位移增长较明显，位移增大约6mm。基坑监测数据表明，支撑拆除过程中，围护结构的变形在设计允许范围内。

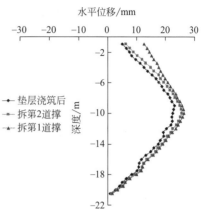

图3-104　围护结构水平位移

【造价对比】

常规施工方案为分层中粗砂回填压实＋50cm厚C15素混凝土浇筑施工，采用板带换撑的施工方式，综合考虑人工材料投入成本：工程量711.03m³，混凝土为405.73元/m³；原合同回填土价格为21.48元/m³，回填灰土价格为84.29元/m³。如若以回填土：回填灰土＝1：7来计，后者增加成本约23万元。但考虑到主楼±0.000节点提前1个月，主体封顶也相应提前1个月，2台塔式起重机的月租金分别为12万元、5.4万元，再综合考虑银行的贷款利息，由于方案变更所引起的造价基本持平。

【专家提示】

★ 为保证主楼的工期，主楼与裙楼采用不同的施工方法，主楼在保证基坑安全的前提下，采用梁板换撑、后浇带内预埋传力型钢的施工方法，大大缩短施工时间。对比原计划，不考虑地下室整体施工的资源投入及现场协调难度引起的工期增加，仅回填土及拆撑工程就为主楼工期缩短至少30d。

★ 针对不同的区域采用不同的施工方法，在增加成本处于可控的范围内，实现了进度和营销的目标双控，为以后类似工程加快基坑的拆换撑施工积累了宝贵的经验。

专家简介：

陈锐煌，E-mail：cruihuang@gzpcc.com

（三）典型案例3

技术名称	临江基坑超深地下连续墙施工技术
工程名称	武汉绿地中心基坑工程
工程概况	武汉绿地中心基坑工程采用"一分为三＋左右先作＋中间后作"的方案，即在基坑内部设置2道临时隔断，将整个基坑一分为三：塔楼区域（Ⅰ区），裙楼区域（Ⅱ区），缓冲区域（Ⅲ区）。基坑周边采用"两墙合一"的地下连续墙作为施工阶段的止水挡土围护体，同时也是后期地下室的结构外墙。Ⅰ区采用1200mm厚的地下连续墙，共计57幅；Ⅱ、Ⅲ区地下连续墙厚度为1000mm，共计87幅；Ⅰ区和Ⅲ区之间的临时隔断采用厚度为1000mm的地下连续墙，共计21幅；Ⅱ区和Ⅲ区之间的临时隔断采用φ1200@1400钻孔灌注桩。本工程地下连续墙共计165幅，总长1067m，临时支护桩85根。地下连续墙底标高最浅为－45.300m，最深为－57.300m（见图3-105）

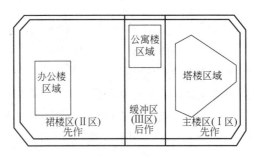

图 3-105　武汉绿地中心基坑设计概况

【地下连续墙施工】

1. 施工工艺（见图 3-106）

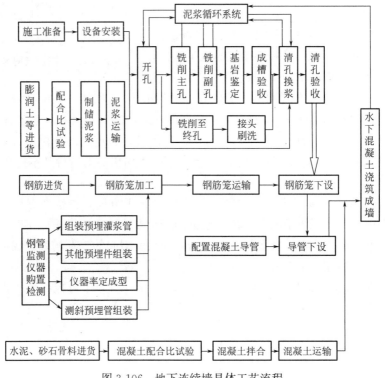

图 3-106　地下连续墙具体工艺流程

2. 施工流程

地下连续墙施工时考虑工期、质量等多方面因素，对基坑进行了合理的分区分段，并配置相应的设备资源，保证施工的顺利开展。

（1）Ⅰ区施工顺序

Ⅰ区地下连续墙总体采用"首开幅→连接幅→闭合幅"的顺序，分为 4 段进行施工。配置 2 台抓斗机，编号为 1 号机和 2 号机。其中 1 号机先施工Ⅰ区一段：129～142 号槽段，2 号机先施工Ⅰ区二段：108～128 号槽段；完成Ⅰ区一段后，1 号机继续施工Ⅰ区三段：89～107 号槽段，2 号机继续施工Ⅰ区四段：88～165 号槽段。

（2）Ⅱ、Ⅲ区施工顺序

Ⅱ、Ⅲ区地下连续墙总体采用"首开幅→闭合幅"的顺序，分为2段进行施工。配置2台抓斗机，编号为3号机和4号机，其中3号机施工B区一段：1～44号槽段；4号机施工B区二段：45～87号槽段（见图3-107）。

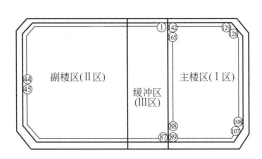

图3-107 地下连续墙编号及分区分段

【关键施工技术】

1."抓铣结合"成槽施工技术

（1）上部土层成槽

①在浅层成槽过程中，成槽机不宜快速掘进，掘进速度应控制在15m/h左右，避免出现槽壁失稳情况，并根据成槽机仪表及实测的垂直度情况及时纠偏；②施工时，为严防槽壁塌方，应定期检查泥浆质量，防止泥浆流失，并维持稳定槽段所必需的泥浆液位，一般高于地下水位500mm以上，并不低于导墙顶300mm；③在抓挖过程中，每3抓做1次180°方向旋转，以消除因斗齿咬合不均造成的槽位偏移。为确保成槽质量，抓斗导杆应垂直于槽段，张开斗体，按槽段分标志线，缓缓下入槽内，严禁快速下放和提升，从而避免破坏槽壁造成坍塌；④在泥浆可能流失的地层中成槽时，必须有堵漏措施，储备足够的泥浆。现场设集水井和排水沟，防止地表水流入槽内，破坏泥浆性能；⑤抓斗施工时取出的渣土用5t翻斗车运到现场内指定地点集中堆放，经一定时间沥水处理后运出场外。

（2）下部岩层成槽

①冲抓结合—冲击钻结合液压抓斗 下部岩层的冲击顺序如图3-108所示，采用间隔施工方法，最后冲击棱角部位；②"抓铣结合"—铣槽机结合液压抓斗 本工

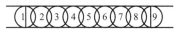

图3-108 冲击顺序示意

程拟采用土力H-8双轮型液压铣槽机作为下部致密砂层、强风化基岩、中风化基岩的主要施工设备。当液压抓斗施工上述地层困难时，即采用液压铣槽机进行施工。液压铣槽机的切割轮可以将土体或岩体切割成70～80mm，必要时切割成更小的碎块，与泥浆混合，然后由液压铣槽机内的离心泵一起抽出开挖槽。

随着开挖深度的增加，必须连续不断地向槽内供给各项指标符合技术要求的新鲜泥浆，保证泥浆液面高度，起到良好的护壁作用，防止槽壁坍塌，且有利于钻渣的排出。具体施工过程如图3-109所示。

（3）转角部位施工

①转角导墙施工：施工转角部位导墙时，应将转角处一边的导墙在原设计宽度基础上向外延伸200～300mm，以确保下一步成槽施工顺利进行；②转角成槽施工：成槽机在转

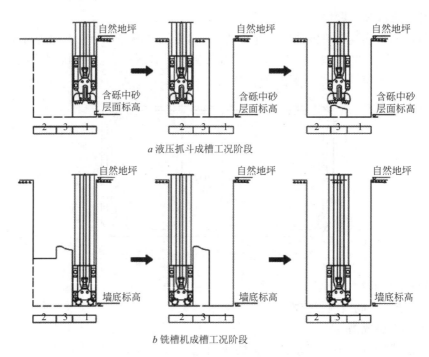

图 3-109 　"抓铣结合"成槽施工示意

角处施工时，为保证连续墙范围内的土方能全部开挖，对转角处一边的成槽宽度在设计宽度上向外扩挖 200～300mm。

2. 清淤

1）成槽至标高后，采用成槽机抓斗进行清淤，使地下连续墙沉渣厚度≤100mm。

2）槽孔清孔换浆采用泵吸反循环法，将槽内的稠状物抽出，在清除孔内废渣的同时及时向孔内补充新鲜泥浆。

3）泥浆净化处理：清孔过程中排出的泥浆经砂石泵抽到泥浆回收池，经过净化处理后，钻渣运至指定的弃料场，分离出的泥浆进行回收再利用。浇筑混凝土时，槽内泥浆直接用 3PN 立式泥浆泵回收，通过供浆管直接供应到其他槽段或回送制浆站进行回收，污染严重的泥浆予以废弃。

3. 接头处理

1）对于地下连续墙接头处理，经过综合对比 H 型钢、接头管、十字钢板、预制接头桩等多种接头形式的成本、工期和质量因素，结合本工程复杂的水文环境，最终确定采用 H 型钢作为接头处理方案，H 型钢采取内外侧安装镀锌薄铁皮的防绕流措施。

2）接头处理应加强 H 型钢的焊接以及内外侧镀锌薄铁皮的施工质量，同时严格控制 H 型钢的垂直度以及刷壁质量，以提高接头处的防绕流及抗渗性能。

3）钢筋笼制作时，接缝处焊接预埋注浆管，通过后注浆，防止墙体出现不均匀沉降，达到控制接缝处变形的目的。

4. 超长超重钢筋笼一次性吊装

本工程地下连续墙的钢筋笼最长达 54.6m，最重达 85.6t，施工采用整体一次性吊装，总体思路为：整体起吊、整体回直、一次入槽，利用主、副 2 台起重机进行"双机抬吊、十六点吊装、整体起吊、空中回直、地面换绳"。

（1）钢筋笼吊点设置

根据地下连续墙钢筋笼设计施工图、现场起吊设备、吊点设置情况、吊索长度等建立了具体的三维有限元分析模型，并通过计算设置4排吊点，吊点距离笼顶位置根据钢筋笼的实际情况进行局部调整，对于部分较重钢筋笼竖向增加至5～6排吊点。钢筋笼采用双机抬吊，横向设置4个吊点，共计16～24个吊点（见图3-110）。

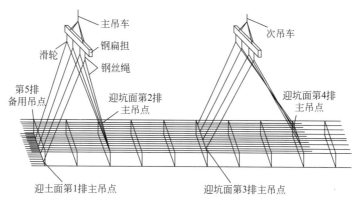

图3-110　钢筋笼一次性吊装示意

（2）钢筋笼吊装施工步骤

本工程以300t履带式起重机作为主吊车，1台150t履带式起重机作副吊车。两车抬吊时利用4排吊点，下放时再利用第5排备用吊点。钢筋笼吊放具体分8步走，详细过程如下。①检查吊点加固部位。起重工指挥主、副吊车挂扁担到起吊位置并安装吊点卡环；②检查2吊机钢丝绳的安装情况及受力重心后，开始同时平吊，提升至离地面0.5m左右后稍停，检查是否正常，判断是否需落地重新调整；③钢筋笼吊起时，应检查钢筋笼是否平稳，共同提升、空中回直，为避免发生拽拉，主吊车原则上不动，而由副吊车靠拢；④钢筋笼吊起后，敲击钢筋笼，观察是否有坠物落下，副吊车落低扁担，分开扁担滑轮和钢筋笼上钢丝绳；⑤主吊车带笼缓慢移动跑位，利用缆风绳拉住笼底4个方向，以防晃动幅度过大，定位，吊笼入槽；⑥放到（副吊车）2排吊点标高处，拆卸扣，取下钢丝绳，吊笼继续下放；⑦钢筋笼下放到（主吊车）下排吊点标高时，停住，插槽钢扁担将笼搁置在导墙上，下卡环与笼顶备用吊点（见图示上第5排备用吊点）钢丝绳连接，提升，抽槽钢扁担，继续下放；⑧下放到笼顶水平筋标高处，停住，插槽钢扁担将笼质量搁置在导墙上，下卡环，换到吊筋吊耳上，提升，抽槽钢扁担；继续下放到位，再插槽钢扁担将钢筋笼固定至设计标高。

5.泥浆质量控制

在地下连续墙施工过程中，泥浆不仅对槽壁有着支撑作用，还可以携渣利于外排，更重要的是在槽壁上形成的泥皮可以防止槽壁倒塌。因此，成槽质量很大程度上取决于泥浆质量。

本工程地下连续墙施工泥浆主要由膨润土、水、增黏剂、分散剂等配制而成。根据各区段共165幅墙体的工程量，Ⅰ区设置泥浆池尺寸：25m×10m×3m，泥浆储浆量约为

750m³；Ⅱ，Ⅲ区泥浆池尺寸：34m×10m×3m，泥浆储浆量约为1020m³。地下连续墙护壁泥浆质量性能参数如表3-21所示。

地下连续墙护壁泥浆质量控制要点 表3-21

阶段	主要性能指标控制标准					
	密度	漏斗黏度/s	失水量/ (mL·30min⁻¹)	泥皮厚/ (mm·30min⁻¹)	pH值	含砂量/%
新制泥浆	1.05~1.10	18~25	<20	1~3	8~9	<4%
供应到槽内泥浆	1.05~1.10	18~25	<20	1~3	8~9	<4%
槽内泥浆	<1.15	25	30	<3	8~9	<4%
混凝土灌注前槽内泥浆	<1.15	25	30	<3	8~9	<4%

泥浆施工质量控制注意事项：①新制泥浆在储存24h后方可使用，确保膨润土充分溶胀；②泥浆系统中储浆池、沉淀池、单元槽段等均须挂牌，标明泥浆各项性能控制指标；③每批新制泥浆均须进行主要性能指标检测，达到要求后方可使用；④对泥浆池中合格泥浆，坚持连续检查，记录供浆量和抽查结果，以备施工考察；⑤回收泥浆经过调制处理达到标准后方可重复使用，对性质已恶化的泥浆予以废弃，废弃泥浆运送到业主指定地点集中排放。

【专家提示】

★ 通过合理的分区分段，施工过程中采取创新成槽工艺、优化钢筋笼吊装方案、严格控制泥浆质量等措施，武汉绿地中心项目基坑工程的165幅地下连续墙顺利吊装并浇筑，实现了安全生产零事故，且质量良好、无严重渗漏情况，收获丰富施工经验的同时，取得了良好的工期和经济效益。

专家简介：

刘波，某公司总工程师，高级工程师，E-mail：22174686@qq.com

（四）典型案例4

技术名称	深基坑逆作法地下连续墙施工技术
工程名称	合肥市某深基坑工程
工程概况	本工程位于合肥市传统商业区域，东临花园街、南临省总工会、北临安庆路及市中心广场，占地约17.59亩(1亩=666.67m²)，规划总建筑面积约16万m²，其中主楼地上45层，辅楼16层，裙房9层，地下5层，主楼为人工挖孔桩基础，辅楼及裙房为钻孔灌注桩基础。地下室采用逆作法施工，开挖深度约22m，地下连续墙外侧周长约410m，厚度1m，共分为77个槽段，墙顶标高为－3.200m，此标高以下深度25.75m。基坑平面及周边环境分布如图3-111所示

【地质条件】

场地属于第四纪地貌形态为南淝河一级阶地地貌单元，其地面吴淞高程为16.190~17.290m，最大高差1.10m。场地地层构成从上至下为：①杂填土、②黏土、③粉质黏土（黏土）、④₁粉土夹砂、④₂粉土夹砂、⑤₁强风化泥质砂岩、⑤₂中风化泥质砂岩，场地

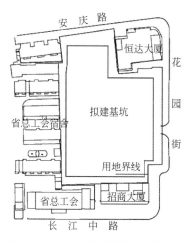

图 3-111 基坑平面及周边环境分布

各土层主要物理力学指标如表 3-22 所示。

场地土层主要物理力学指标 表 3-22

土层	层厚 /m	层底绝对标高/m	土层状态	含水量 ω/%	重度 γ/ $(kN \cdot m^{-3})$	孔隙比 e	抗剪强度标准值 ϕ_k/(°)	抗剪强度标准值 c_k/kPa
①杂填土	2.80~6.90	9.390~14.360	松散(软塑)		18.5		15.0	—
②黏土	1.10~2.90	9.090~11.560	硬塑、干强度高	22.4	19.6	0.707	15.7	67.6
③粉质黏土(黏土)	2.90~6.40	4.170~8.180	可塑、标贯 13.8 击/30cm	24.0	19.3	0.750	12.0	40.0
④₁ 粉土夹砂	3.10~6.80	−0.010~2.610	中密(可塑)、标贯 19.4 击/30cm	18.9	19.8	0.637	18.0	16.0
④₂ 粉土夹砂	2.70~5.40	−3.910~−0.810	中密(可塑)、标贯 19.4 击/30cm	21.1	20.0	0.646	20.0	15.0
⑤₁ 强风化泥质砂岩	1.00~3.80	−7.010~−3.310	中密~密实、标贯 36.5 击/30cm					
⑤₂ 强风化泥质砂岩		未钻穿	密实(坚硬)、标贯 61.2 击/30cm 较坚硬、较完整、极软岩 $R=1.89$MPa		22.3			

场地①杂填土中埋藏有上层滞水;④₁、④₂ 粉土夹砂层中埋藏有承压水,水量较大;⑤₁、⑤₂层中埋藏有裂隙水。其补给来源主要由大气降水及地表水渗入补给,其水位在不同季节略有变化。勘察时测得混合静止水位埋深 0.90~1.50m,水面标高为 15.420~15.630m。

【施工重难点】

本工程基坑开挖深约 22m,地下连续墙外侧周长约 410m,墙趾位于⑤₁ 强风化泥质砂岩中 7m，属于深大基坑工程，地质条件及周围环境复杂，地下水量充沛，施工过程存在如何保证槽壁稳定、成槽垂直度等一系列施工的重点、难点，具体分析如下。

1）由表 1 可知，⑤₁ 强风化泥质砂岩和⑤₂ 中风化泥质砂岩泥质密实坚硬，给成槽带来较大难度，如何保证成槽垂直度、提高成槽效率、保证工期成为施工的一大难点。

2）① 杂填土中埋藏有上层滞水；④₁、④₂ 粉土夹砂层中埋藏有承压水，水量较大，极易产生流砂现象；⑤₁、⑤₂ 层中埋藏有裂隙水，其补给来源主要由大气降水及地表水渗入补给。根据合肥市同期雨量统计，施工期间雨量较大，对成槽过程中槽壁的稳定性带来不利因素，如何保持槽壁稳定，防止流砂、塌方成为难点之一。

3）场地周围环境复杂，基坑南侧邻近 18 层招商大厦净距约 5.3m、西侧邻近多层居民住宅楼最近处约 3.6m、东北角距恒达大厦最近处 7m、北邻安庆路、东邻花园街，周围管线密布，对沉降均较为敏感，如何采取措施，减少对周边道路、管道以及建筑物的影响是施工的重点之一。

4）地下连续墙分为 W-1 型（一字型）和 W-2 型（L 形），共 77 幅，槽段宽度 6m 左右，深度为 25.75m，钢筋用量大，钢筋笼最大质量达 28.7t，在起吊、下放过程中，对钢筋笼的稳定性、起吊过程的安全性要求较高。

5）接头采用十字钢板刚性接头，在混凝土浇筑过程中如何采取有效措施解决混凝土绕流问题，保证地下连续墙之间的接头质量是施工面临的另一难点。

【施工措施及控制】

1. 成槽设备

成槽垂直度要求达到 1/500，结合地下连续墙成槽的要求以及考虑到⑤₁、⑤₂ 土层密实坚硬的特点、工期要求，采用上部直接抓土成槽，下部先由旋挖钻引孔再由成槽机成槽相结合的施工工艺，因此，选择施工速度较快的抓斗式成槽机。

2. 成槽垂直度控制

选用的液压抓斗式成槽机本身具有一定的纠偏功能，能够保证垂直度达到 1/300（小于设计标准 1/500），在成槽过程中利用成槽机显示仪对垂直度进行跟踪监测，实时调整，成槽之后，利用超声波测壁仪对槽壁进行监测，有效控制了槽壁的质量和垂直度。

成槽工艺和成槽顺序是成槽垂直度的重要影响因素，关键在于控制抓斗取土的过程，保证抓斗在阻力均衡状态下成槽抓土。因此，确定单元槽段的成槽顺序为：一字形槽段先挖两边后挖中间，转角 L 形槽段先挖短边再挖长边，保证成槽过程中抓斗的阻力平衡，使成槽垂直度控制在有效范围内，成槽流程如图 3-112 所示。

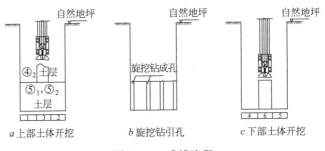

图 3-112　成槽流程

3. 槽壁稳定控制

地下连续墙成槽深度 28.5m，穿越两层承压水层，且④$_1$、④$_2$ 层间夹多层粉细砂，极易产生流砂现象，必须采取有效措施保证槽壁稳定。

1）考虑到①杂填土埋藏有上层滞水，含少量碎砖、石块、腐烂物及建筑垃圾等，局部可见淤泥质土，因此采用"┐┌"形整体式钢筋混凝土结构，导墙翼缘宽 600mm，厚为 300mm，肋厚 300mm，深 1.6m，采用 C25 混凝土，并配有双层双向钢筋，以此来提高导墙的刚度，保证槽壁稳定，导墙形式及配筋如图 3-113 所示。

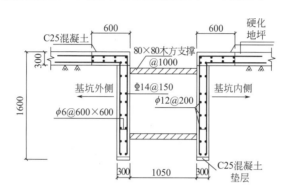

图 3-113　导墙形式及配筋

2）地下连续墙成槽之前，在两侧采取 $\phi650@450$ 水泥搅拌桩作为加固止水帷幕，外侧深 22m、水泥掺量为 22%，内侧深 18m、水泥掺量为 18%，隔断地下承压水，保证槽壁稳定，同时对减少周边沉降有利。

3）泥浆护壁是地下连续墙施工中槽壁稳定的关键因素，主要原理是利用泥浆从槽壁表面向土层内渗透到一定范围就黏附在土颗粒上，在槽壁上形成泥皮（不透水膜），在泥浆柱液面与地下水液面形成压力差的作用下，抵消失稳作用力从而保证槽壁稳定。根据实际试槽情况，对槽壁进行稳定性验算，最终确定施工过程中，泥浆液面不低于导墙 0.5m，相对密度控制在 1.10～1.15，黏度控制在 25～30s，及时对泥浆各性能指标进行检测。

4）槽段施工时，严格控制槽壁附近的堆载≤20kPa，起吊机械及载重车辆的轮缘离槽边＞3.5m，确保槽壁稳定。

4. 钢筋笼起吊控制

钢筋笼笼长 26.45m，最大质量约 28.8t，故对钢筋笼采用一次吊装入槽。钢筋笼有一字形和转角 L 形两种形状，其中 L 形钢筋笼为减小其质量、保证吊放时的稳定性，考虑接头一雌一雄布置。因此，选定 2 台履带式起重机（180t 作为主吊，130t 作为副吊），通过 BIM 技术模拟钢筋笼起吊、下放过程，结合安全性验算，确定 10 点吊方案，主吊起吊角度控制在 55°、副吊起吊角度控制在 45°～55°。同时设置 $\phi25$ 桁架筋、$\phi18$ 剪刀撑加强钢筋笼起吊过程的稳定性，减少钢筋变形，在顶部吊点附近加焊 2 根 $\phi32$ 横向加强筋，保证吊点的可靠性，桁架及吊点加强筋布置如图 3-114 所示。

【施工工艺优化】

基坑逆作法在上海、北京、天津等地应用广泛、施工技术成熟，但在合肥地区运用较为罕见，因此，在各地区施工经验的基础上，针对合肥地区的实际情况，对地下连续墙的

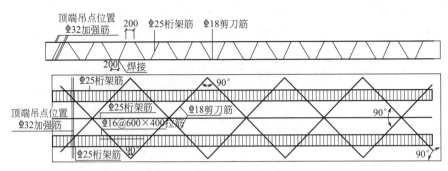

图 3-114 桁架及吊点加强筋布置

施工工艺进行了优化，保证地下连续墙施工质量的同时，降低了工程造价。

1. 成槽设备及成槽顺序优化

施工场地位于市中心，场地狭小，施工期内大型设备较多，为了保证在工期内完成施工任务，引入 2 台抓斗成槽机、1 台旋挖钻，2 台成槽机隔开一段距离进行成槽，减少了槽段之间的相互影响，减少集中变形，大大提高了成槽效率，缩短了每幅地下连续墙的施工时间。

2. 接头箱优化处理

设计采用十字钢板刚性接头，其具有传递槽段之间的竖向剪力、协调槽段之间的不均匀沉降以及良好的止水功能，由此，接头的处理尤为重要。一般情况下，采用马蹄形接头

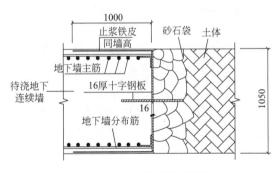

图 3-115　砂石袋代替接头箱

箱来保证十字钢板的接头质量，然而由于各种因素，接头箱不能及时运到施工现场。经业主、设计、监理、施工单位协商一致采用砂石袋代替接头箱，具体做法为：通过试验，选用级配合适的砂石放入编织袋，施工时，将砂石袋沿着十字钢板壁放入槽中，每隔 2～4m 用重锤将其夯实，使其与十字钢板之间密实，砂石袋代替接头箱如图 3-115 所示。这一做法避免了接头箱施工复杂、拔起振动影响接头质量等问题，有效解决了浇筑过程中混凝土绕流，利于十字钢板接头的清刷，保证接头止水效果。实际施工证明，此法提高了施工速度，降低了工程造价。

3. 水泥搅拌桩施工优化

设计采用 $\phi650@450$ 三轴水泥搅拌桩加固地下连续墙两侧土体，外侧为双排、内侧为单排。考虑到基坑西侧为多层砖混结构住宅，对施工过程产生的振动、沉降敏感，而三轴水泥搅拌桩在提升中会产生负压，易造成周边土体扰动，故采用 $\phi700@500$ 五轴水泥搅拌桩新技术代替原来的三轴水泥搅拌桩，如图 3-116 所示。这一优化取得了良好效果：节省造价 25%，施工速度快，缩短水泥搅拌桩工期 40%，对土体形成稳定的约束作用，降低土体的渗透系数，减少了周边建筑物、管道的沉降，根据监测显示，水泥搅拌桩施工期间西侧建筑物最大沉降仅为 1.33mm。

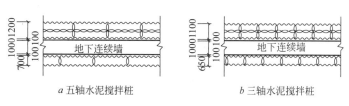

a 五轴水泥搅拌桩　　　　　　　*b* 三轴水泥搅拌桩

图 3-116　五轴水泥搅拌桩代替三轴水泥搅拌桩

4. 高压旋喷桩施工优化

设计在未施工水泥搅拌桩的地下连续墙接头处设置 $\phi800@600$ 高压旋喷桩，与地下连续墙外侧咬合 200mm。试钻之后发现，导墙两侧土质为杂填土，由于未施工水泥搅拌桩导致开挖后施工的导墙厚度约为 350mm，深 1.6m，且配有双层双向钢筋，钻孔机难以通过。提出两种解决方案：①考虑将其向外移动 200mm，避开导墙，通过试钻及计算，调整输浆压力 35～40MPa，输浆量 85～90L/min，旋喷桩直径可达 1.2m 以上，在水泥掺量不变的情况下可达到咬合 200mm，但水泥用量为 9.15t/根，增大 1 倍多；②采用破碎机将高压旋喷桩处导墙破碎之后再做高压旋喷桩，同样能达到设计效果。通过对经济方面的比较，采用方案 2。

【专家提示】

★ 1）五轴水泥搅拌桩的运用，加速施工速度，提升过程中不会产生负压，避免土体扰动对周边环境的影响，施工期间，未发生一例塌方、流砂事故，表明五轴水泥搅拌桩有效控制了槽壁稳定。

★ 2）砂石袋代替接头箱技术，操作简便，行之有效，避免了使用接头箱施工复杂、混凝土绕流影响接头止水效果等问题。

★ 3）地下连续墙施工完毕，监测结果表明，地表累计沉降最大为 6.67mm，建筑物累计沉降最大为 5.20mm，均在可控范围之内。

★ 4）后期对水泥搅拌桩、高压旋喷桩取芯抽检，28d 无侧限抗压代表值分别在 1.61～1.71MPa 和 1.58～1.59MPa，满足设计 ＞1.4MPa 的要求；地下连续墙声波透射检测表明，混凝土参数无异常，接收波形正常，符合完整性要求。

专家简介：

杨益飞，E-mail：hfut_yyf@163.com

（五）典型案例 5

技术名称	地铁深基坑工程施工案例分析
工程名称	上海市某地铁车站深基坑工程
工程概况	上海某轨道交通主体结构位于河南路下（见图 3-117）。车站南端头井南邻步行街，步行街下为地铁 2 号线河南路站，2 号线河南路站结构与本站南端头井最近距离约 8.97m，盾构与本站南端头井最近距离约 10.26m，与车站南端头井隔步行街相望的还有在建的宏伊大厦、老介福商厦等重要建筑。北端头井北邻宁波路，西侧为华东房地产保护建筑，最高 9 层，木桩基础，南北向长约 60m；车站整体横穿天津路，在其西侧为 155 号地块施工用地，新建地铁车站与 2 号线河南中路站实现地下通道换乘，此通道正位于 155 号开发项目下。车站设置 4 个出入口及 3 个风井。车站主体采用地下连续墙为围护结构，也作为主体结构的一部分，采用逆作法施工。主体结构外包全长 152.2m，宽 22.8m。车站主体结构采用 3 层双柱三

工程概况	跨钢筋混凝土箱形结构。底板、顶板及内衬墙均采用防水密实混凝土,除柱为 C40 混凝土、垫层为 C20 混凝土外,其余结构部分均为 C30 混凝土;地下 3 层内衬墙、底板抗渗等级为 P10,其余采用防水混凝土抗渗等级为 P8。采用Ⅰ、Ⅱ级钢筋,钢材均为 Q235 钢,车站防水以自身混凝土防水为主,采用含外加剂的防水防裂混凝土。车站采用双层复合墙结构,内衬厚度 600、700mm。 车站施工范围内市政管线较多,施工期间对管线进行了迁移与保护,并对其进行了监测,确保正常运行,从而不影响周围企业和居民的生产与生活。车站周边建筑物较多,车站基坑所涉及土层有较大流变性,加之坑开挖深度较深,基坑土体易变形、回弹,施工中对基坑进行了严密监测。 场地土层力学参数如表 3-23 所示,本场地浅层为潜水,主要补给来源为大气降水,常年平均地下水位埋深 0.50～0.70m。场地缺失第⑥层土,第⑦层为第 1 承压含水层,水位呈周期性变化,最浅埋深 3m,为了确保基坑开挖过程中基坑坑底的稳定性,设置了一定数目的降压井以降低承压水水位

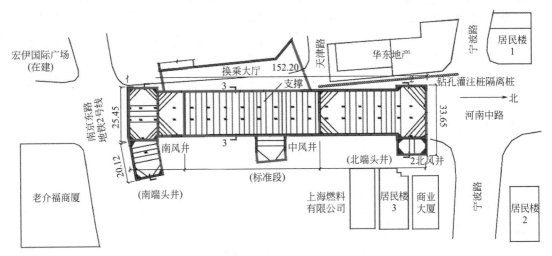

图 3-117 基坑周边环境平面(单位:m)

场地土层物理力学参数   表 3-23

层序	土层名称	层底深度/m	湿重度/(kN·m⁻³)	无侧限抗压强度 q_u/kPa	固结快剪峰值 黏聚力 c/kPa	固结快剪峰值 内摩擦角 φ/(°)	渗透系数 K/(cm·s⁻¹) K_h	渗透系数 K/(cm·s⁻¹) K_v
①₁	素填土	2.4	18.78	—	15.8	9.6	$4.9×10^{-6}$	$4.3×10^{-6}$
②₁	粉质黏土	3.4	17.00	—	16	17.0	$9.41×10^{-7}$	$3.02×10^{-6}$
③	淤泥质粉质黏土	9.5	19.73	37	12	19.5	$2.21×10^{-6}$	$4.48×10^{-6}$
④	淤泥质黏土	18.0	19.41	46	13	12.0	$3.34×10^{-7}$	$7.81×10^{-7}$
⑤₁	黏土	24.0	18.85	65	15	18.0	$2.94×10^{-6}$	$5.05×10^{-4}$
⑤₃	粉质黏土	42.0	19.30	70	17	24.0	$3.29×10^{-6}$	$7.13×10^{-6}$
⑤₄	粉质黏土	48.5	19.21	—	36	26.0	—	—
⑦	粉细砂	55.2	19.45	—	0	33.0	—	—

【基坑支护方案】

车站围护结构采用1200、1000、800mm三种规格的地下连续墙，南端头井地下连续墙深55m，北端头井地下连续墙深46m，标准段地下连续墙深43.0m。地下连续墙接头采用柔性接头，每幅地下连续墙设ϕ48墙趾注浆管2根，地下连续墙与结构采用钢筋接驳器连接。

车站南端头井开挖深度为26.09m，共设7道支撑，第1、3道为混凝土支撑，其余为钢支撑，下一层板框架逆作法施工。车站北端头井开挖深度为25.79m，共设7道支撑，第1、3道为混凝土支撑，其余为钢支撑，下一层板框架逆作法施工。标准段开挖深度为24.24m，共设7道支撑，第1、3、6道为混凝土支撑，其余为钢支撑，下一层板框架逆作法施工（见图3-118）。

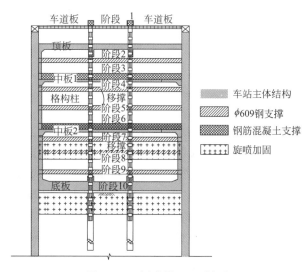

图 3-118　标准段 3—3 剖面

车站主体结构基础底部标准段每隔3m抽条加固，加固深度为坑底以下3m，其中封堵墙以北部分标准段第6道支撑底2.5m范围内及坑底以下3m范围内进行旋喷桩加固，南端头井第3，6道支撑底2.5m范围内及坑底以下3m范围内旋喷桩加固；北端头井第6道支撑底2.5m范围内及坑底以下3m范围内旋喷桩加固。南端头井ϕ850三轴搅拌桩加固，加固范围自地面以下32m内，地下连续墙成槽前必须加固完毕。在车站开挖前对端头井圆洞门外土体进行盾构进洞加固（三轴搅拌桩），开挖前须达到设计强度；地下连续墙与三轴搅拌桩之间的间隙（500～700mm）采用旋喷桩加固，在端头井施工完毕后，对盾构进洞前方进行加固。换乘大厅坑底下3m范围内三轴搅拌桩加固，加固宽度为5m，加固体28d无侧限抗压强度$q_u \geqslant 1.2$MPa。

【基坑施工方案】

基坑工程分为两阶段进行，第1阶段进行地铁车站主体结构（即南北端头井、标准段及换乘大厅）的开挖施工，第2阶段进行车站附属结构（包括3个通风井和4个出入口）的施工。基坑主体结构施工顺序为由两端先行施工，最后施工标准段及换乘大厅，这可以充分利用土体自身的拱效应，从而达到控制变形的目的。总体施工流程如下：进场准备、测量放线→通水电，场地平整，围挡，临时设施，施工便道，导墙→南、北端头井、标准段及换乘大厅地下连续墙施工→地基加固、立柱桩→降水井施工及预降水→开挖及支撑→盾构作业、主体结构施工→顶板防水及覆土、河南路翻交→南风井、北风井、中风井地下连续墙施工→地基加固→降水井施工及预降水→开挖及支撑→端头井盾构进洞，吊装孔；标准段内部结构施工→端头井封闭及顶板防水与覆土→出入口及风道施工→竣工验收。

【施工的主要难点及针对性措施】

1. 车站基坑开挖深度大，自身变形控制要求高

地铁车站主体结构为地下 3 层，其中端头井挖深 26.09m，标准段挖深 24.24m。另外，由于本基坑的地理位置敏感，周边环境复杂，保护建筑距离过近，所以控制基坑自身的变形至关重要。针对上述难点，采取如下针对性措施。

1）基坑采用下一层框架逆作，3 道混凝土支撑与钢支撑相结合，并进行抽条旋喷加固，以提高支护结构的刚度。

2）充分发挥"时空效应"优势，坚持"快挖快撑"原则。主体结构分为南区、中区、北区为 3 个相互独立的基坑，挖土、支撑施工严格按照"分区、分层、分块"的划分原则，坚持"快挖快撑"。

2. 对地铁 2 号线隧道的保护

车站紧邻正在运营的地铁 2 号线河南路车站和隧道，距地铁 2 号线河南路车站端头井最近距离 8.97m，紧贴 2 号线车站出入口，距隧道最近处仅 12.10m，施工过程中采取如下保护措施：①靠近 2 号线一侧，地下连续墙加厚至 1200mm 以增加围护刚度。地下连续墙深度加深至第⑧层，隔断⑦层承压水，采用坑内降承压水，以减少地下水位下降对隧道的影响。②在距隧道最近处 6.8m 处设置 1 排三轴搅拌隔离桩，结合盾构的进出洞门加固形成 5m 厚的缓冲保护区，有效减少基坑变形对隧道的影响。③隔离桩的施工严格按照运营公司的要求，在列车停运及具备监测的条件下进行施工。东西向地下连续墙的施工严格控制各工序的时间，缩短成槽及混凝土浇捣时间，减少各工序间搭接时间。每施工一幅槽段后隔一段时间再施工相邻的槽段，且保证"跳四隔一"的施工原则，从而减小成槽施工对 2 号线的扰动。④地铁 2 号线一侧围护结构每 6～10m 设置 1 根测斜管进行监测。2 号线隧道内部采用自动监测方式，及时监控隧道变形，采取信息化施工，严格控制各项施工参数。

3. 北端井施工对华东地产大楼的保护

车站北端头井西北侧距华东地产大楼约 7m，该大楼建于 20 世纪初，楼南侧为 5 层加高至 7 层，北侧为 7 层加高至 9 层，桩基为 13m 和 18m 长的松木桩，大楼地基极为脆弱。整个基坑施工期间，华东地产大楼南侧天津路保持通车，北区的四周施工场地十分狭小，并且北端井开挖深度达到 25.79m，对西侧的华东地产大楼会产生影响，因此需对华东地产大楼采取必要的保护措施：①施工前在距离大楼 2m 处打设 ϕ550 钻孔灌注桩（$L=$ 31m，共 70 根）。在地下连续墙成槽前必须施工完毕且达到设计强度。地下连续墙施工结束后根据实际情况，在 ϕ550 钻孔灌注桩与地下连续墙之间打设补偿注浆管，梅花形布置，共 3 排，孔间距 1m。坑内加固至第 2 层板底，增加被动土压力。采取下一层板逆筑的施工方法以增加围护刚度，从而减少对大楼影响。②为了减少施工过程中挖土机械及车辆动荷载对华东大楼的影响，设计增加北区 U 形栈桥，施工车辆在栈桥上开行，靠华东地产大楼一侧施工车辆空车进出，北区与华东地产大楼之间的土体不上重车，仅作为材料堆场使用，避免动荷载，以减少基坑变形。③施工过程中采取信息化施工，根据监测数据进行注浆，1个点打设2根注浆管，可根据需要分次、分批注浆。加强围护位移、大楼沉降等的监测。施工时注重施工控制，对坑外注浆施工可能造成的坑内支撑应力变化要特别加强监测，在注浆前与设计方沟通，经设计验算核定的注浆压力方可采用。

【基坑监测分析】

1. 基坑监测点布置

根据设计文件要求及工程实际情况，主要对距基坑开挖深度2～3倍距离范围的地下管线和主要道路的变形，坑外地下水位动态变化以及围护结构本身由于基坑开挖引起的变形和内力进行了监测。观测点主要布置在能控制到基坑影响范围内的主要道路、地下管线的位置及支护结构本身受力大的相对薄弱处。因此，在监测点布置时考虑了周边被影响环境的重要性、影响程度及支护结构形式、内支撑、基坑深度等因素。本次基坑监测内容包括：①周边地面、管线的竖向位移监测；②围护结构顶部的水平及竖向位移监测；③围护结构侧向位移监测；④深层水平位移监测；⑤支撑轴力监测；⑥立柱沉降/隆起监测；⑦基坑内外地下水位监测。测点布置如图3-119所示。限于篇幅，现选取典型的监测结果进行分析。

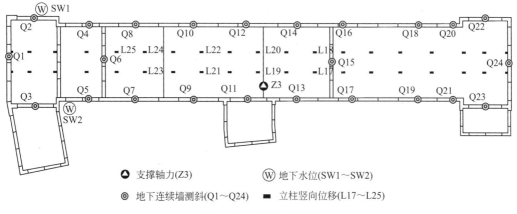

图 3-119　监测点布置

2. 基坑监测结果分析

（1）围护结构侧向位移

如图3-119所示，地下连续墙测斜点Q1～Q6位于南端头井，Q7～Q13位于标准段，Q15～Q24位于北端头井。根据监测结果，标准段除Q10测点外，其余测点地下连续墙的最大侧移均比南、北端头井处的地下连续墙侧移要大。这说明通过分块对南、北端头井分别独立施工，然后再施工标准段的做法，可以抑制长条形基坑的空间效应，形成较好的拱效应，以控制基坑变形。Q10测点与Q9测点相对应于同一个截面，它们一大一小，说明基坑标准段西侧的土压力要小于东侧的土压力，考察其实际施工过程发现，换乘大厅的施工是先于基坑标准段施工的，因此西侧Q10处土压力较小。

（2）立柱隆起

立柱的隆起，是由于基坑底部土体卸载回弹所引起的。标准段内立柱隆起的发展趋势如图 3-120 所示，从图中可以看出，标准段开挖过程中，立柱基本是不断隆起的，这是土体卸载回弹的必然结果。此外，发现在隆起过程中也有局部波动，这是因为上部支撑质量传递给了立柱，抵消了部分土体回弹。因此，从立柱的隆起可以一定程度上反映出基坑底部土体的卸载回弹情况。开挖之后，随着底板的浇筑，基坑底部土体的回弹受到抑制，加上底板自身的质量，土体出现一定程度的沉降，从而使得立柱也产生一定程度的沉降。

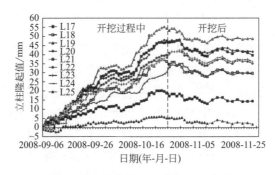

图 3-120　标准段立柱隆起时程曲线

（3）支撑轴力

标准段内 Z3 轴力监测点所得的支撑轴力发展趋势如图 3-121 所示。可以明显发现，Z3-1 和 Z3-5 的轴力远大于其余测点。Z3-1 和 Z3-5 均为钢筋混凝土支撑，因此，可以认为基坑围护结构的内力主要是由刚度较大的钢筋混凝土支撑来承担。Z3-3 也是钢筋混凝土支撑，但是并没有发现其轴力很大，这是由于 Z3-3 位于中板 1 附近，因此，其作用被板削弱（板是全断面存在，支撑是部分断面存在）。钢支撑由于支撑迅速，因此很快就会达到其设计轴力，随后其轴力大小基本保持不变。值得注意的是，3 道钢筋混凝土支撑的轴力也是在约 2 周内达到最大值，并在之后基本保持不变。

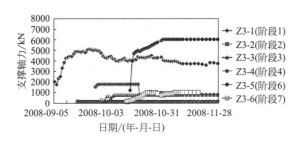

图 3-121　标准段内 Z3 测点支撑轴力-时间变化趋势

（4）周边建筑物沉降

上海燃料有限公司位于北端头井东侧，其测点布置及竖向沉降发展趋势如图 3-122 所示。从图中可以看出，上海燃料有限公司建筑靠近基坑北端头井一侧的测点沉降远大于远离基坑侧的沉降，并且由近及远显著减小，因此可以推断，基坑周边全局的地表沉降可能为三角形或 Peck 沉降槽型。

（5）地下水位变化

车站南端头井坑外地下水位变化趋势如图 3-123 所示，可以发现坑外地下水位与常年平均地下水位差异不大，这说明车站南端头井深度 55m 的地下连续墙已隔断承压水，止

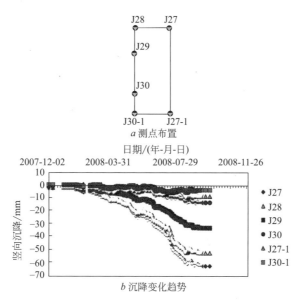

图 3-122 上海燃料有限公司测点沉降变化趋势

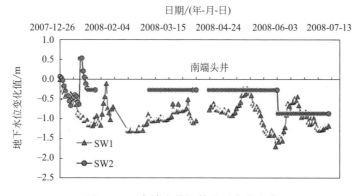

图 3-123 南端头井坑外地下水位变化

水效果良好。

【专家提示】

★ 1）本基坑工程开挖面积大，深度深，临近上海轨道交通 2 号线运营地铁，周边管线密集。车站主体结构施工采用分块开挖，先施工两边端头井再施工中间标准段，充分利用土体自身的拱效应，有效地控制了基坑围护结构、地铁车站以及区间隧道的结构变形。

★ 2）墙侧土压力主要由混凝土支撑承担，并且混凝土支撑轴力在 2 周左右会达到最大值，并基本保持不变。基坑底部土体卸载回弹引起的立柱隆起可以一定程度上反映出坑底土体的隆起，隆起量在底板施工完成后会出现一定程度的减小。

专家简介：

卫彬，E-mail：weibin_eryuan@126.com

第五节　基坑变形分析与控制

(一) 典型案例1

技术名称	基坑变形规律三维数值模拟研究
工程名称	太原市地铁2号线一期工程
工程概况	太原市地铁2号线一期工程正线全长23.38km,共设车站21座,均为地下线。其中,某车站总长为210.8m,标准段宽度为20.1m,车站顶板覆土厚度约为3.5m,底板埋深约16.89m,主体结构为全2层明挖车站。该车站所在街道为贯穿太原市区的交通干道,交通繁忙,管道密布。该车站位于汾河东岸河漫滩且地下水位较高,含水层以粉土、粉细砂为主,水文地质条件较差,施工时产生涌砂、边坡失稳的可能性大。总体评价工程地质条件较差。 基坑采用明挖法施工,墙顶设冠梁,车站主体部分为800mm厚地下连续墙,标准段基坑地下连续墙嵌固深度为8.5m。第1道内支撑采用800mm×1000mm钢筋混凝土支撑,第2道内支撑采用$\phi800×12$钢管,第3道内支撑采用$\phi800×16$钢管,横撑间距3.0m。钢支撑设计预应力:第2道钢支撑为400kN,第3道钢支撑为580kN

【开挖围护过程计算】

1. 数值计算模型

根据该地铁车站深基坑的工程背景、地质资料以及设计资料,基坑模型尺寸取为36m×21m×17m,地下连续墙入土深度为8.5m。由于基坑较长,如若选用实际长度模拟则会降低计算效率。整个模型为96m×172m×37m,共划分单元27972个,节点31350个。在地表施加布均布超载$q=20$kPa,模型侧面设置为0法向位移约束,上表面为自由边界,不予约束,底面为固定约束。

2. 本构模型及计算参数

选用Mohr-Coulomb模型模拟土体,空模型实现开挖过程的推进。地下连续墙为钢筋混凝土结构,采用各项同性的弹性模型。根据工程勘察报告,对土层进行简化,共划分8个土层。地下连续墙的弹性模量为30MPa,泊松比为0.167。钢管支撑弹性模量为200MPa,泊松比为0.3。

3. 计算步骤

本次模拟选择分段分层开挖,基坑开挖前必须先进行坑内降水施工,确保地下水位降至基底以下1.0m,计算分5个步骤进行。第1步:待围护墙达到设计强度后,开挖土体至第1道支撑下0.5m;第2步:浇筑第1道混凝土支撑,开挖土体至下道支撑下0.5m;第3步:安设第2道钢管支撑,加载预应力后开挖土体至下道支撑下0.5m;第4步:安设第3道钢管支撑,加载预应力后开挖土体至坑底设计标高;第5步:浇筑基坑底板。

【地下连续墙与墙后土体变形】

1. 地下连续墙侧向位移

每一步骤下,地下连续墙的侧向变形位移如图3-124所示。在前4个步骤下,地下连续墙侧移不断发展,在步骤5执行之后,地下连续墙有稍许回弹。地下连续墙最大侧移大

概发生在 $0.88H$（H 为基坑开挖深度），最大侧移为 22.68mm，约为 $0.13\%H$。最大侧移发展最快的 2 个阶段分别是在步骤 1 与步骤 2 之间、步骤 2 与步骤 3 之间，对应的开挖深度为 6.5、5m，相应的侧移变形增加量为 8.4、7.6mm，两者之和占最终变形的 70% 左右，由此说明无支撑条件下，基坑暴露时间越长，变形越大。对比步骤 4 与步骤 5 的变形曲线可以看出，浇筑混凝土底板之后，随着混凝土底板强度逐渐发挥，地下连续墙出现了向坑外的回弹变形。这说明及时浇筑基坑底板，可以在一定范围限制地下连续墙变形。

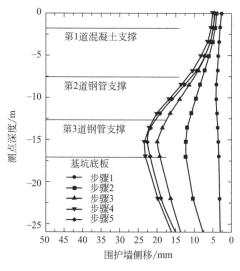

图 3-124　围护墙侧向位移

2. 墙后地表沉降

5 个步骤下墙后地表沉降的计算结果如图 3-125 所示。从图 3-125 中可以看出，墙后地表沉降与地下连续墙的侧移变化规律类似。地表沉降最大值发生在距离围护墙约 14.5m，约为 $0.85H$，基坑整体的沉降量偏小，为 $0.02\% \sim 0.04\%H$，最大沉降为 6.65mm。土方开挖引起的墙后地表变形范围较大，但是显著变形主要集中在 $2H$ 范围内，这符合凹槽形沉降槽预估曲线的基本规律。同样，地表沉降急速增长的 2 个阶段分别是步

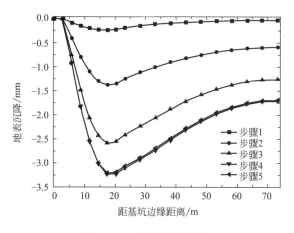

图 3-125　墙后地表沉降

骤 1 与步骤 2 之间、步骤 2 与步骤 3 之间，其对应的开挖深度为 6.5、5m，相应的地表沉降增加量为 2.52、2.43mm，两者之和占最终变形的 75％ 左右。由此说明，针对基坑整体性偏差的基坑，提前进行坑内降水与采用强支护可以有效增强基坑稳定性，减少墙后地表沉降；在条件允许的情况下，缩短支撑间的垂直距离、及时施作底板同样可以减小墙后地表的沉降量。

从图 3-125 中可以看出，墙后地表的沉降值在 4H 处并未收敛，这显然不符合基坑的变形规律，造成该情况的主要原因是本次模拟选用了较低级的 Mohr-Coulomb 模型。而该模型所需要的收敛范围大约是 8 倍的基坑开挖宽度，远大于 4H。针对该情况前人做过不同边界条件下的沉降对比，结果表明：不同约束条件下的沉降值除了在边界处差别较大外，在其他区域几乎相同。如果不关注远处地表沉降，适当减小模型宽度可以在保证计算精度达到要求的情况下提高计算效率。

3. 空间效应分析

图 3-126a 所示为位于基坑边角处（距基坑短边垂直距离 3m）的 1 组测点在 5 个步骤下的围护墙变形图，图 3-126b 所示围护墙侧移对比，图 3-126c 给出的是位于基坑边角处 1 组测点的墙后地表沉降位移，图 3-126d 所示为墙后地表沉降对比。

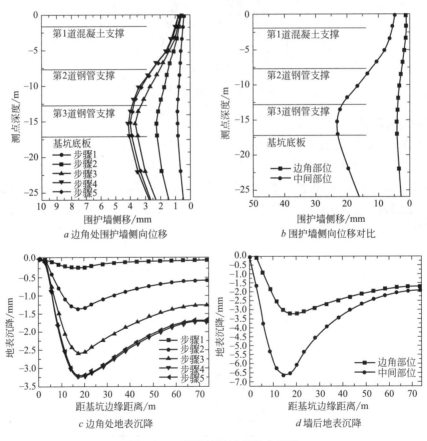

图 3-126　围护墙及墙后地表变形

从图 3-126a、图 3-126b 中可以看出，边角处围护墙在各步骤下的变形与中间部位几乎一致，同样最大位移发生在修筑底板之前。随着开挖深度加深，最大位移也逐渐向下发展，最终最大位移位于基坑底板以上约 1.5m 位置。但是边角处的数值计算围护墙最大位移值仅为 3.97mm，约为中间部位最大位移值的 17.5%。

关于边角处墙后地表沉降的位移值，从图 3-126c 图 3-126d 中可以看出，基本规律类似于中间部位的墙后位移，最大沉降为 3.2mm，约为中间部位最大沉降值的 48%，同样在 4H 处未能收敛。从图中可以看出，基坑开挖不仅会引起墙后地表沉降，还会形成地表隆起。但是最终表现为隆起的范围不大，隆起值较小，大多数位于 0~5mm 范围内且 <0.1mm。在土方开挖过程中，随着深度增加，测点由原来隆起值较小逐渐变为沉降。这是因为墙后土体受到的力是两种不同运动趋势的力综合作用的结果。一种是由于坑内土体的移除，围护墙向内挤压变形，土体也向坑内、向下变形；另一种是因为移除坑内土体相当于卸载作用，坑底土体向上浮动，带动小范围的墙后土体也向上运动。由于刚开始开挖深度较小，向上的力影响范围可以到达地表，此时墙后小范围的土体受到向上的力大于向下的力，此时表现为局部隆起。但是随着开挖深度的加深，向上的力作用范围到达不了地表，此时向上的力几乎可以忽略不计，可以看作是向下的力的全部作用效果。

从图 3-126b、图 3-126d 中可以看出，基坑边角处的围护墙位移与墙后土体的沉降和基坑中间部位差别较大，这是由于地铁车站基坑的长远大于其宽，对于该种长大基坑，空间效应更为明显。在基坑的边角处不仅受到水平支撑的作用，还有短边围护墙的约束作用、斜撑的限制作用，而中间部位受短边围护墙、斜撑的影响可以忽略不计，可近似看作水平支撑单一约束，故变形远小于中间部位。据此，监测点最好选在基坑中间部位，以便及时了解基坑稳定性状态。

【地表变形实测值与预估曲线】

由于基坑工程的复杂性，数值模拟不能同时考虑各种复杂因素对地表变形的影响。而现场实测数据是多种复杂因素综合作用效果的体现。太原市地铁建设刚刚开始，对数值模拟计算值与监测数据的对比分析可得出该地质条件下的地表变形规律，形成适用于太原特殊地质下沉降预估曲线，为今后太原深基坑工程的施工及变形预测提供超前指导以及参考依据。深基坑地表变形与地表沉降预估曲线如图 3-127、图 3-128 所示。

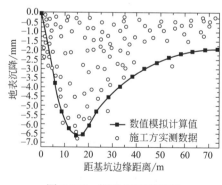

图 3-127　深基坑地表变形

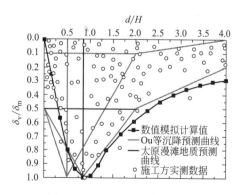

图 3-128　地表沉降预估曲线

从图 3-127、图 3-128 可以看出，数值模拟结果与现场实测数据基本接近，95% 以上的监测点在计算值的包络线以内，其余点与计算值差别较小，这反映了数值计算在一定程度上也可以发挥其作用，并且对传统的地表沉降预估曲线进行修正。在最低点右侧，由于模型收敛缓慢，计算值相对于实际值偏大，所以在最低点之后预估曲线并未包络计算点仍然符合要求。

【专家提示】

★ 1）太原市深基坑工程墙后地表变形表现为明显的凹槽形，最大地表沉降发生在墙后大约 $0.85H$ 处，距墙壁 $2H$ 以外变形微小。

★ 2）基坑开挖深度较小时，位于墙后 0~5m 内边角处局部测点表现为隆起，但是随着开挖深度加深，隆起值减小甚至发生沉降。

★ 3）基坑无支护暴露时间越长，墙后地表沉降越大。提高基坑的整体性可减少沉降差值，甚至回升。

★ 4）基坑变形具有明显的空间效应，边角处变形明显小于基坑中间部位。基坑边角处的围护墙位移与墙后土体的沉降为中间部位的 17.5% 与 48%。这在围护结构设计时可以考虑差异设计，节省造价。

★ 5）对于处于漫滩地区工程地质条件较差的基坑工程，提前半个月采取降水措施与强支护可以控制围护结构的变形与地表沉降，提高基坑的整体性。

专家简介：
于洋，E-mail：yuyang911113@qq.com

（二）典型案例 2

技术名称	深基坑变形综合控制技术
工程名称	天津周大福金融中心
工程概况	天津周大福金融中心位于天津市滨海新区，由主楼、裙楼、裙房 3 部分组成，主楼地上 100 层，建筑高度为 530m。基坑面积为 2.47 万 m^2，基坑开挖深度为 24.8、27.4m，最大开挖深度达到 32.3m，土方总量为 60.5 万 m^3（见图 3-129a）

【基坑支护概况】

基坑围护结构采用"两墙合一"地下连续墙，主楼区和裙楼区中间设置临时分隔墙。裙楼区与裙房区均采用"地下连续墙＋4 道支撑"支护形式，塔楼采用"环形支护桩＋5 道环梁"支护形式，如图 3-129b 所示。

【周边环境概况】

基坑南临第一大街，距基坑约 40m 处为市民广场；基坑西侧与新城西路相邻，距基坑约 43m 为别墅区；基坑北侧与广达路相邻，距基坑约 40m 处为 MSD 办公楼；基坑东侧与广场路相邻，距基坑约 50m 处为滨海新区公检法办公楼和检察院。基坑周边环境概况如图 3-130 所示。

基坑周边管线密集，有给水管、排水管、热水管线、有线电视管道、中压煤气管线、地下车道等，管线覆土厚度约 1.5m，最近的管线距工程支护结构外墙 3.3m，管线允许设计变形值为 ±20.0mm，基坑 1 倍开挖深度影响范围断面如图 3-131 所示。

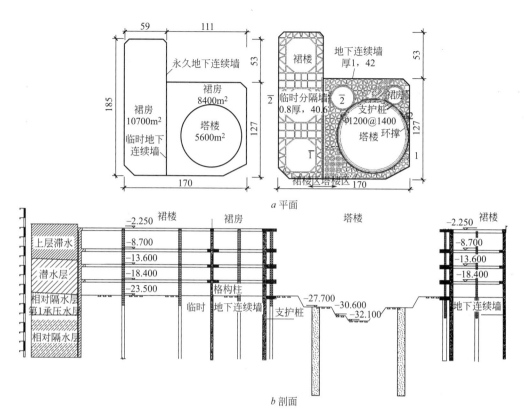

图 3-129 基坑支护平面与剖面（单位：m）

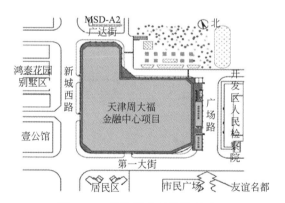

图 3-130 基坑周边环境情况平面

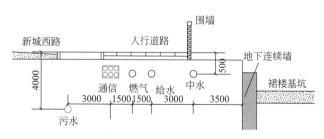

图 3-131 基坑周边管线断面

【基坑风险分析】

1. 周边环境变形情况

施工方进场时基坑地下连续墙及周边环境变形较大，部分已超过预警值，其中地下连续墙墙顶水平位移已达 25.1mm，周边道路沉降变形已达 24.8mm。如图 3-132、图 3-133 所示。

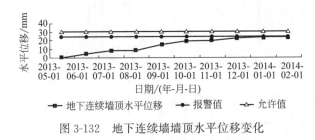

图 3-132　地下连续墙墙顶水平位移变化

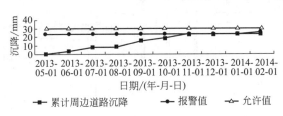

图 3-133　道路沉降变化

基坑西侧燃气管线累计沉降量已达 24.5mm（见图 3-134），燃气管线带压运行严重，存在安全隐患，直接影响经济开发区大范围居民正常生活，现场已被迫停工。

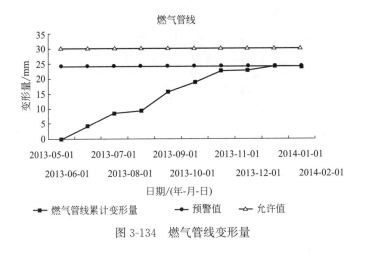

图 3-134　燃气管线变形量

2. 基坑风险分析

施工方进场时基坑西侧变形过大，已经接近报警值，对地下交通、建筑物、管线的正常使用造成巨大威胁，后期基坑变形控制更加苛刻。

【基坑变形综合控制技术实施】

针对基坑面临风险，现场变形综合控制技术具体实施如下。

1. 整体支护，分仓实施

先行开挖裙楼、塔楼基坑，裙房区暂不施工，作为被动土，有效地减少基坑变形，如图 3-135 所示。

整体支护，分仓实施，减小基坑空间，缩短用时，削弱"时空效应"，具体步骤如下。

1）第 1 步　施工整个基坑围护结构、竖向结构及首层水平支撑，如图 3-136a 所示。

2）第 2 步　塔楼、裙楼依次支撑开挖至底板并完成底板施工后，裙房区开始支撑开挖，如图 3-136b 所示。

3）第 3 步　塔楼、裙楼区主体结构继续施工，裙房区施工基础底板，如图 3-136c 所示。

4）第 4 步　塔楼、裙楼继续向上施工，裙房区地下室顶板结构完成，如图 3-136d 所示。

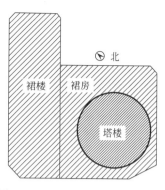

图 3-135　基坑分仓实施平面示意

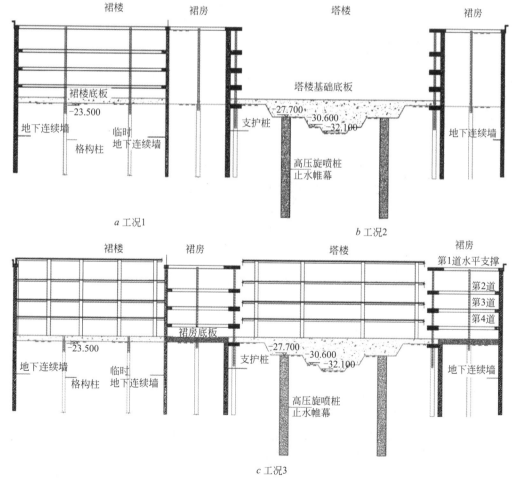

a 工况1

b 工况2

c 工况3

图 3-136　工况 1～4 剖面（一）

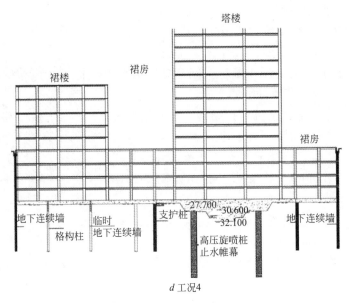

图 3-136　工况 1～4 剖面（二）

2. 支撑优化，兼作栈桥

现场首道支撑增加封板，优化为栈桥，如图 3-137 所示。这既解决了基坑刚度问题，控制了变形，又解决了场内交通和场地问题，同时也为环形支撑内塔楼结构优先施工创造了有利条件。

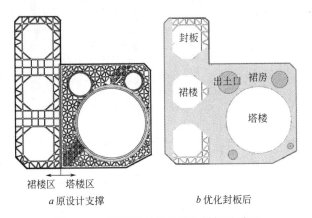

图 3-137　原设计支撑及优化封板后平面

考虑到封板栈桥上荷载要求后进行了三维有限元分析，结果显示其结构变形、结构受压、立柱压应力均在可控范围内。

3. 抽条开挖，超前对撑

鉴于裙楼基坑西侧道路、管线位移已超预警值，按常规方法施工基坑变形将继续增大。充分考虑软土基坑"时空效应"，施工中做到"超前对撑，抽条开挖，对撑先行，先施工中间后施工两端，两端混凝土采用微膨胀混凝土，缩短无支撑时间"，降低时间效应引起的基坑变形。

1）裙楼抽条开挖施工，施工按照①、②、③的顺序依次施工，如图 3-138 所示。

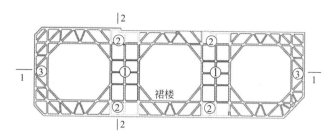

图 3-138　裙楼支撑体系施工组织流水示意

1—1 剖面流程具体如下：抽条开挖支撑对撑部位土方→开挖其他部位土方并封闭支撑梁。

2—2 剖面流程具体如下：先抽条开挖支撑对撑中间部位，并采用微膨胀快硬混凝土及时封闭对撑梁。

2）裙楼底板抽条开挖施工同对撑施工，先开挖对撑部位土方，迅速封闭此部分基础底板，然后施工其他部位土方及基础底板。

4. 环形支撑、岛式开挖

塔楼采用环形支撑、岛式开挖，先行开挖环梁部位土方，施工环梁，混凝土养护期间开挖其他部位土方，保证支撑、土方连续施工，加快施工进度，如图 3-139 所示。

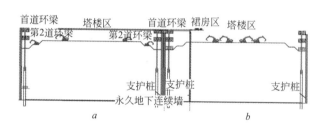

图 3-139　第 3 道环梁位置土方开挖及第 3 道环梁施工剖面示意

5. 对称盖挖、同步换撑

裙房第 2～5 步土方采用对称盖挖的方式，坑内水平倒土，栈桥垂直出土。将裙房区每步土方分为 8 部分，按照 1、2 的顺序依次对称开挖。盆式开挖，先角后边，如图 3-140 所示。

并随裙房土方开挖同步拆除塔楼环形竖向支撑支护桩，将地下连续墙荷载传递至塔楼环梁，如图 3-141 所示。

6. 超前转换，整体拆除

现场在地下室结构施工期间采用在临时地下连续墙开孔确保主梁贯通及次梁、楼板通过传力型钢的方式，做到超前转换，保证基坑内力平衡，如图 3-142～图 3-144 所示。

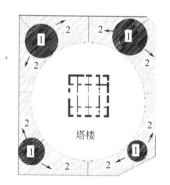

图 3-140　裙房区对称盖挖分段示意

首层结构板全部贯通，自上而下依次拆除各层临时地下连续墙，拆除至基础垫层底部

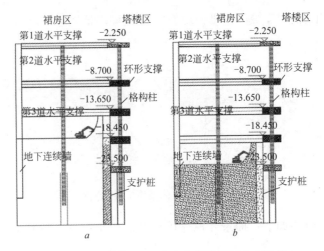

图 3-141 开挖第 4、5 步土方拆除该部分支护桩

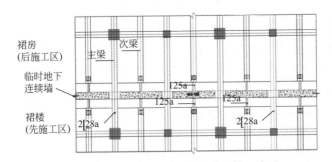

图 3-142 临时地下连续墙换撑平面

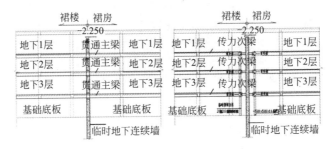

图 3-143 临时地下连续墙主次梁、板传力立面

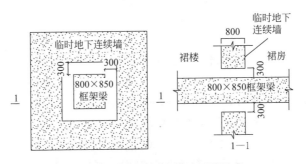

图 3-144 临时地下连续墙开孔示意

300mm 后自下而上依次贯通各层次梁、结构板。相比于传统边拆边连接主梁方式，减少拆除临时地下连续墙难度及时间，对后续工序影响小，具体拆除工况如图 3-145 所示。

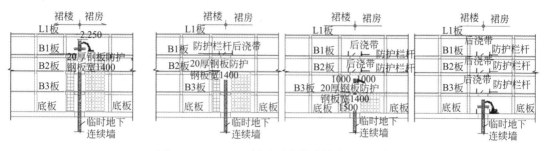

图 3-145　B1～B4 层地下连续墙拆除工况示意

地下连续墙拆除至基础底板垫层底部 300mm（见图 3-146），在地下连续墙拆除至基础底板完成期间有效利用降水井抽降地下水，确保作业条件及基坑安全。连接两侧防水层并有效搭接，设置橡胶止水条、止水钢板，此部分混凝土采用微膨胀混凝土，减少混凝土收缩变形引起的基坑内力失稳。底板封闭后，自下而上依次贯通各层剩余次梁、楼板，完成受力体系转换。

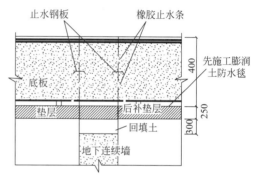

图 3-146　临时地下连续墙底部拆除施工节点

【专家提示】

★ 天津周大福金融中心工程基坑开挖面积大、深度大，且周边环境变形要求高，现场通过采用深基坑变形综合控制技术，减少了基坑面积，降低了施工难度，缩短了基坑无撑时间及暴露时间，增加了基坑刚度，有效地降低了软土地区的"时空效应"，从而控制了基坑变形。

专家简介：

裴鸿斌，高级工程师，E-mail：417146486@qq.com

（三）典型案例 3

技术名称	软土地区地铁车站超深基坑变形控制技术
工程名称	上海市某轨道交通车站
工程概况	上海市某轨道交通车站位于淮海路商圈，周边商业发达、交通繁忙，为地下 6 层岛式站台车站。地下一～三层为开发层，地下四层为站厅层，地下五层为设备层，地下六层为站台层。车站南端头井挖深 33.275m，北端头井挖深 32.973m，标准段挖深 31.423m。本车站基坑保护等级为 1 级。围护墙体最大水平位移≤0.1%H（H 为基坑开挖深度）。围护墙最大水平位移≤0.3%H，建筑物差异沉降（s/L）应<1/500，最大沉降在 20mm 以内

【工程特点与难点】

1. 前期地下障碍物范围广、埋深深

车站地处城市中心，场地范围内原建筑密度大，且在城市历史发展进程中经历了多次重建、改建和扩建，地下障碍物颇多，且埋深范围大。车站北侧施工范围内影响围护结构施工的主要障碍物为3座人防沉井和人防地下室，需要进行障碍物的清除工作，而这必然对土体造成较大扰动，后期施工时对基坑及周边的影响较大。

2. 地质复杂、软土地基地下水丰沛

车站建设场地分布有⑤₁c层、⑦层等粉性土、砂土，在基坑开挖时易产生流砂及管涌现象；同时存在埋深6.94m左右的第⑦层粉砂层承压水。因此在基坑开挖前必须采取严格的疏干承压水措施来确保基坑开挖安全，同时降水又不能对周边环境产生明显的不利影响，实施难度大。地质条件如图3-147所示。

3. 车站与周边保护建筑物距离近，保护要求高

车站周边保护建筑物众多，北端头井距离复兴商厦（6层混合结构，设1层地下室，原围护结构为$\phi600$、长10m钻孔桩，底板下为粉喷桩，桩长15m）最近距离约为14m；东南侧地下5层附属结构距离华狮购物中心（6层混凝土结构，地下室5.5m，原围护结构为$\phi600$、长15m钻孔桩）最近约10m。尤以东侧的淮海中路670弄民居以及西侧的卜令公寓最为敏感，分别距离最近基坑仅3～4m，房屋基础分别为放大脚基础和小方桩基础，且建成至今均已超过80年，房屋本身已存在局部倾斜、不均匀沉降、墙体开裂等现象。主体结构地下连续墙距离轨道交通1号线区间隧道30.2m。

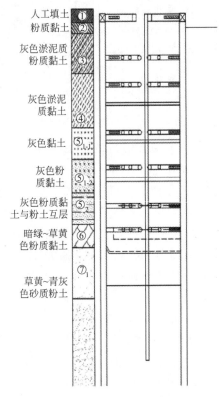

图3-147 基坑地质分布示意

【阻断承压水的超深地下连续墙施工技术】

由于本工程开挖深度深，若采用常规方案则降水井数量较多，降水周期长，不利于开挖，车站底板位于⑦层土上，底板堵漏困难，降水量大，基坑及周边变形量大。降水井布置如图3-148所示，降水井数量变化如表3-24所示。对原设计进行了变更，加深地下连续墙至隔断⑦层承压水，在坑外设置降水检修区，必要时回灌井定向补给。

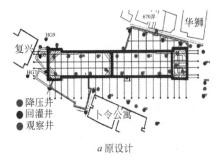

a 原设计

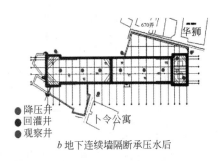

b 地下连续墙隔断承压水后

图3-148 降水井布置

降水井数量变化		表 3-24
方案对比	⑦层未隔断	⑦层隔断
降压井	19	8
回灌井	17	4
观察井	8	4

经过调整，地下连续墙最深处已达 71m，这在国内轨道交通工程中没有先例。鉴于工程计划地下连续墙深度大，对于常用的柔性接头和刚性接头施工过程中的锁口管、接头箱起拔工序的施工难度和施工风险在目前技术条件下是不可接受的，因此本工程地下连续墙采用铣接头工艺，减少超深地下连续墙渗漏水及其他成槽设备多次垂直上下对土体的扰动。为保证施工质量并减少对基坑及周边环境的影响，采取下列措施。

1）采用 MEH80150 型真砂成槽机和 BAUER 的 BC40 铣槽机，一期槽段采用抓铣结合工艺成槽，既能保证施工效率，也能保证成槽垂直度要求，且由于铣槽机施工不用重复多次直上直下扰动土体，而是一次铣槽至槽底，减少对周边变形的影响。成槽完毕后混凝土浇筑前，采用特制的接头刷在前一幅槽段的接口反复多次刷洗，去除夹泥夹砂，保证地下连续墙接头施工质量，减少由于墙缝、墙体渗漏影响基坑变形。

2）合理布置机械设备、材料堆放等，合理安排施工流程，成槽时槽壁附近尽可能避免堆载和机械设备对槽壁产生的附加应力，并减少振动。由于 400t 汽车式起重机、铣槽机等大型机械设备频繁在导墙附近活动，导墙做成 "] [" 形，并设置加强肋。采用 200 目钠基膨润土制备优质泥浆进行护壁，成槽时严格控制泥浆的液位，液位下落及时补浆，以防塌方。在距离建筑过近的地方，将泥浆液面抬高，泥浆密度在规范允许的条件下适当提高。增强槽壁稳定，减少塌方影响周边变形。

3）钢筋笼吊放。采用 1 台 400t 履带式起重机和 1 台 320t 履带式起重机配合共同起吊钢筋笼。由于钢筋笼较重，在制作钢筋笼时必须配置足够强度的桁架钢筋并且要保证焊接质量。由于钢筋笼太长，采用分节吊装，下节为构造钢筋笼，故 2 节钢筋笼间采用焊接连接，增加焊接施工人员以加快连接速度，减少槽段暴露时间和对周边影响。

4）混凝土浇筑控制。增加混凝土和易性，由于处于闹市区，适当增加控制混凝土初凝时间，保证混凝土浇筑质量。控制导管上拔与混凝土初凝时间间隔，避免导管过长初凝后难以拔出闷管，影响质量。

【精细化分层分块开挖控制】

基坑开挖期间是车站位移变化最为敏感的时间段，车站基坑开挖严格按照"时空效应"的理论，分层分段施工，并要随挖随撑。

1. 加强工序管理与衔接，遵循时空效应，控制变形

严格按照"时空效应"理论，采用分层、分段挖土。土方开挖分小段，根据平面 2~3 根支撑为 1 段的原则随挖随撑，剖面每 1 道撑为 1 层。开挖施工中做到快、准、稳。前期充分考虑到各种情况，做好策划，例如围护变形过大时的应急措施、降水井的布置位置及保护措施等，减少挖土过程中的突发状况；规定土方挖完后马上进行支撑施工，准确控制施工，减少重复劳动；支撑轴力按间距设定，稳定变形。以此提高开挖效率，减少基坑暴露时间。

2. 分解每层土方变形控制要求

根据理论推算每层土方开挖的围护变形理论值，分解至每块土方作为基坑开挖的控制指标，如表3-25所示。

变形控制要求 表3-25

开挖分层	层厚/m	端头井累计控制值/mm	端头井累计控制值/mm
第1层	1.50	2.58	2.54
第2层	5.20	11.57	11.43
第3层	3.60	17.33	17.12
第4层	3.70	24.02	23.72
第5层	2.22	27.57	27.23
第6层	3.10	32.05	31.65
第7层	2.30	35.09	34.65
第8层	3.30	40.29	39.79
第9层	2.40	45.01	44.45
第10层	2.85	49.48	48.86
第11层	2.60	50.82	—

【钢支撑自动应力补偿控制】

基坑共竖向设10道支撑，第1道为混凝土支撑，第4、6、8道为下3、下4、下5层板框架逆作，其他为钢支撑，其中第5道钢支撑需移位，除第9、10道钢支撑为$\phi800$（$t=20$）钢支撑外，其他均为$\phi609$（$t=16$）钢支撑。

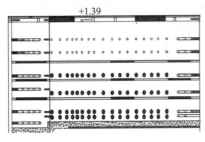

图3-149 自动伺服钢支撑布置

由于本工程基坑变形控制要求高，故在车站主体基坑第5、7、9道（双拼）钢支撑中的所有对撑均采用自动伺服钢支撑系统，协助控制基坑自身的变形，如图3-149所示。

钢支撑自动伺服系统是一套运用于深基坑钢支撑上，通过DCS系统对钢支撑轴力进行监测，并根据设计应力值自动增加或减少轴力的系统。

钢支撑轴力补偿执行系统主要由钢箱体、钢支架平台和千斤顶组成。可实现支撑轴力实时自动监测及自动补偿。在不同的挖土工况等情况下，地下连续墙受力情况以及支撑轴力是不一致的，需要多次轴力配合施加、复加以达到基坑位移变形的最小化。经过多次研究后总结出采用以下方式进行轴力加载最为合理。

（1）钢支撑预加轴力施加

自动伺服系统钢支撑在部分安装完成后，每施工1段围护体且未形成整个支撑体系之前（例如每幅地下连续墙通常为2根钢支撑进行支撑），进行支撑预加轴力的施加。

（2）钢支撑初始轴力施加

自动伺服系统钢支撑在整段围护体系安装完成后，进行初始轴力的施加。

（3）钢支撑的复加轴力施加

基坑1道钢支撑形成后，进行下挖工作。当挖至指定标高时，直至下一道钢支撑安装形成时。这一阶段，进行上一道钢支撑的复加轴力施加。当下一道支撑体系未形成时，复加的支撑轴力较大；当下一道支撑体系形成后，复加的支撑轴力适当减小。

【信息化施工】

由于本工程的复杂性、特殊性和环境保护的重要性，引入了自动化监测的先进技术，以获得即时、全面、连续的监测数据，并在第一时间对数据进行多种处理、综合分析，提供有价值的实时信息给决策部门。现在计算机技术的发展和测试仪器性能的提高为工程监测实现自动化提供了有力的支撑，对保障工程安全具有重要的现实意义，就经济效益来说，虽然一次性投入较大，但在监测范围内可最大限度地降低发生工程事故的可能性，实时掌控基坑变形情况，利于及时采取措施纠正，减少变形，其产生的隐性经济效益是巨大的。

【实施效果】

本工程主体基坑深度达32.775m，最终本超深基坑施工顺利完成，围护变形控制在50mm以内，优于预期目标。基坑周边建筑及管线设施的垂直位移量均在合理控制范围内。重点保护的老旧房屋累计沉降不超过45mm；重点保护的地铁1号线区间隧道无明显沉降，运营安全未受影响。

【专家提示】

★ 本工程施工时采取了铣接头工艺施工的地下连续墙隔断承压水、自动应力补偿钢支撑实时调控支撑轴力、精细化基坑开挖等措施协助控制基坑变形。最终本超深基坑施工顺利完成，从而有效控制地铁基坑及周边建（构）筑物的位移变形，确保了安全，取得了显著的经济和社会效益，值得推广实施。

专家简介：

周惠涛，E-mail：15193474@qq.com

第六节　基坑绿色施工技术

（一）概述

随着我国城市建设和改造的快速发展，为满足市民生活日益增长的出行、轨道交通、商业、停车等功能需要，结合城市建设改造开发大型地下空间已成为一种必然，也涌现出大量的深基坑工程。这些深基坑工程往往邻近既有建筑物，地下管网密集，人流交通繁忙，施工场地狭小，环境保护要求高。但深基坑开挖过程涉及对天然地基及既有建筑物地基的扰动、地下水形态的改变，极易对城市环境造成不可逆转的环境污染和破坏。为解决上述问题，推广城市深基坑工程的绿色施工不失为一个有效解决方案，已经成为我国建筑业的发展趋势。

（二）典型案例

技术名称	软土地区深基坑绿色施工技术
工程名称	上海市浦江镇某商办楼项目
工程概况	浦江镇某商办楼项目位于上海市闵行区浦江镇 125-2 地块东侧，占地面积约 1.4 万 m²，包括 4 幢地上 6 层单体，地下室为整体连通的地下 2 层车库和设备用房，基坑普遍挖深 9.8m，尺寸约为 260m×40m，总体呈南北狭长形布置。基坑采用钻孔灌注桩排桩结合外侧三轴水泥土搅拌桩止水帷幕作为围护结构，坑内竖向设置 2 道钢筋混凝土水平支撑（见图 3-150）。 　项目基地西侧约 12m 外为先期竣工交付的商品住宅项目，包括 33 幢多高层住宅及配套设施，已投入使用两年半，其余三侧均为市政道路，路面下有若干管线敷设，最近的为北侧的电力管线，距基坑边约 2.2m

图 3-150　项目效果

【工程特点与难点】

1. 地下水位较高

本工程位于上海软土地区，地下水位高，软弱土层深厚，场地周边敏感建（构）筑物较多，在此条件下开挖深基坑具有一定风险。历年来，由于降水不当引发地面沉降、管线破坏、周边建筑物倾斜等工程事故时有发生。因此设计和施工中应遵循"按需降水"的原则，在满足建设工程需求的前提下，尽可能节约、保护地下水资源。

2. 施工场地狭小

本工程基坑形状为南北向狭长矩形，且基坑范围达总占地面积 70% 以上，基坑边至工地围墙之间的距离较小（普遍在 2.5～3.0m），基坑以外场地不具备车辆设备停泊及作业条件，且现场可供机械及人员出入的施工大门仅为基坑东侧中部一处。因此本工程基坑施工阶段所有的机械停泊、材料堆场及车辆通行等均需布置在施工栈桥上。项目在基坑挖土正式施工前，需就挖土流向、机械布置等，结合栈桥设计对整个施工场地进行合理规划。

3. 文明施工要求高

本基坑西侧为已建住宅小区，其防尘、防噪、防污染等文明施工要求高；居住人员结构复杂，施工区域外来人员较多，围挡距离基坑较近。如何保证工程现场的安全文明，尽量减少对西侧已入住居民的影响也是本工程的重点之一。

【水资源保护与利用】

1. 止水帷幕完整性压顶梁优化设计

上海地处长江三角洲东南前缘，地下水资源丰富，浅部土层中广泛分布的潜水层一般厚度5～10m，年平均地下水位埋深在0.5～0.7m，本工程场地内潜水实测埋深仅为0.3～0.5m，井口水位照片如图3-151所示，地下水位较高。

为确保开挖施工安全、快速进行，在基坑周边设置了水泥土搅拌桩封闭性止水帷幕，以阻隔坑内外地下水含水层之间的水力联系，配合采用坑内降水方案，能有效降低开挖深度范围内的地下水位标高。此外，原设计压顶梁截面为常规尺寸1 200mm×700mm，在其支模浇筑过程中需破除顶部搅拌桩，如施工不当可能引起止水帷幕局部渗漏，甚至导致地面沉降。因此，在实施前对

图3-151　坑外观测井水位

压顶梁截面进行内收优化调整，截面宽度减少为1 050mm，既能保护顶部止水帷幕的完整性，又可利用止水帷幕作为侧模，调整后的内收压顶梁大样如图3-152所示。

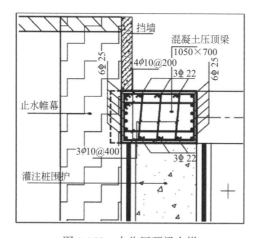

图3-152　内收压顶梁大样

2. 观测井复合利用

在基坑降水过程中，为达到"按需降水"的控制目标，避免因水位降低过多引起周围土体结构发生变化，造成周边建筑物基础下沉或倾斜、周边道路、管线沉降变形等，在基坑外侧周边，尤其邻近西侧小区，在基坑监测单位设置常规ϕ100的坑外水位监测点的基础上，每隔30m布设一口坑外水位观测井。同时便于及时发现围护体是否渗水，有利于预先处理。

在观测井设计中将其构造结合回灌井要求进行调整，即井管直径由100mm加至650mm，并结合支撑标高布置3段过滤器（见图3-153）。如此，除了能更为准确地反映降水期间坑外水位的实际情况，在紧急情况下可直接启动作为回灌井使用，以最大程度减轻地下水抽降对周边环境的不利影响。

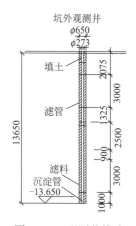

图3-153　观测井构造

3. 三级沉淀循环系统

本工程中的洗车池（见图3-154）采用了三级沉淀循环系统，将车辆冲洗的污水经沉

淀处理后，可重新用于绿化、降尘、冲洗、混凝土养护、砌筑抹灰和消防用水等（见图 3-155）。

图 3-154 洗车池

图 3-155 三级沉淀循环流程

【集约化栈桥设计】

1. 栈桥布置方案

本基坑形状为南北向狭长矩形，且正式的出入口仅东侧中部 1 处，为方便各区域开挖，在施工栈桥设计时，布置了东西向、南北向各 1 路的施工主栈桥。同时，为解决材料运输及堆放困难，在南北向栈桥适当位置增加 4 处次栈桥。栈桥平面布置如图 3-156 所示。

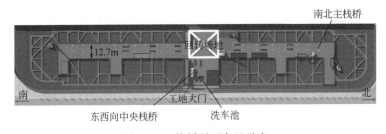

图 3-156 栈桥平面布置示意

2. 南北向主栈桥

在挖土阶段，为使土方开挖速率达到最快，需对施工栈桥及土方的水平运输路径进行合理优化。对于南北向的栈桥，将其有效使用宽度设计到 12.7m。保证一侧机械操作或零星材料堆放外，仍有 7m 宽的双向 2 车道。同时，在混凝土泵车占据 8～10m 路宽进行混凝土浇捣的最不利情况下，仍留有 1 条单向行车道。可大大减少各工种之间作业的相互影响。

3. 东西向中央栈桥

为加强车辆的有序通行，在场地中部连接施工大门设置了宽 27m 的东西向主栈桥，共计 3 车道，其中 2 车道为车辆进出的车道，1 车道为带有冲洗设备的出行车道。同时，在东西向栈桥西侧布置 1 块 27m×22m 的车辆回转场地，集中解决建材及土方运输车辆倒车、掉头的回转空间需求，其东部场地可作为材料堆放或临时停车使用。

4. 辅助设施结合性设计

为进一步提高栈桥的利用率，将现场辅助设施与施工栈桥进行有效结合。诸如，在东西向主出入口的出行车道上布置冲洗设备，在中央回转场地的西北角布置称重设备，降板空间设置草坪休息区（见图 3-157）。

图 3-157 辅助设施现场照片

【环境保护与变形控制】

1. 变形控制方案

（1）被动区定向加固

基坑西侧邻近已建住宅小区，保护要求较高，为进一步加强变形控制，该侧的被动区墩式加固体根据住宅楼的位置进行对应布置，以增强定向保护效果。

（2）上翻换撑梁

基坑施工中的最大变形往往发生在基础底板换撑完成后的拆撑工况下。在本基坑工程中，该工况下第 1 道支撑与基础底板之间的自由高度达 7.35m。为控制围护变形，在基础底板与围护结构之间，增设 1 道总高 1.55m 的钢筋混凝土上翻梁，以减少围护桩无支撑高度，改善整体变形（见图 3-158）。

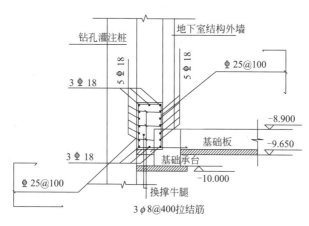

图 3-158 上翻梁大样

2. 灰尘污染控制

深基坑土方开挖施工阶段，挖土机械及运土车辆会产生较大扬尘，且本工程西侧邻近居民小区，为降低施工灰尘污染，现场设置了水雾喷淋系统，避免大风天气扬尘；配备了栈桥喷淋系统，定期对栈桥进行洒水作业；还购置了多台新型160°喷雾炮，在土方开挖区域进行定点除尘抑尘。

3. 噪声和光污染控制

为降低施工期间现场噪声污染，在基坑西侧施工了隔声屏，并配备了多个检测仪，力求将施工噪声对西侧住宅区的影响控制在合理范围内。此外，为降低支撑拆除阶段的环境污染，本项目拟采用低噪、少尘、微振的静力切割设备实施分段切割及吊离。

夜间施工时，现场照明灯配备定型灯罩，能有效控制灯光方向和范围，同时灯光照射方向均朝向东面，在保证施工现场施工作业面有足够光照的条件下，减少对周围居民生活的干扰。

【专家提示】

★ 1）地下水资源保护措施的实施，直接降低了工程的风险性，最大程度减轻了地下水抽降对周边环境的影响，产生了较好的社会、经济效益。

★ 2）通过对施工场地的科学布置及水平运输路径的合理设计，有效提高了土方开挖速度，较好地解决了场地紧张难题。

★ 3）结合方案设计、扬尘控制、噪声隔断及光污染截源等环境保护措施，保证了施工期间周边居民的正常生活，实现了建筑与环境的和谐。

★ 4）实行绿色深基坑施工是实现可持续发展的必要手段，对建设资源节约型、环境友好型社会具有重要意义，是社会发展的大势所趋。

专家简介：

钟铮，高级工程师，注册土木工程师（岩土），国家一级注册建造师，E-mail：zheng_zhong@scgtc.com.cn

第七节　基坑信息化施工

（一）概述

当前，随着城市建设的不断发展，高层建筑和地下轨道交通工程日益增多，由此产生了大量的深基坑工程，而且其规模和开挖深度不加大。在深基坑施工过程中，由于受到地下水位、地质条件、周边环境等多种不确定因素的影响，易发生坍塌事故，造成人员和财产的重大损失，因此对深基坑进行实时监测具有非常重要的意义。常规监测的方法是通过全站仪、水准仪等仪器对一些离散点进行测量，获得的数据采用文字、表格、二维曲线的方式来表达基坑变形趋势，这种方式无法让管理人员直观地看到整个基坑的变形时间趋势，很难迅速发现危险源，从而影响工程决策。近年来，BIM技术作为建筑信息领域的一项新兴技术，由于它的可视化、协调性、模拟性、参数化等优势，可以实现在基坑监测过程中能准确快速地提取变形敏感点和危险点，并能直观地展现基坑变形的细微程度，促进基坑监测工作的信息化发展。

（二）典型案例

技术名称	BIM 技术在临江深基坑监测中的应用研究
工程名称	汉口市某航运中心
工程概况	某航运中心位于汉口武汉关，设有 4 层地下室，基坑开挖最大深度 29.4m，基坑面积达 31000m²，土方总开挖量约 60 万 m³。场地土质主要是粉质黏土与粉土、粉砂互层。基坑距离长江堤岸最近处仅为 50m，地下水位受上层滞水及深层承压水位的影响，承压水位高度受长江水位高度控制，最高承压水位的绝对高程（黄海高程）可超过 23m，基坑开挖面已揭露承压水层。基坑外侧采用钢筋混凝土地下连续墙＋TRD 水泥土搅拌墙；钢筋混凝土地下连续墙作为基坑开挖的外围挡土结构，墙厚 1000mm 及 1200mm，平均深度 47m；TRD 工法施工水泥土搅拌墙至基岩作为落地式止水帷幕，帷幕宽度 850mm，深约 57m。基坑设置 4 层钢筋混凝土内支撑，每层支撑采用双圆环的布置形式，2 个圆环半径分别为 64.5、75.2m

【基坑监测方案】

1. 监测项目

现场监测采用仪器监测与现场巡检相结合的方法，对项目基坑围护结构及周边环境、基坑内支撑监测点进行布置。

（1）仪器监测项目

根据 GB50497—2009《建筑基坑工程监测技术规范》规范相关要求、项目特点及实际情况，基坑工程仪器监测项目主要有以下几项：①围护墙顶部的竖向、水平位移；②围护墙、TRD 连续墙、土体的深层侧向位移；③内支撑轴力；④立柱、基坑周边地表、临近建（构）筑物的竖向位移；⑤围护体系、内支撑、临近建（构）筑物和地表裂缝；⑥基坑内、外地下水水位。

（2）巡视检查项目

基坑工程巡视检查应包括：①支护结构；②施工工况；③基坑周边环境；④监测设施。巡视检查记录应及时整理，并结合仪器监测数据综合分析。

2. 监测报警值

监测报警值应由变化速率与累计变化值控制。报警前一般有预警通知，取报警值的 80％为预警值控制标准。根据设计要求和有关规范的规定，对上述各监测项目的报警值确定如下。

1）立柱桩顶竖向沉降　连续 3d 日变量超过±3mm/d，累计量超过±30mm。

2）支撑轴力报警值　第 1 道主撑 9000kN，圆环支撑 20 000kN，第 2 道主撑 12000kN，圆环支撑 28000kN，第 3、4 道主撑 16000kN，圆环支撑 36000kN。

3）基坑周边环境监测项目的报警值　①周边地面竖向沉降连续 3d 日变量超过 ±3mm/d，累计量超过±30mm；②邻近建筑物位移及沉降连续 3d 日变量超过±2mm/d，累计量超过±30mm；③地下水位日变量超过±300mm/d，累计量超过±1000mm。

【监测点在 BIM 模型上的实现】

利用 BIM 技术的可视化、可模拟、参数化优势，根据工程监控需求在基坑 BIM 模型基础上建立监测点专用族库，按照监测类型在模型中布置基坑的三维变形监测点，通过在监测点添加参数将工程监控数据与模型关联，利用 4D 技术即在 3D 模型中添加时间轴来实现 BIM 模型的实时监控，并根据监测点的色彩变化模拟实现基坑监测的预警功能。

1. 监测点在模型上的布置

利用 Revit、Tekla 等软件进行基坑建模，将基坑的形状、围护结构、周边环境建立三维模型，导入监测点布置平面图，根据各类监测项目监测点的平面和立面坐标，在模型中确定基坑的三维变形监测点的位置，并在 Revit 模型中给监测点进行编号。监测点的布置及编号如下。

1）围护墙顶部的竖向、水平位移监测，监测点应沿围护墙周边中部、阳角处布置，共布置 21 个压顶梁的垂直、水平位移监测点（WD1～WD21）。

2）围护墙侧向变形（深层水平位移）监测，布置在基坑混凝土地下连续墙中心处及代表性部位，共布置 10 个监测点（HX1～HX10），深度为混凝土连续墙深度。

3）TRD 连续墙深层侧向位移监测，布置在基坑外侧周边连续墙中心处及代表性部位（CX1～CX8）。

4）基坑外侧土体深层侧向位移监测，布置在民生路 16 层大楼与基坑之间的土体中，共布置 3 个监测孔（TX1～TX3）。

5）内支撑轴力监测点设置在支撑内力较大或在整个支撑系统中起关键作用的杆件上，钢支撑的监测截面布置在支撑长度的 1/3 部位或支撑的端头，钢筋混凝土支撑的监测截面布置在支撑长度的 1/3 部位。每道内支撑设 9 个内支撑轴力监测点（ZD1～ZD9），4 道内支撑共设置 36 个监测点。

6）坑内水位观测设 6 个监测点（SWL1～SWL6），坑外潜水水位监测设计 11 个监测点（SW1～SW11）。

2. 监测点的色彩变化模拟

选用公制常规模型族样板将监测点做成一个"族"（见图 3-159），并给族添加对应的监测信息，将不同类型的监测点的族在 Revit 模型中按照编号对应进行布置，使监测点在模型中可视化（见图 3-160），利用 Revit 族函数中的 If 函数将监测数据与报警值进行关联来控制监测点族的颜色变化，并根据监测点的颜色来指导施工。

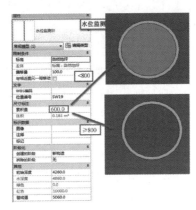

图 3-159　建立监测点的族

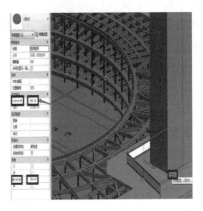

图 3-160　在模型上布置监测点的族

按照监测项目的分类，将不同类型的监测结果在 Excel 中按照时间轴进行整理，并通过 If 函数将每次的监测结果与报警值进行比较，对于小于预警值的监测数据，在 Excel 中对应的"任务类型"一栏上显示为"安全"；大于预警值且小于报警值的监测数据，在对应的"任务类型"一栏中显示为"预警"；大于报警值的监测数据，则在对应的"任务类型"一栏中显示为"危险"。将处理完成之后的监测数据 Excel 表格另存为与监测点同名的 CSV 格式文件。

将 Revit 三维模型及基坑监测数据的 CSV 文件导入到 Navisworks 平台，通过 Navisworks 平台在 BIM 三维模型中添加时间轴进行 Timeliner 4D 仿真模拟，以动态的表现形式对基坑开挖过程中监测数据变化进行实时监控。

在配置选项中对"安全"、"预警"和"危险"的显示形式进行设置，监测结果危险区域在模型上显示为"红色"，预警区域在模型上显示为"黄色"，安全区域在模型上显示为"绿色"。在 Timeliner 选项中，通过模型中监测点的编码使监测点与监测时间及监测数据进行自动关联，按照时间轴模拟基坑监测数据的色彩变化，生成基坑的实时立体色彩模型，使监测结果在模型上呈现出色彩分阶的状态。同时，也可以选择一个或者多个监测点的数据，定向观察监测结果。

通过监测结果在 BIM 模型上的色彩变化模拟，直观反映基坑在任意时间点各监测区域的危险程度，实现对基坑变形、受力趋势的预测，动态调整基坑开挖顺序及施工方案，消除危险节点、排除施工过程中的冲突及风险、避免安全事故的发生。

【BIM 模型与 Web 相结合实现远程监控】

基坑工程相对于上部结构而言，由于地质条件的复杂多变性、岩土体性质把握的不准确性和工程的隐蔽性，使得工程设计在施工过程中需要不断变更，而依据则主要是从工程现场获得的各种信息，其中施工监测信息占有主导地位。监测信息具有监测项目多、监测频率高、数据量大、反馈要求及时等特点，借助计算机进行快速处理、及时反馈以优化设计和指导施工。

根据基坑监测需求开发的 Web 数据分析系统具有数据录入、数据存储、数据处理、数据查询以及统计分析等功能（见图 3-161）。在系统中录入监测信息，根据系统编写的程序自动对监测数据进行处理，生成相应的数据分析曲线。通过系统设置相应类别的报警值，在数据曲线中显示出报警区域，以便观察监测数据与报警值之间的关系，并能通过程序的筛选功能，将超过报警值的监测数据导出。

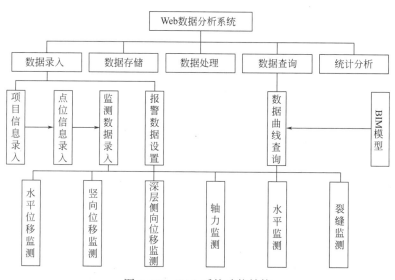

图 3-161 Web 系统功能结构

Web 数据分析系统采用 SQL Server 2008 数据库,能够持久化存储大量数据;采用 ASP. NET 4.0 框架,使用 C++语言,运用 3 层架构原理进行开发,网站运行稳定、效率高;页面使用 Bootstrap 响应式布局,布局简洁、条理清晰;采用 Highcharts 图表控件绘制曲线图,生成的图表格式规范。

1) 数据录入 Web 系统按照监测项目类别对录入界面进行设计,点击分类输入相应的监测信息。通过人工输入或者以图表的形式导入监测数据(见图 3-162),可以对监测数据进行添加、修改、删除等处理。录入格式兼有表格、文字、图片等,对施工、地质、气象和周边环境变化进行记录,保证监测信息的完整性,提高监测分析的准确性。

图 3-162 监测数据录入界面

2) 数据存储 Web 系统采用关系型数据库,可以存储大量的监测数据信息,数据结构清晰有序,支持以 Excel、Xml 等格式文件导出数据。

3) 数据处理 Web 系统将监测数据录入信息转换成程序能识别的数据格式,通过绑定到 Highcharts 图表控件的相应属性上,在程序内部对数据进行处理,计算各种变化量、累计量等,生成相应的数据分析曲线或图表格式文件。

4) 数据查询 利用 Navisworks 平台的"添加链接"功能,在监测点上添加调用 Web 系统导出文件的超链接,点击模型上任意监测点,Web 系统自动以窗口的形式展现该监测点的相关数据信息,包括监测点的监测数据图表、位移-时间曲线、速率-时间曲线、监测点现场图片信息等。如图 3-163 所示。系统可以查询任意时间段的监测数据,也可以放大查看曲线的区段信息。

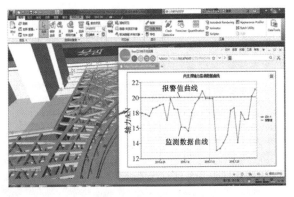

图 3-163 监测点链接 Web 数据分析系统

5）统计分析　Web 系统对各种类型的监测数据以及周边环境变化因素进行综合统计分析，用于判断监测数据变化量超过报警值的原因，并将超过报警值的监测数据按照规范要求并结合常用格式生成监测数据分析报告。

利用 Web 数据分析系统对监测数据进行自动分析处理，直观体现监测数据与报警值的关系，减少人工翻阅监测报告来计算监测点的变形值和变形速率的烦琐工作，提高数据处理效率，保证监测数据的准确性和有效性。

通过 Navisworks 平台的链接功能将模型中的监测点与 Web 系统导出文件建立联系，通过模型快速调取监测数据信息、数据分析曲线、监测现场照片等，在 BIM 模型的立体色彩环境下查看详细的监测数据信息，用来辅助判断基坑变形的原因及趋势。

【专家提示】

★ 1）利用 BIM 技术可视化、可模拟、参数化等特点，将工程变形监控数据与 BIM 模型关联，利用 4D 技术实现 BIM 模型的实时监控和预警功能，并将 BIM 模型与 Web 数据系统相结合，实现工程远程监控及信息化管理。

★ 2）通过在 BIM 模型中建立基坑的三维变形监测点以及监测点的色彩分阶展示，实现深基坑监控的可视化，以及在监测点上添加调用 Web 系统导出数据的超链接，促进互联网结合工程的实际应用，对智能监控和信息化施工起到推动作用。

★ 3）BIM 技术在地下工程中的应用主要集中在设计建造领域，研究如何将 BIM 技术在深基坑工程基坑监测以及信息化施工中进行深入应用，充分发挥其可视化、协同工作及资源共享等优点。

专家简介：

俞晓，E-mail：381766318@qq.com

第四章　土方开挖施工技术案例分析

第一节　滨海软土非对称深大基坑同步开挖施工技术

(一) 概述

近年来，随着城市建设的飞速发展，地铁、轨道交通换乘、地下通道、地下商业街等地下空间的改造建设也越来越多。在对城区地下空间综合开发的过程中，由于功能需求、利用深度的不同，出现了很多内部开挖深度不一致的非对称基坑。针对基坑开挖降水过程中支护结构变形性状及其引起的环境效应的研究大都基于开挖深度一致的对称基坑，然而非对称基坑支护体系的受力与变形往往比普通基坑复杂得多，支护结构承受荷载不对称甚至可能引起整体滑移，造成地面沉降等问题。且该类基坑往往地处闹市区，周边环境复杂，甚至紧邻河道或地铁；地层基本为饱和含水流塑或软塑黏土层，孔隙比及压缩性大、抗剪强度低、灵敏度高；并且基坑形状不规则，单一的中心岛式或盆式土方开挖方案较难适用。

(二) 典型案例

技术名称	滨海软土非对称深大基坑同步开挖施工技术
工程名称	上海市某大型商业住宅综合项目
工程概况	上海某大型商业住宅综合项目位于普陀区长风生态商务区内，占地面积约46300m²，主体建筑单体类型繁多，包括12栋多高层住宅及商业配套等，整体设1～2层地下车库，采用承台/筏板＋桩基础。 基坑平面形状不规则，基底高低落差复杂，开挖深度各异，主要由主体结构相连的地下一层区（南侧，23100m²，普遍挖深5.75m）和地下二层区（北侧，11430m²，普遍挖深10.05m）组成。建设方要求该项目的地下二层区和地下一层区的东南侧高层先期交付。基坑平面及其周边环境如图4-1所示

【工程地质概况】

拟建场地属滨海平原地貌类型，场地内的土层分布较为稳定，主要由粉砂土、黏性土、砂土组成，一般呈水平层理分布。基坑开挖所涉及的主要土层为①，②₃和⑤₁层；其中②₃层厚度较大，透水性强，易发生流砂问题；⑤₁层主要为软土层，状态软塑，压缩性高，抗剪强度低。表4-1给出了各土层的主要物理力学指标。

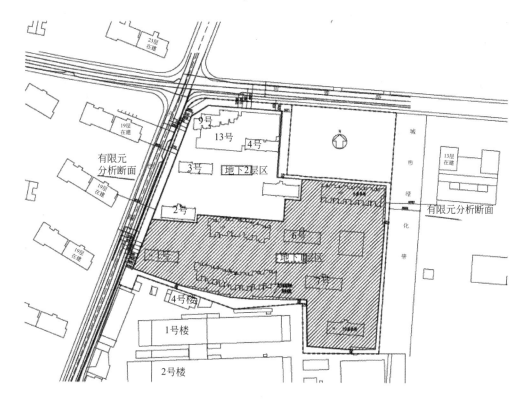

图 4-1　基坑工程总平面

土层物理力学参数　　　　　　　　　　　　　　　　　　　　表 4-1

土层编号	土层名称	土层厚度/m	重度/(kN·m⁻³)	抗剪强度(固快峰值)	
				黏聚力 c/kPa	内摩擦角 φ/(°)
①	杂填土	2.05	18.0	—	—
②₃₋₁	砂质粉土	2.64	18.4	4	30.5
③₃₋₂	砂质粉土	8.53	18.4	6	28.5
⑤₁₋₁	黏土	9.54	17.6	15	13.0
⑤₁₋₂	黏土	4.67	17.9	16	15.5
⑥	粉质黏土	3.61	19.6	39	19.5

【基坑周边环境】

基坑西侧和北侧均为现状道路，路面下埋设有一定数量的市政管线，其中最近的分别为西侧距坑边 8.7m 的高压管线，及北侧距坑边 12.3m 的电力管线；基坑东侧 50m 外有一在建医院；南侧距基坑最近约 6.7m 有多栋空置待拆厂房需重点保护。

【支护设计方案】

支护设计方案要根据实际情况，通过对基坑特点的分析，采用最优的设计方法解决基坑支护体系受力问题，并采取可靠的工程措施使基坑开挖对周边环境的影响最小化，同时尽可能地缩短工期、降低施工造价。

1. 总体方案设计

对于本工程基坑，明挖顺作法与逆作暗挖法均是可供选择的施工方法，考虑到基坑周边环境、空间条件尚可，综合施工便捷以及节约投资等因素，优先选择明挖法进行施工。

通常情况下，对于非对称基坑的内部交界处：当深、浅区高差≤4m时，可采用放坡、土钉墙或水泥土重力式围护墙作为支挡结构；当高差较大时，宜采用板式桩撑支护体系。本基坑内部地下一、二层区交界处高差约为4.3m，按照上海地区的工程经验和文件要求，交界处的支护结构首选钻孔灌注桩排桩结合内支撑的形式，可结合工程桩进行布置，不占用绝对工期，且具有较好的整体刚度。

此外，由于本工程地下一层区范围内建筑类型繁多、基础底板高低落差复杂，中心岛式开挖结合斜撑的方案难以实施，故在地下一层区也需设置钢筋混凝土水平内支撑，来传递和平衡作用在围护结构上的水土压力。

基于以上考虑，基坑开挖可供选择的施工方案主要有以下2种。

1）方案1　先深后浅，分区顺作。

方案1中，地下一、二层区分别独立支护，共用交界处的围护桩，最快在地下二层区施工完成地下一层结构梁板及传力构件后，可进行地下一层区的开挖（见图4-2）。

该方案能有效控制基坑变形，保护周边环境；但结构受力转换复杂，施工烦琐，交界处施工缝较多，不利于永久结构的受力与防水，且难以满足本工程业主的工期进度要求。

2）方案2　同步开挖，整体顺作。

方案2中，地下一、二层区统一布置第1道水平支撑，并在地下二层区增设第2道水

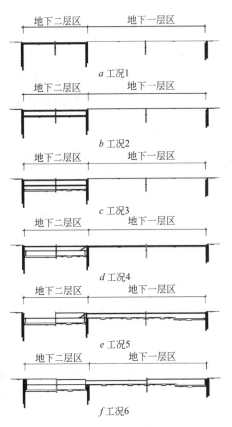

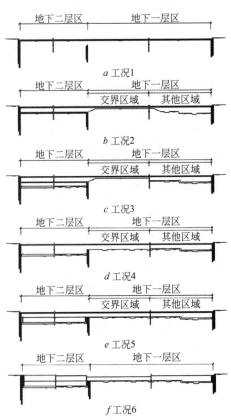

图4-2　基坑开挖工况示意（方案1）　　　图4-3　基坑开挖工况示意（方案2）

平支撑，通过在交界处留设足够宽度的土台使得两区能够同时进行土方开挖（见图4-3）。

该方案能有效缩短总工期，但由于基坑面积较大，第1道支撑的变形控制能力一般；交界处围护桩的顶标高降低至地下一层区基底，不仅节约了围护造价，而且使交界处的主体结构能一次成型，结构整体性较好。但是在方案实施中，对交界处预留土台的范围和挖除时机需仔细斟酌，并安排好分块开挖流程，以策安全。

基于以上综合分析比较，选定方案2作为本工程最终实施方案，施工便捷、经济合理、安全可靠。

2. 支护结构选型

本工程选用钻孔灌注桩排桩结合外侧三轴水泥土搅拌桩止水帷幕作为基坑围护结构，全基坑统一设置第1道钢筋混凝土水平支撑，地下二层区增设第2道钢筋混凝土水平支撑，支撑平面布置采用对撑、角撑结合边桁架的形式。

图4-4为基坑各区域支护结构典型剖面。

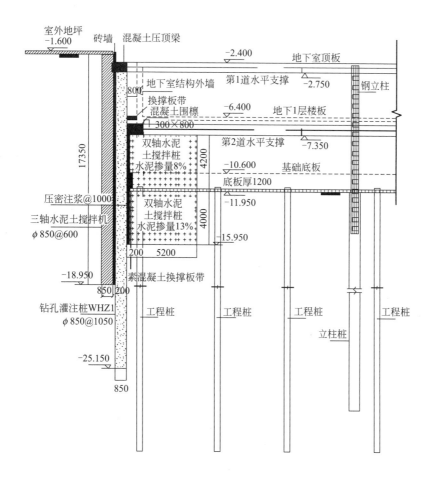

a 地下二层区支护结构剖面示意

图 4-4　支护结构剖面示意（一）

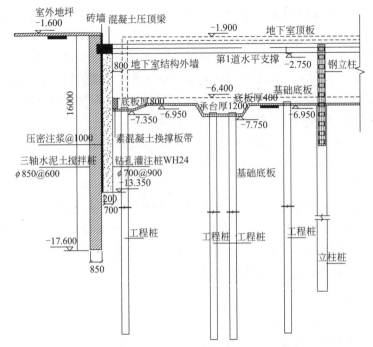

b 地下一层区支护结构剖面示意

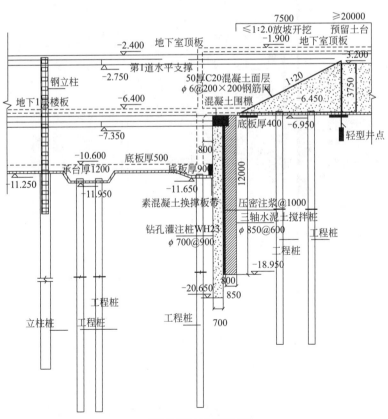

c 交界处支护结构剖面示意

图 4-4 支护结构剖面示意（二）

3. 数值模拟计算

对于非对称基坑，通过简化的荷载-结构模型按增（全）量法对围护结构进行计算分析时，仅能确定围护桩的受力情况，不能反映基坑开挖过程中周边建筑物、现状道路、地下管线等的变形性状。为此，本工程采用岩土工程有限元软件PLAXIS选取地下一、二层区全断面对开挖过程进行模拟分析。

1）计算模型及材料参数有限元分析中，土体采用适用于基坑开挖的硬化土模型，围护结构采用线弹性模型。在参数方面考虑：主偏量加载引起的塑性应变、主压缩引起的塑性应变以及弹性卸载/重加载的卸荷模量。

基坑外计算宽度为30~40m（即基坑开挖边线向外延伸4~5倍开挖深度），计算深度取地表下60m，并模拟与基坑最近的西侧高压管线。之后根据实际情况采用中等粗糙程度网格对模型进行划分，并对局部重要的点、线加密网格，有限元模型如图4-5所示。

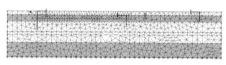

图4-5　有限元网格模型

2）基坑开挖工况有限元分析中分步降水开挖路径完全按照实际工况选取（见表4-2），并采用程序中的单元"生死"功能来模拟土体开挖和支护结构施工。

施工工序　　　　　　　　　　　　　　　　　　　　　表4-2

步序	地下二层区	地下一层区
1	场地平整，进行止水帷幕、围护桩及土体加固施工	
2	基坑预降水后，表层开挖、浇筑施工第1道钢筋混凝土支撑	
3	开挖至第2道钢筋混凝土支撑底，浇筑施工第2道钢筋混凝土支撑	交界处预留≥20m宽土体平台，其他区域开始挖土
4	开挖至基底，浇筑施工基础底板及换撑	交界处预留≥20m宽土体平台；其他区域开挖至基底，浇筑基础底板
5	拆除第2道钢筋混凝土支撑	交界处开挖，其他区域进行地下室结构施工
6	施工地下室结构	交界处开挖至基底，浇筑基础底板，并与地下二层区连通；其他区域继续进行地下室结构施工
7	拆除第1道钢筋混凝土支撑，施工完成地下结构	

3）图4-6、图4-7为基坑开挖至基底时的变形计算结果，地下二层区围护桩身最大侧移23.17mm，地下一层区围护桩身最大侧移20.04mm，交界处围护桩身最大侧移19.35mm，坑外管线最大沉降8.67mm，上述变形值对照规范允许的控制值均有一定余量，表明本基坑工程采用的设计方案稳定可靠。

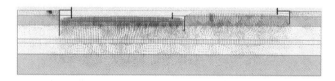

图4-6　开挖到底时芯体变形矢量

【实施与监测】

1. 实施情况

为了控制基坑开挖对周边环境的影响，掌握同步开挖过程中基坑各区域的变形性状，

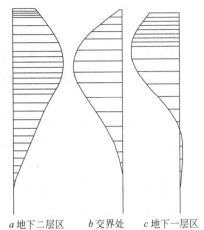

图 4-7　开挖到基底时围护结构变形矢量

a 地下二层区　　*b* 交界处　　*c* 地下一层区

在本工程实施中，对支护体系及其周边保护对象进行了详细的布点监测，确保基坑全程信息化施工。

2. 监测成果分析

1）围护结构侧向位移　图 4-8 为地下一、二层区具有代表性的测斜点在基坑不同施工工况下的侧向位移。可以看出，随着挖深的增大，各测点的侧向位移逐步加大，并在底板浇筑完成时达到最大值。围护结构侧向位移均呈两端小、中间大的形态，说明水平内支撑已经发挥作用；开挖至基底时，围护结构侧向位移迅速增大，最大变形点出现在坑底周围；底板浇筑完成后，虽然基坑挖深没有增加，但围护结构侧向变形仍有少量发展，这说明软土地层的流变特性对基坑变形的发展有一定影响。地下一、二层区的围护结构侧移最大值分别为 21.23mm 及 25.11mm，实测结果与数值计算结果吻合得较好，两者均表明，采用本工程设计方案可将基坑变形控制在允许范围之内。

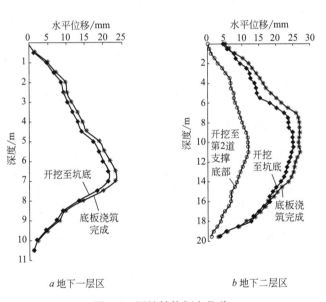

a 地下一层区　　　　　　　　*b* 地下二层区

图 4-8　围护结构侧向位移

2）邻近管线位移　图 4-9 为基坑第 1 层土体开挖至底板浇筑完成后基坑周边各地下管线的历时-沉降曲线。可以看出，电力管线、高压管线的历时-沉降形态基本相似。随着开挖深度的增大，各管线的沉降均发展较快，在底板浇筑以后仍有所增长，但趋势减缓。电力管线监测点的最大沉降发生在 D4 和 D6 测点，最大沉降为 24.58mm。高压管线监测点的最大沉降发生在 GY7 测点，最大沉降为 22.5mm。基坑施工期间，由于周边道路未采取保护措施、控制重车碾压，导致管线累计变形值偏大，但均处于正常运行状态，表明本工程的设计方案较好地保护了基坑周边的管线。

3）邻近建筑物位移　图 4-10 为基坑第 1 层土体开挖至底板浇筑完成后基坑周边建筑

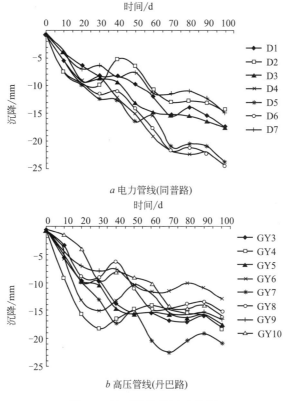

图 4-9　地下管线的历时-沉降

物沉降点的历时-沉降曲线。从图 4-10 中可以看出，随着基坑开挖的进行，各测点的沉降逐步增加，并在后期趋于平稳。图 4-10a 为 4 号楼测点的沉降情况，最大沉降为 14.86mm，位于测点 F1。图 4-10b 为 1 号楼测点的沉降情况，最大沉降为 13.44mm，位于测点 F5。表明本设计方案能较好地控制基坑施工对邻近建筑物的不良影响。

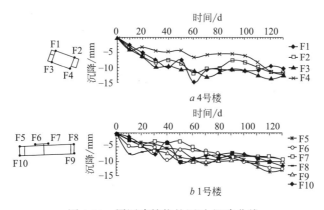

图 4-10　周围建筑物的历时-沉降曲线

【专家提示】

★ 本项目中的非对称深大基坑工程地处滨海软土地区，周边环境复杂，设计中以加快施工进度和节约工程投资为目标，结合实际情况，采用了"深区、浅区同步开挖，整体顺作"的总体方案。与常规做法相比,该方案能有效缩短工期,降低工程造价,且交界处主体结构能一次成型,结构整体性较好;但交界处预留土台的范围和挖除时机尚需结合更多的分析方法与工程实例进一步研究完善。

★ 为确保施工安全,基坑开挖的全过程进行了详细的布点监测,并将监测数据与理论数值及控制标准进行了对比分析。结果表明,基坑开挖引起的位移值均在控制范围内,周边建筑、管线也处于安全状态,基坑设计意图在工程实施中得到了较好体现,取得了良好的经济效益和社会效益。

专家简介:

林巧,国家一级注册结构工程师,E-mail:linqiao@scgtc.com.cn

第二节　城市中心紧邻地铁软土深基坑土方开挖设计与施工

(一) 概述

当前基坑工程的特点可以概括为"近"、"深"、"大"、"紧"。"近"是指基坑距离周围环境需要保护的对象近;"深"、"大"是指基坑开挖面积大,深度深;"紧"则是指基坑工程施工场地紧凑,施工组织困难。基坑工程能否顺利进行很大程度上决定了一个工程的成败。地下空间开发规模逐年增加,且位置多处于城市繁华区域。基坑开挖过程会引起周边建筑、地下结构及管线等所在位置的变形,从而影响上述保护对象的运行安全,一旦对周边建筑设施造成损坏,后果将十分严重。为了在基坑开挖过程中控制变形,减少对基坑周边环境的影响,对面积较大的深基坑多采用分区域、分阶段的开挖方法。通过对开挖时间、空间的设计,将基坑开挖引起的变形控制在安全范围之内。

(二) 典型案例

技术名称	城市中心紧邻地铁软土深基坑土方开挖设计与施工
工程名称	上海长宁来福士项目
工程概况	上海长宁来福士项目位于上海市长宁区长宁路以南、凯旋路以西区域,基底面积约60845m²,基坑开挖最深处达22m。场地地质条件复杂,局部为15～20cm厚水泥地坪,下部多以黏性土为主,开挖深度范围内存在浜填土,淤泥质土等较差土,部分土呈流塑状。潜水静止水位埋深一般在0.30～2.40m,承压水埋深分别约为7.2m和14.8m。基坑周边土体在开挖过程中易发生变形。 施工场地处于繁华市区,周边环境非常复杂(见图4-11)。轨道交通2号线整体贯穿本工程施工场地,区间隧道距本工程围护结构外边线最近距离约为10.0m。基坑东侧邻近轨道交通3号线高架,距基坑围护结构外边线最近距离约30.0m。场地内需要保留的钟楼被列为上海市第四批(三类)优秀历史保护建筑物,需要进行保护修复,作为永久保护建筑物,该建筑距基坑围护结构外边线最近距离约3.4m左右。本工程基坑东南侧为35层高层建筑,距本工程基坑围护结构外边线最近距离约15m;西侧为小高层住宅区,距本工程基坑围护结构外边线最近距离约18m左右;南侧为多层住宅区,距本工程基坑围护结构外边线最近距离约8m左右。基坑距离周边道路较近,周边道路下多分布有煤气、水、电力、信息等各类市政管线;且施工场地内有一居民过道穿越整个施工场地,过道下有众多管线且地面上还存在架空线。为了保障周边建筑设施在基坑施工过程中正常运行,对基坑变形控制有严格的要求。特别是地铁2号线保护等级为一级,为确保地铁在基坑施工过程中正常运行,变形控制要求为毫米级

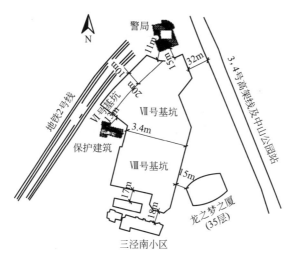

图 4-11　基坑平面示意

【开挖方案设计】

整个基坑根据埋置深度及上部结构划分为 13 个分区，Ⅰ～Ⅳ区位于地铁隧道西侧，余下各区位于地铁隧道东侧，该项目Ⅱ标段的Ⅶ号基坑围护结构为厚度 1m 的地下连续墙，内设 4 道钢筋混凝土内支撑，基坑面积约 9000m²，基坑形状不规则，开挖较深，周边环境复杂，施工难度高。为了保证基坑工程安全，土方作业之前进行开挖方案的设计。

土方开挖应将地铁保护放在首位：地铁结构的最终绝对沉降、隆起量和水平位移量＜10mm，施工引起的地铁结构变形＜0.5mm/d。古建筑物距离基坑较近，基坑开挖前已采用新增基础补强结合锚杆静压钢管桩托换的方式进行基础加固，但在基坑施工过程中，建筑不可避免产生沉降。开挖过程中应注意沉降的发展变化，特别是控制不均匀沉降，避免古建筑结构破坏。基坑北侧的警局大楼采用筏板基础，底部无桩基，基坑开挖易引起结构沉降倾斜，因此基坑北侧的开挖应注意警局大楼的沉降监测及结构安全检测。

按照"先远后近"分区盆式开挖支撑施工，各区应严格按照"分区、分块、对称、平衡、限时"原则指导开挖，及时形成对撑。加强设备投入和现场施工组织，制定分区、分块、土方量的详细施工方案，设计合理的出土线路并预留临时堆场，保证出土效率。

1. 开挖数值模拟

为了更好地把握基坑变形规律，在制定开挖方案之前，进行基坑开挖模拟。数值模拟中土体本构采用莫尔-库伦模型，计算参数通过地质勘察报告取得，主要参数如表 4-3 所示。三维计算模型如图 4-12 所示。基坑计划分 5 层开挖，设有 4 道内支撑，开挖过程可以划分为 9 个阶段：第 1 层土方开挖→第 1 道支撑施工→第 2 层土方开挖→第 2 道支撑施工→第 3 层土方开挖→第 3 道支撑施工→第 4 层土方开挖→第 4 道支撑施工→第 5 层土方开挖。

土层计算参数   表4-3

序号	土层名称	土层厚度/m	重度 γ/(kN·m^{-3})	黏聚力 c/kPa	内摩擦角 φ/(°)	压缩模量 E/MPa
1	①填土	0.90	19.0	5.00	5.00	0.22
2	②黏土	2.50	18.1	17.00	19.00	2.42
3	③淤泥质粉质黏土	2.60	17.5	11.00	19.90	2.32
4	④淤泥质黏土	7.70	16.7	12.00	14.30	1.32
5	⑤$_{1-1}$黏土	5.30	17.7	14.00	17.30	1.96
6	⑤$_{1-2}$粉质黏土	9.00	18.1	19.00	21.00	2.84
7	⑥粉质黏土	3.40	19.5	43.00	19.60	4.56
8	⑦$_1$粉砂	8.60	19.2	0.00	30.00	7.24
9	⑦$_2$粉细砂	6.00	18.8	0.00	34.00	8.94
10	⑧$_{1-1}$黏土	6.00	18.0	22.00	21.00	3.27
11	⑧$_{1-2}$粉质黏土夹粉砂	4.00	18.5	24.00	23.00	3.89
12	⑧$_2$粉砂	8.40	19.1	0.00	30.00	7.76

对基坑开挖过程进行有限元模拟，得到各个施工阶段的变形结果，图4-13给出了第1层土方开挖完成时，场地东西方向的水平位移，可以看出此时场地中出现了向基坑内部的水平位移，在基坑阳角处位移较大，开挖过程中应注意对这些位置变形的控制。

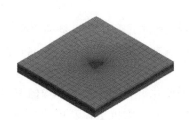

图4-12　Ⅶ号基坑
开挖过程三维计算模型

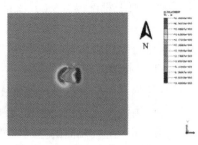

图4-13　Ⅶ号基坑第1层土开挖
结束时水平位移（东西向）

从第2层土开始，因为开挖深度加大，将采取分块开挖的方式进行施工，数值模拟中依据混凝土内支撑及栈桥的布置，按照盆式开挖的方式对第2层土进行了区域划分，分为如图4-14所示的16个区域，采用先中间后周边的方式进行分块开挖。

图4-15中分别给出了第2层土未分区开挖与分区开挖时，开挖面下部同一深度土东西向水平位移云图，在同一标尺下，分区开挖的方式会有效减少基坑开挖引起的土体变形，在土方开挖施工中可采取数值模拟中的分区方式分区、分块开挖。

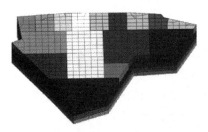

图4-14　Ⅶ号基坑第2层土开挖分区

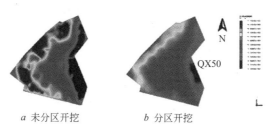

a 未分区开挖   *b* 分区开挖

图 4-15　Ⅶ号基坑第 2 层土开挖结束时深层土水平位移

基坑监测中，在图 4-14 中 QX50 处设有地下连续墙深层水平位移监测点，该处为较危险区域（角度较大，为 118°），水平位移发展较快，因此该处墙体的水平位移具有代表性。数值模拟中也取该位置绘制出墙体深层水平位移随深度变化曲线，如图 4-16 所示。可以看出，分区开挖与未分区开挖引起的墙体深层水平位移分布规律基本相似，采用分区开挖引起的水平位移最大值为 10mm，而未分区开挖水平位移最大值为 12mm，相差 2mm，随着开挖深度的增加这种差别会更加明显。采用分区开挖的方式，对基坑围护结构的安全及基坑的变形控制有益。

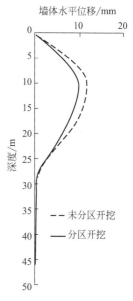

图 4-16　Ⅶ号基坑第 2 层土开挖结束时墙体深层水平位移

2. 分区开挖方案

依据基坑围护结构设计、变形控制要点及施工过程的数值模拟结果，制定基坑开挖方案。开挖剖面如图 4-17 所示。第 1 层土挖土深度为 1.50m，此时土的侧压力较小，考虑到施工进度的要求，采取全断面大开挖的方式。第 2 层土挖土深度为 5.50m；第 3 层土开挖深度为 5.10m；第 4 层土开挖深度为 4.00m；第 5 层土开挖深度为 3.00m。从第 2 层土开挖开始须按照图 4-18 中的设计分区按编号字母顺序依次开挖，严格实行"分层分块、留土护壁、限时对称开挖"，先形成中部支撑，然后限时开挖分块土方及浇筑支撑，从每分

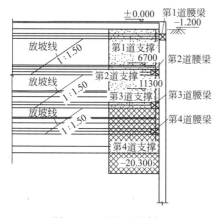

图 4-17　基坑开挖剖面

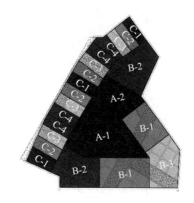

图 4-18　基坑开挖分区设计

块土方的开挖形成坑边支撑与中部已形成的支撑对接必须控制在24h内，最后开挖护壁剩余土体，将基坑变形带来的周边设施变形均控制在允许范围内。

为达到"盆式挖土"及"分层、分块、尽早形成支撑或底板"的目的，对每层土方进行分区、分块，每层土方具体挖土平面分块如图8所示。分块土方按1：1.5左右放坡，坑边留土平台宽度为12m左右。

考虑基坑出土的需要，基坑中设置栈桥，并进行出土路线规划，对空车及运土车辆的路线分别规划，保障交通顺畅，提高出土效率。

【土方开挖施工】

根据制定的开挖方案进行土方开挖施工，并根据监测结果进行方案的调整，第2层土开挖土方量约49362m³，土方开挖历时共17d。第2层土开挖期间QX50监测点水平位移最大值变化如图4-19所示，其发展可以分为几个阶段：4月5日之前为基坑中心区A-1，A-2开挖，对QX50处墙体影响较小；4月6日—4月7日为B-1块区开挖。由于B-1区临近测点所在墙体，这段时间墙体水平位移增长较快；4月8日—4月12日为B-2，B-3区域开挖，该部位靠近基坑东侧边缘，测点处位移有所发展但增速减缓；4月13日之后，形成混凝土内支撑，水平位移稳定。

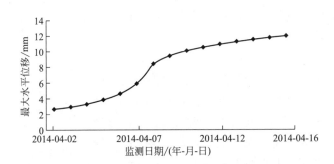

图4-19　第2层土开挖期间QX50测点最大水平位移变化曲线

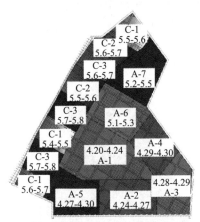

注：图中为分区编号和开挖时间

图4-20　第3层土分区开挖示意

第2层土开挖过程中监测数据表明，基坑东侧阳角处围护墙体的深层水平位移发展较快，其发展规律与开挖区域的施工顺序密切相关，因此在第3层土开挖时首先进行基坑中部土开挖，之后基坑周边土按照从东南角向西北方向依次推进的方式进行开挖，如图4-20所示。第3层土施工时间为19d，出土总量43410m³。

第3层土开挖，调整了分区及开挖顺序。从图4-21中的监测结果来看，2014年4月20—23日期间为中部A-1区域土开挖，引起QX50测点处水平位移的发展；2014年4月20—28日期间为基坑南部A-5、A-2区域开挖，测点处水平位移发展减缓；2014年4月29—30日为紧邻测点的A-4区域开挖直至5月2日位移发展较快，日变化量约为0.8mm，小于第2层土开挖时1.95mm的日均增量；

2014年5月2日A-4区域混凝土支撑施工完毕，该处水平位移的发展趋于稳定。

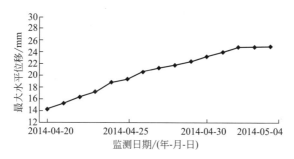

图4-21　第3层土开挖期间QX50测点最大水平位移变化曲线

　　基坑开挖区域的调整及施工顺序的改变有效地控制了基坑变形的发展。第4层土开挖时沿用第3层土的分区和开挖顺序。

　　第4层土开挖时间为2014年5月12日—6月2日。期间恰逢亚信峰会在上海召开，5月19日—5月22日工地停工。5月19日之前开挖A-1区域，位移如图4-22所示，发展较为平缓；5月19日—5月22日，处于停工状态，位移发展加快；5月23日—5月26日，恢复开挖A-2、A-3区域，位移发展继续加快；5月27日—5月29日，临近的A-4块区开挖，位移发展进一步加快；5月29日A-4区域混凝土支撑浇筑，至5月31日位移发展才有所放缓。自5月19日停工以后，位移保持1mm以上的每日增量，最高时达到2.4mm。第4层土开挖时间较长，造成了围护结构及周边土体变形发展较快，累积成较大变形，开挖及形成内支撑的时间对基坑变形影响明显。

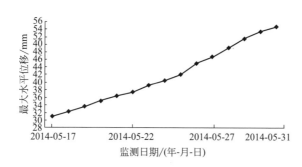

图4-22　第4层土开挖期间QX50测点最大水平位移变化曲线

　　第5层土加快开挖速度，迅速形成垫层。Ⅶ号坑土方开挖施工历时92d，虽然期间经历了亚信峰会以及中高考的停工，但是基坑施工并未引起基坑本身的危险以及周边建（构）筑物的破坏。开挖第2层土期间整个墙体水平位移在12mm以内，开挖第3层土期间变形在25mm以内，开挖第4层土是墙体水平位移呈现非线性增长最大位移达70mm，到第5层土开挖结束后最大达98mm，底板浇筑后最大达100mm，浇筑完成后变形趋于稳定状态。

　　Ⅶ号基坑开挖对保护古建筑有一定影响，但未出现不均匀沉降，底板浇筑完毕后变化趋于稳定。对于基坑北侧的公安局大楼，在开挖第3层土时开始出现不均匀沉降出现远离基坑测点略有抬升或不动状态，离基坑近的位置呈下沉态势。开挖第4层土时，差异沉降有所增大。开挖第 5 层土期间变形在－40～－3mm；垫层及底板施工期间变量在－46～－6mm，底板施工结束后 1 周变化趋于稳定状态，结构墙体未出现裂缝。由于Ⅶ号坑和地铁之间间隔有Ⅴ、Ⅵ号基坑，2 个基坑围护结构均已施工完毕（围护结构深 24m），对地铁线路影响不大，地铁 2 号线在开挖期间正常运行。

【专家提示】

★ 1）分区域分阶段的施工方法可以有效减少基坑变形，开挖区域的划分可以通过不同方案的数值模拟分析确定。

★ 2）基坑开挖及形成支撑的时间对基坑变形有较明显的影响，快速开挖、形成对撑是控制基坑变形的有效手段。

★ 3）不同的区域划分及施工顺序引起基坑的响应会有所不同，根据监测数据，合理调整开挖区域的顺序及时间能有效控制危险部位的变形对基坑安全有重要意义。

专家简介：

于艺林，E-mail：sohaveyu@qq.com

第三节　垂直爆破开挖技术在狭小区域深基坑施工中的应用

（一）概述

在岩石完整地层狭小区域的深基坑爆破开挖施工中，合理的爆破方案及爆破工艺可减少土石方量，控制深基坑周围岩石的断面形状，使得轮廓呈安全、稳定状态，减少地下结构施工工作量，也可避免因爆破产生的危害对周围环境造成不良影响。在重庆某电厂江边取水泵房土石方爆破及地下结构施工中，针对该工程施工难度大、工程周期短等不利因素，结合当地岩石的物理特性及该工程的特点，采取了垂直爆破开挖的施工工艺，取得了良好效果。

（二）典型案例

技术名称	垂直爆破开挖技术在狭小区域深基坑施工中的应用
工程名称	重庆市某电厂取水泵房地下结构
工程概况	重庆某电厂江边取水泵房地下结构为钢筋混凝土筒体结构，基坑开挖深度为 35.70m，地下结构外径 17.00m，内径 14.00m，基坑采取爆破开挖，设计为放坡爆破开挖。由于当地施工季节性较强，施工受长江水位限制及雨情影响较大，工期较为紧张，必须在一个枯水期内完成

【工程地质条件】

拟建场地上覆地层由第四系全新统残积、坡积层（Q_4^{el+dl}）构成，岩性为粉质黏土，可塑状态，层厚 0.40～1.40m；下伏地层为侏罗系沙溪庙组（J_{2sn}），岩性为泥岩、泥质砂岩。

泥岩为泥质结构，厚层水平层理构造。强风化泥岩呈碎块状，层厚 0.70～1.00m；中等风化泥岩呈块状，整体性良好，节理裂隙不发育。

泥质砂岩为细粒砂状结构，泥质胶结，厚层水平层理构造。强风化泥质砂岩呈碎块状，层厚 0.60~1.00m。中等风化泥质砂岩呈块状，整体性良好，节理裂隙不发育。

【爆破施工方案】

场地粉质黏土层采用挖掘机直接挖除，边坡取 1∶1.5，强风化岩石采用松动爆破开挖，边坡取 1∶1.5。中等风化岩石采用松动爆破垂直开挖，开挖深度 30m。

中等风化岩石垂直开挖前，先沿取水泵房周边打减振孔，孔径为 90mm，间距 500mm，均匀布置在与泵房同心直径为 17.2m 的圆上，孔底超过基底 30cm。

垂直爆破开挖时，采用电动或气动凿岩机成孔，人工装药。为控制垂直开挖的垂直度与几何尺寸，不造成筒壁的超挖，减少对边坡稳定性带来的不利影响，采用毫秒微差爆破技术，同心圆布孔，多钻孔、少装药，分段引爆，周边孔中间设置预裂孔，少装药，尽量保持爆破后的围岩完整，控制产生炮振、裂缝，保证围岩稳定，最后采用人工清壁。

【爆破效果】

垂直爆破开挖完成后，基坑侧壁岩面较为平整，垂直度符合规范要求，基本上无超爆、欠爆等现象，飞石控制在基坑内，确保了施工质量及安全。

【垂直爆破开挖工艺和放坡开挖工艺优缺点比较】

仅对垂直开挖部分，从土石方爆破开挖和混凝土结构施工两个工序进行比较，混凝土施工分 5 节完成，每节施工 5m。

1. 施工进度

在施工能力相同的条件下，即在相同的爆破能力、钢筋绑扎能力、模板安装能力及混凝土浇筑能力下，对两种施工工艺的工期进行比较。

垂直爆破开挖工艺主要工程量包括减振孔 108 个，石方量 6970m³ 及后续 5 节 25m 混凝土结构施工，其中模板安装为单面模板安装，具体施工工序的施工效率及工期如表 4-4 所示。

垂直爆破开挖及后续施工工序的施工效率及工期　　　　　表 4-4

序号	工序名称	施工效率	工期/d
1	减振孔施工	16 个/d	7.5
2	石方爆破开挖	300m³/d	23.5
3	钢筋绑扎	1 节/4d	20.0
4	模板安装、拆除	1 节/3d	15.0
5	混凝土浇筑	1 节/2d	10.0
共计	—	—	76.0

放坡爆破开挖工艺按 1∶0.3 放坡爆破开挖，主要工程量包括石方量 16550m³ 及后续 5 节 25m 混凝土结构施工，其中模板安装为双面模板安装，具体施工工序的施工效率及工期如表 4-5 所示。两种方式对比如图 4-23 所示。

放坡爆破开挖及后续施工工序的施工效率及工期　　　　　表 4-5

序号	工序名称	施工效率	工期/d
1	石方爆破开挖	300m³/d	55
2	钢筋绑扎	1 节/4d	20

序号	工序名称	施工效率	工期/d
3	模板安装、拆除	1节/6d	30
4	混凝土浇筑	1节/2d	10
共计	—	—	115

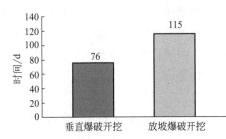

图 4-23　两种开挖方式工期对比

对比表 4-4、表 4-5 及图 4-23 发现，在石方爆破开挖部分，垂直爆破工艺虽然增加了减振孔施工工序，工期仍比放坡爆破工艺节省 24d，但放坡爆破工艺比垂直爆破工艺受空间限制小，可增加施工能力，缩短工期，土方回填可与其他工序交叉进行，不计入工期统计；后续混凝土结构施工部分，钢筋绑扎和混凝土浇筑需要的工期两种施工工艺基本相同，模板方面垂直爆破开挖后续施工为单面安装、拆除，节省约一半时间（15d）。可以说，在同等施工能力条件下，垂直爆破施工工艺优于放坡爆破施工工艺。

2. 成本

两种工艺所产生的成本如表 4-6、表 4-7 及图 4-24 所示。

垂直爆破开挖及后续施工工序产生的成本　　　表 4-6

工序名称	综合单价/元	工程量	合价/元
减振孔施工	10.00	3240m	32400
石方爆破开挖	24.40	6970m³	170068
混凝土结构施工	1108.94	2351m³	2607118
共计	—	—	2809586

放坡爆破开挖及后续施工工序产生的成本　　　表 4-7

工序名称	综合单价/元	工程量/m³	合价/元
石方爆破开挖、回填	24.40	26130	637572
混凝土结构施工	1108.94	2190	2428579
共计	—	—	3066151

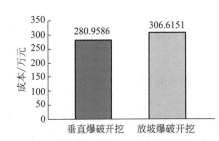

图 4-24　垂直爆破开挖与放坡爆破开挖成本对比

对比表 4-6、表 4-7 及图 4-24 发现，垂直爆破工艺增加了减振孔施工工序，增加成本 32400 元，同时加大了混凝土用量约 161m³，成本增加 178539 元，但大大减少了爆破开挖与回填的土石方量，共节省成本 435104 元。总的来说，垂直爆破工艺相比于放坡爆破工艺节省成本 256565 元。可以说，垂直爆破施工工艺优于放坡爆破施工工艺。

第四节 超深基坑土方开挖

(一)概述

随着软土繁华狭小地区的超深基坑土方开挖工程日益增多,如何克服类似土方开挖条件带来的诸多困难,保证人员及基坑安全,高效合理的完成土方开挖施工成为大家关注的焦点。结合某工程超深基坑顺利完成土方开挖施工的案例,总结了超深基坑在软土地区、繁华狭小场地、保护古建筑文物等多重困难下的施工技术措施。

(二)典型案例

技术名称	超深基坑土方开挖技术
工程名称	天津津湾广场9号楼工程
工程概况	津湾广场9号楼工程位于天津市和平区赤峰道、解放北路、哈尔滨道、合江路围合地块。津湾广场9号楼地上部分属于超高层建筑,框筒结构、桩基础。地上由70层高层主体(不含顶部造型)及4层裙房组成,建筑物下设置4层地下室,且地下室连为一体,地下部分功能为酒店配套用房和车库等。总建筑面积209500m²(其中,地下46500m²,地上163000m²)。本工程拟建物南侧地下室外墙距离红线最近处约6m,红线外为赤峰道。该侧与现有的工商银行(盐业银行旧址)主体结构外墙最近处距离约6.5m,该建筑年代久远,是中华人民共和国国务院批准的全国重点文物保护单位,被天津市人民政府批准为特殊保护等级历史风貌建筑

【超深基坑土方开挖概况】

本工程基坑开挖面积约10200m²,呈较规则多边形(近似于L形),短边59~99m,长边约139m,周长约438m。设计标高±0.000相当于绝对标高4.000m,现有地坪约为大沽高程3.700m(见图4-25)。塔楼坑深24.6m(坑底相对标高－24.900m);其他裙楼区域坑深21.8m(坑底相对标高－22.100m),工程地基持力层为粉质黏土层,厚度约5.5m,挖土总量约22万m³。基坑支护采用"地下连续墙＋混凝土内支撑",设4道混凝土内支撑,局部5道。局部封板,封板单位面积承载力为

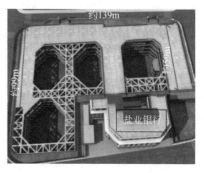

图4-25 现场BIM模拟

$30kN/m^2$。

本工程土方开挖开始时间为 2013 年 8 月 22 日，完成时间为 2014 年 7 月 10 日，经历 1 个雨期和 1 个冬歇期。

基坑开挖本着"分层、分块、对称、平衡、限时"的总体原则，大体上按照内支撑分段、分块开挖。总体分为 6 步开挖，中间穿插混凝土内支撑施工。

东亚运动会停工：2013 年 10 月 7 日—10 月 18 日，共计 12d；社会大环境影响停工：由于天津市严控雾霾，自 2013 年 11 月 1 日起，天津市区所有渣土外运被禁止，于 2013 年 12 月 22 日复工，共计 52d。

【施工重难点分析】

1）软土地区施工　由于土质本身较软，基坑开挖遇到海河古河道冲积层，该土层含水率高，渗透系数较小，长期降水对该层土无太明显作用，且基坑最大开挖深度达 24.9m，地下连续墙易出现渗漏、流砂管涌、土体坍塌滑坡、支护结构变形、承压水突涌。

2）对古建筑文物盐业银行的保护　本工程地处天津市繁华地区，周边相邻建筑较多，室外管网较多，特别是对古建筑文物盐业银行的保护，盐业银行的保护等级与故宫的等级一致，为最高等级。

图 4-26　内支撑与土方开挖关系

3）超深基坑的底部土方开挖施工　在第 6 步土方开挖过程中伴随大量的破桩作业，对土方开挖进度影响很大。另外，第 6 道因在第 5 道内支撑下方，土方开挖高度仅为 2.8m，挖掘机在第 5 道内支撑下作业空间受限，挖土效率必将大大降低，上部加长臂挖掘机更是无法挖掘（见图 4-26）。

4）土方外运的场内外交通组织　本工程场内场地狭小，难以堆放土方，因此土方外运的交通组织将直接影响土方开挖速度和整个工程进度。

5）土方开挖施工会产生环境污染，增加雾霾产生的根源，雾霾是土方开挖的最大敌人，而治理雾霾也是我们的社会责任。

【重难点应对措施】

1）开挖前需对基坑进行渗漏检测，特别是新老地下连续墙接口处、老地下连续墙有质量缺陷的部位。由于第 1 承压水层渗透系数较大，且主要由粉土和粉砂组成，因此，对该层的渗漏检测尤为重要，需要专业的渗漏检测队伍进行检测。针对海河古河道冲积层，现场需要准备足量的吸水材料，以应对部分土层降水不到位时带来的困难。如果降水不到位，需要将该土层用吸水材料拌合，并在挖掘机履带下垫钢排，同时还应在基坑四周设置明沟进行排水，以保证挖土工作的顺利进行。根据地质勘探报告上的勘探孔位置，调查勘探孔的封堵情况，若封堵不好，则在基坑开挖前采用高压旋喷或压密注浆等工艺对相应孔洞进行封堵。

2）盐业银行大楼占地面积约 800m²，为砖混结构建筑，设有地下室，为木桩基础。土方开挖时，将远离盐业银行位置的土方先挖出，待整个支撑体系受力后，进行盐业银行位置土方的开挖。并且在盐业银行上进行监测点布置，时刻对盐业银行进行监测，若发现异常情况，立即停止开挖，并采取补救措施。盐业银行观测点布置如图 4-27 所示。本工程根据沉降监测数据分析调整土方开挖顺序使盐业银行变形最小，采用双液注浆技术对其沉降进行控制，注浆分 3 次，第 1 次为 2014 年 4 月 2 日至 4 月 11 日，共注浆 79t；第 2 次为 2014 年 4 月 20 日至 4 月 26 日，共注浆 31t；第 3 次为 2014 年 5 月 21 日至 6 月 9 日，共注浆约 50t。

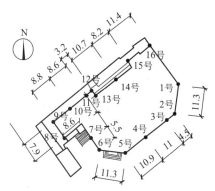

图 4-27　盐业银行沉降变形
观测点布置（单位：m）

3）第 2 道内支撑施工完毕后即投入 1 台 27m 加长臂挖掘机（斗容量 0.7m³，台班工作效率 800m³）和 3 台 24m 加长臂挖掘机（斗容量 0.6m³，台班工作效率 800m³），采用挖掘机接力倒运，利用倒土平台进行土方倒运。第 6 步土方开挖时，在第 5 道内支撑下部 2.8m 净高投入 7 台 25、30、40 迷你型挖掘机，采用塔式起重机、吊车配合装运。

4）设置第 1 道内支撑栈桥板用于堆放倒运土方，咨询天津当地有经验的土方挖运单位确定合理的卸土地点及运输时间，场内设置土方车辆运输路线，从北侧 1 号门进入、2 号门出。每天出土前，与相关单位协调，安排好车辆停放地点和出土路线。

5）土方开挖阶段配置围绕基坑周边的喷淋洒水降尘系统，达到全面覆盖土方开挖区域；当土方裸露时及时加盖防尘网，并加固固定措施，保证及时覆盖裸土；运输车辆出场地时清洗车身及轮胎，运输车辆全封闭运土才能放行，出土前对运输车司机进行路线交底、车速要求及车辆备案交底，保证管理到位，高效控制土方工程产生的扬尘问题。

【土方开挖施工】

1. 第 1 步土方开挖

第 1 步土方开挖标高范围：－0.300～－1.300m，高差为 1m，实际挖土量为 10000m³，持续时间 6d，采用 2 台神港 300 型挖掘机，斗容量为 1.4m³，开挖流向为从南往北并结合第 1 道内支撑施工段划分，中心岛土方不动，只开挖支撑范围内的土方，场内运输由 1 号门进、2 号门出。开挖顺序分段如图 4-28a 所示。第 1 步土方开挖盐业银行 10 号观测点沉降数据如图 4-29a 所示。

由图 4-29a 可以看出，第 1 步土方开挖后，盐业银行在 2013 年 9 月 9 日产生 5mm 沉降，在第 2 步土方开挖时应调整开挖顺序并及时进行内支撑施工。

2. 第 2 步土方开挖

第 2 步土方开挖标高范围－1.300～－8.200m，高差 6.9m，实际挖土量为 67600m³，持续时间 39d，采用 4 台神港 300 型挖掘机，4 台神港 200 型挖掘机，斗容量为 1.1m³，5 台日立 120 型挖掘机，斗容量为 0.6m³，11 台石川岛 60 型挖掘机，斗容量为 0.23m³。待第 1 道混凝土内支撑施工完毕并达到设计要求的强度后，开始挖第 2 步土方，中心岛土方挖至－1.300m，其余部位挖至－8.200m，留 2 处坡道，车辆可以开行至标高

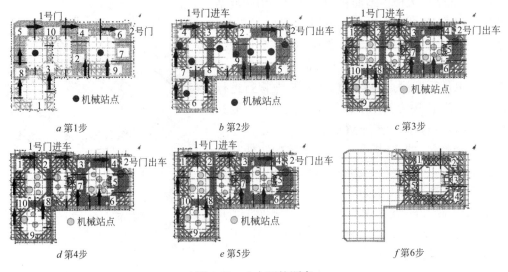

图 4-28 土方开挖顺序

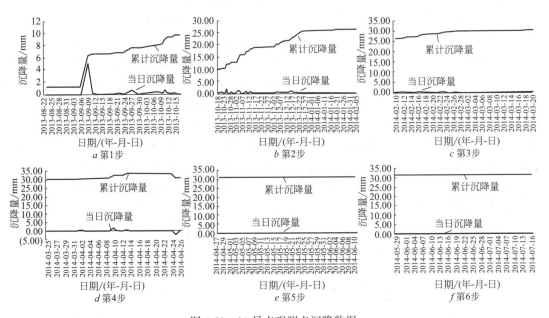

图 4-29 10 号点观测点沉降数据

－5.600m，坡道坡度按 1∶6，其他部位挖掘机可站在第 1 道内支撑上做临时倒土点，中间穿插第 2 道内支撑施工。此时根据盐业银行沉降数据调整开挖顺序，分段如图 4-28b 所示。第 2 步土方开挖盐业银行 10 号观测点沉降数据如图 4-29b 所示。

3. 第 3 步土方开挖

第 3 步土方开挖标高范围－8.200～－13.600m，高差 5.4m，实际挖土量为 41400m³，持续时间 30d，采用 4 台神港 300 型挖掘机，4 台神港 200 型挖掘机，4 台日立 120 型挖掘机，9 台石川岛 60 型挖掘机。待第 2 道混凝土内支撑施工完毕并达到设计要求的强度后，开始挖第 3 步土方，3 个出土点进行接力倒土，土台堆置高度在－11.600m 标高以上，中间穿插第 3 道内支撑施工。在第 3 道内支撑设计倒土平台进行倒土运土，减少长臂挖掘机等非常规机械的使用频率，提供土方堆积场地，提高土方开挖效率。第 2 步土方开挖盐业银行 10 号观测点沉降数据如图 4-29c 所示。此时根据盐业银行沉降数据调整开挖顺序分段如图 4-28c 所示。

由图 4-29c 可知，第 3 步土方开挖过程中，盐业银行当日沉降量未超过 5mm，第 3 步土方开挖顺序合理，其他控制基坑变形的措施实施效果良好。

4. 第 4 步土方开挖

第 4 步土方开挖标高范围 -13.600 ～ -18.400m，高差 4.8m，实际挖土量为 42 800m³，持续时间 27d，采用 4 台神港 350 型挖掘机，4 台神港 200 型挖掘机，4 台日立 120 型挖掘机，10 台石川岛 60 型挖掘机。待第 3 道混凝土内支撑施工完毕并达到设计要求的强度后，开始挖第 4 步土方，3 个出土点进行接力倒土，土台堆置高度在 -13.600m 标高以上，中间穿插第 4 道内支撑施工。开挖顺序分段如图 4-28d 所示。第 4 步土方开挖盐业银行 10 号观测点沉降数据如图 4-29d 所示。

由图 4-29d 可知，第 4 步土方开挖过程中，盐业银行沉降变化较大，在 4 月 10 日存在较大沉降，其后经过专家论证对盐业银行采用双液注浆技术使盐业银行在 4 月 25 日上浮 3mm，保证了盐业银行沉降差在警戒线以下。

5. 第 5 步土方开挖

第 5 步土方开挖标高范围 -18.400 ～ -22.100m，高差 3.7m，实际挖土量为 42670m³，持续时间 37d，日平均出土量为 1153m³，采用 4 台神港 350 型挖掘机，4 台神港 200 型挖掘机，4 台日立 120 型挖掘机，10 台石川岛 60 型挖掘机。待第 4 道混凝土内支撑施工完毕并达到设计要求的强度后，开始挖第 5 步土方，3 个出土点接力倒土，土台堆置高度在 -18.400m 标高以上。期间对裙房底板进行施工。开挖顺序分段如图 4-28e 所示。第 5 步土方开挖盐业银行 10 号观测点沉降数据如图 4-29e 所示。

6. 第 6 步土方开挖

第 6 步土方开挖标高范围 -22.100 ～ -24.900m（第 5 道内支撑区域），高差 2.8m，实际挖土量为 15490m³，持续时间 43d，日平均出土量为 360.23m³，采用 1 台 370 型长臂挖掘机，2 台神港 200 型挖掘机，7 台小松 25-40 型挖掘机。2 个出土点进行接力倒土，土台堆置高度在 -18.400m 标高以上。开挖顺序分段如图 4-28f 所示。第 6 步土方开挖盐业银行 10 号观测点沉降数据如图 4-29f 所示。

第 5 道内支撑下部 2.8m 净高投入 7 台 25、30、40 迷你型挖掘机（斗容量 0.14、0.12、0.1m³，台班工作效率 60、55、50m³）。第 6 步土方开挖过程中，盐业银行无明显沉降，基坑变形较小。

【专家提示】

★ 津湾广场 9 号楼工程超深基坑土方开挖施工面临着场地狭小、保护古建筑文物、软土地区等困难，具有典型超高层的特点，通过开挖与支撑同步，开挖与监测同时，监测与实时论证调整方案的方法对基坑及其周边古建筑文物进行了有效保护，期间采用倒土平台的新形式对深基坑困难开挖位置进行施工，降低了时间成本和经济成本，最终总结实施了有效可行的深基坑土方开挖机械配置及劳动力计划。

专家简介：

黄小将，E-mail：hxjncut2012@sina.com

第五节　全逆作深基坑土方开挖关键技术

典型案例

技术名称	全逆作深基坑土方开挖关键技术
工程名称	天津中信城市广场(首开区)工程
工程概况	天津中信城市广场(首开区)工程,位于天津市海河沿岸,建筑面积约 18 万 m^2,其中地上 6 层,建筑面积 6 万 m^2,地下 3 层,建筑面积 12 万 m^2,地上为框支剪力墙结构,地下为框架结构。 该工程地处天津市市中心海河景观带沿线,被列为市重点工程之一,为实现沿河面建筑立面快速呈现的目标,工程要求首先施工地上结构、沿河面幕墙及室外铺装,在此期间插入地下全逆作土方开挖及结构施工。本工程基坑面积约 37864m^2,周长 1241m,基坑普遍开挖深度约为 16.1m,总土方量约 65 万 m^3,其中地下室顶板下土方量约为 45 万 m^3。首开区地下室为全逆作施工,基坑三面均为地下连续墙,另一面为二期基坑。首开区与二期 R1、R2 之间基坑完全贯通,需协同开挖;首开区与二期 R3、R4 之间采用支护桩分割,可分别独立施工。首开区地下连续墙兼作结构外墙,墙厚 800mm、有效墙深 30.9m(非人防范围)/33.5m(人防范围)。基坑内支撑为地下室各层结构梁板,层高均为 4.2m。与二期 R1、R2 相邻范围首开区土方采用"侧向掏挖"的方式,与二期土方协同开挖。首开区与二期 R3、R4 相邻范围采用"地下室结构板预留出土口、分步倒土"的方式进行土方开挖,如图 4-30 所示

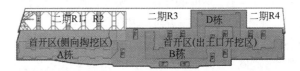

图 4-30　基坑开挖平面

【全逆作土方开挖关键技术】

1. 全逆作出土口的选择及土方开挖方法

（1）全逆作出土口选择

逆作法工程土方开挖中,利用结构楼板预留洞口作为出土口是一种应用最多的土方开挖技术。出土口的选择通常要注意如下事项。

1）出土口一般位于地下室顶板上,若地上建筑首层层高及空间允许,也可设置在首层结构楼板上。

2）逆作工程中,出土口兼有下料口的功能,出土口的选择应综合考虑交通顺畅与材料吊运方便。

3）出土口周边需通行大型运土车及挖掘机、装载机等机械,结构需要有足够的强度及刚度,不足时还应进行补强设计。为尽量减少结构加固工程量、降低造价,出土口一般选择在边跨附近。

4）出土口下一般采用小挖掘机接力倒土的方式，将远端土方倒运至出土口下，为减少接力次数，一般考虑出土口覆盖半径为30m左右，即以出土口边线外放30m的范围设置1个出土口。特殊条件下，出土口覆盖范围可适当加大。

基于上述出土口的选择原则，本工程地下一层顶板、地下二层顶板、地下三层顶板上均预留了出土口，出土口布置如图4-31所示。

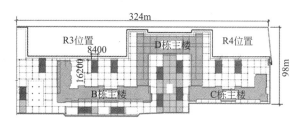

图4-31　出土口布置示意

（2）土方开挖方式选择

在国内市政、大型公建等多层地下室全逆作工程中，深基坑土方开挖始终是这类工程的一大施工难点。常见土方开挖机具包括反铲挖掘机、抓铲挖掘机、桥式抓斗机等设备，从多年施工经验来看，反铲挖掘机以其成熟稳定、环境适应性强的特点，应用最为广泛。反铲挖掘机包括长臂、非长臂两大类型，非长臂挖掘机挖土效率高、挖深浅，长臂挖掘机挖土效率低、挖深大，二者各具优势。

本工程3层地下室，层高均为4.2m，施工阶段梁高最大为1200mm，逆作梁板结构施工时，梁下墙体需施工300mm高下翻墙，再加上下翻墙插筋长度，实际净高约为2.5m。若采用传统的土胎膜方式施工，受净高限制，土方开挖仅允许PC60及更小型号的小型挖掘机接力倒土，施工效率低，无法满足施工进度要求。

为创造大型挖掘机操作空间，经与设计单位协商，每步土方允许超挖2m，开挖后施工垫层，之后搭设模板支撑架，施工梁板结构。

本工程逆作法深基坑土方开挖中，如图4-32所示，在结构上分层错台留置出土口，利用短臂挖掘机分阶向上倒土方式，大大提高了土方开挖效率。

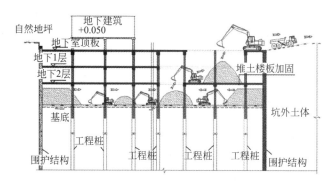

图4-32　全逆作土方开挖方式

2. 出土口减少后的土方开挖方法

本工程在地下土方开挖时，接到业主指令，要求对沿河面地下室顶板上预留的出土口全部进行封闭，为后续覆土、市政、景观园林施工创造条件。出土口封闭后状况如图 4-33 所示。

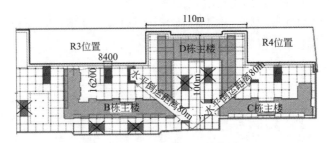

图 4-33 出土口封闭后状况

由图 4-33 可见，地下室顶板上 12 个预留出土口中，7 个被提前封闭。封闭后，盖挖板下土方最长水平倒运距离达 80m，约 110m×100m 范围无出土口，土方开挖难度急剧增加。为应对这一变化，先后研讨了 3 种方案。

（1）挖掘机接力倒土

该方案主要是采用 PC200、PC120 型挖掘机，长距离接力倒土，将盖挖板下远端土方接力倒运至出土口下，由出土口上的挖掘机装车外运，如图 4-34 所示。

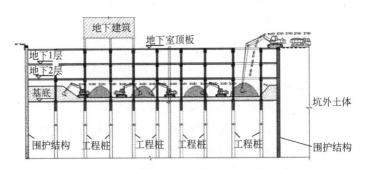

图 4-34 挖掘机接力倒土

该方案在实施过程中发现，刚开始基坑内土体具有良好的塑性，在经过挖掘机接力反复翻倒后，土体呈现流塑状，当土方接力倒运至出土口下时，已经变成接近泥糊状，无法直接装车外运。

出现上述问题时，经检查降水井状态，发现水位至少在开挖面 5m 以下，远低于开挖面，分析土体含水率高主要原因如下：①地上结构已经完成，楼上各专业施工单位在使用自来水的过程中，阀门关闭不严，大量自来水流向地下土方开挖面；②下雨后，地下室顶板上的雨水无法排水，全部流入出土口下土方开挖面。后来经与设计及勘察单位共同研讨分析，认为主要是淤泥质粉土、粉质黏土中的结合水，一般难以被依靠重力原理降水的降水井疏干，土体在反复翻倒、扰动的过程中，结合水游离，土体液化。

为克服这一施工难点，尝试了干粉拌合法，如拌白灰或水泥固化，该方法虽然可以解决问题，但是掺和料用量太大，施工成本太高，未能大量实施。

分析发现，要根本上解决这一问题，需采取措施疏干土中的结合水，较为可行的方法就是"超强真空井"降水，如图4-35所示。

超强真空井采用外桥式过滤器、内圆孔过滤器的双层分离式过滤器，内层过滤器底部进水，井管顶部密封，安装有真空表、排水孔、真空孔、液位控孔等，井管内通过抽排空气，形成负压环境，加速周边土层含水向井内渗流，井中水位采用液位控控制抽水泵的启动，井口安装真空表，了解井内真空度，真空度不足时及时抽排井内空气。

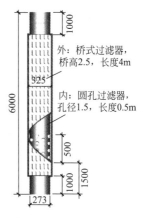

图4-35 超强真空井示意

经过咨询发现，目前国内的超强真空井施工单位较少，且价格昂贵，按照每450m²布置1口井，本工程需布置75口井，按照单口井造价2万～5万元计算，额外增加成本较多，该方案最终未考虑实施。

（2）皮带传输机水平传送

为避免反复翻倒后土体扰动液化，结合矿井中采煤传输技术，引入了皮带传输机水平传土技术，并联合天津津济工程勘察设计咨询有限公司试制了设备，并在现场进行了试验。该套传输设备由投料装置与传输装置两部分组成，设置在开挖面上层楼板上，挖掘机将土方喂入投料口，将大块混凝土等杂物粉碎后，由皮带水平传送至未封闭的出土口下，由出土口上的挖掘机装车外运，如图4-36所示。

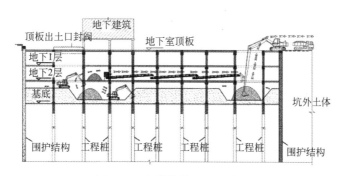

图4-36 皮带传输机水平传土

该设备在试运行时，发现存在如下问题。

1）喂土斗高度太高，在楼层内安装后，挖掘机无喂土空间。

2）喂土斗内的搅拌装置可以将土体搅碎，但本工程梁板结构采用打垫层、支模正做方式施工，土中垫层破碎后的混凝土块、拆模后遗留的碎木方等杂物较多，喂土斗内的破碎装置难以破碎这些杂物，导致土方传送不顺畅。

3）皮带下的传动支撑轮设置数量不足，且固定不可靠，导致皮带负载后运行不稳定，极易发生传动支撑轮掉落现象。

综上因素，需要对该套设备进行进一步改造后方可正式投入使用。但最终因破碎装置一直不能适应本工程土中杂物较多的难题，改造耗时太长，至本工程土方开挖结束时，仍未能正式投入使用。该项技术及相关设备，有待深入研究，以适应长距离倒土的需要。若能开发出性能稳定的设备，保持稳定的皮带传输速度，出土效率将大大提高，在深基坑土方开挖中，应用前景将会非常广阔。

（3）地下室装载机水平倒土

在前两种方案因故未能实施的背景下，为解决顶板上出土口封闭后带来的挖土难题，经研究采用了装载机代替皮带水平倒土的技术。

装载机水平倒土技术，主要思路为：在地下室顶板下各层楼板上，留设位置合理，数量足够多的出土口，将各层楼板下土方倒至其上方的楼板上堆置，通过采用装载机水平铲运的方式，将土方传送至出土口下，由出土口上的挖掘机装车外运，如图 4-37 所示，新增出土口平面布置如图 4-38 所示。

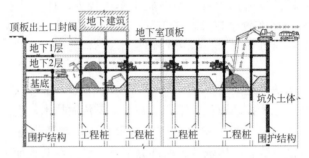

图 4-37　上层楼板上装载机水平倒土

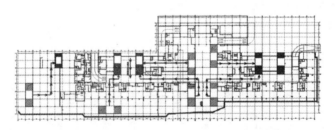

图 4-38　顶板下各层楼板上预留出土口位置

该方案实施后综合分析，每台装载机单斗装土 $0.4m^3$，每个台班传送土方可达 $90m^3$ 左右，较挖掘机接力倒土的方法，大大提高了盖挖板下土方长距离水平倒运效率，彻底解决了挖掘机接力引起的土体液化、装运困难的难题。该方案具有如下特点。

1）采用的机械设备为成熟稳定的挖掘机、装载机，机械故障少，运行可靠，且资源丰富，造价较低。

2）虽然单台装载机台班运土量较低，但通过增加设备数量，日均出土量有保证，土方开挖工期受控。

3）土方开挖作业面上挖掘机数量有效减少，缓解了作业面机械过多、油烟污染严重、操作环境差的状况。

【专家提示】

★ 根据工程实例，介绍了地上工程已完工情况下，地下逆作土方开挖的基本思路及方法，重点介绍了逆作环境下长距离水平倒土的多方案选择过程，可帮助读者拓展解决类似工程问题的思路，对于文中提到的超强真空井、皮带传输设备水平传土等技术，作为在行业内有推广价值的技术，希望同行可以吸取本工程经验教训，深入研究应用。

专家简介：

高海彦，高级工程师，E-mail：155195622@qq.com

第六节　水力冲挖技术在海相软土场地中的应用

典型案例

技术名称	水力冲挖技术在海相软土场地中的应用
工程名称	连云港市徐圩新区某高层办公综合楼
工程概况	工程位于连云港市徐圩新区，为1栋高层办公综合楼，地下建筑面积6011.3m²，基坑开挖深度约5.1m

【工程地质条件】

根据勘察资料，地基土划分为11个地层单元，第①层杂填土为人工填土；第②～③层属海相～泄湖相沉积类型；第④～⑪层为黏性土、砂层、粉土层，属海陆交互相沉积类型。

1) 第①层杂填土，为人工填土，矿物成分与力学性质均十分复杂，密实度不均匀。

2) 第②层淤泥质黏土，呈流塑状态，为高压缩性土层，工程性质差。

3) 第③层淤泥，呈流塑状态，为高压缩性土层；孔隙比大，压缩性高，强度低，为软土；属特殊性岩土；该类土地震时易产生震陷，工程性质很差。

4) 第④层黏土，呈软塑～可塑状态，为高压缩性土层；工程性质较差，不能作为本工程建筑物桩基础的桩端持力层使用。

本工程场地较大，有足够的放坡位置，故此基坑的开挖采取两级放坡的方式，自然地面以下2.0m内的土层采用1∶2的比例放坡，以下的土层均采用1∶8的比例放坡。基坑四周均采用在坡面喷射40mm厚C20细石混凝土，内挂$\phi4@150$双向钢筋网片的护坡方式，随挖随喷射混凝土护坡。

【水力冲挖技术的研发背景】

1. 海相软土的形成背景

连云港地区的云台山原与山东半岛、辽东半岛一起组成中国东部胶辽古陆，后经断裂作用，云台山与山东丘陵分开，形成一个被断裂所包围的上升地垒山块；在很长的地质历史中，云台山仍然是黄海中的一座孤岛。经过漫长的地质历史过程，主要是第四纪以来，由于黄河泥沙的冲积，逐渐形成黄、淮、海三大平原，使山东半岛与大陆相连；同时，山东丘陵南麓的沂、沭、泗河流冲积形成的三角洲不断南伸，逐步向海州湾逼近。1191—1855年间黄河夺淮入海的大量泥砂淤积，造成了云台山与大陆相连，并形成了现在的苏北平原。

2. 连云港海相软土的特点及其对土方开挖的影响

连云港为典型的海相软土地区，该软土具有高压缩性、大孔隙比、低强度和高触变性等特点，是国内典型的海相软土之一，受到岩土工程界的广泛关注。区域性勘察数据统计表明，连云港软土具有含水率高、强度低、高压缩性、高灵敏性等特点，土的渗透性较差，固结程度低，且具有蠕变特性。同时，该层软土广泛分布于开挖影响范围内，对基坑支护体系设计计算及土方开挖影响很大，主要体现在以下几个方面。

1）土体强度极低，挖掘机械在淤泥中行走困难，有时甚至人工操作都难以实现。施工过程中需要在淤泥中铺设山塘土形成临时道路，或采用硬质道板满铺，便于土方运输。

2）软土层厚度较大，桩周土体的侧向刚度差，桩的水平承载力较低。在土方开挖过程中，桩单侧堆载（如机械在桩侧行走）或桩周土存在高差都会引起桩侧土压力的不平衡，当这种不平衡土压力的合力大于桩的水平承载力时，将会引起工程桩倾斜甚至断桩现象发生。

3. 水力冲挖技术的提出

水力冲挖技术在水利工程建设中早有采用，但是在基坑开挖中鲜有报道。究其原因，主要是因为水力开挖过程中产生大量的泥浆需要场地存放。另外水力冲挖过程中容易造成坑内土体含水量提高，降低基坑侧壁的安全性。

对于深厚软土场地，采用传统技术开挖，往往基坑尚未开挖到底，工程桩率先倾斜断裂。可以说，传统机械开挖方式对于此类场地基坑的不适应性，相较于水力开挖技术的缺点，影响更大。因此，结合具体工程实践，提出了水力挖土技术。

【软土基坑水力冲挖技术原理】

1. 水力冲挖法介绍

水力冲挖的施工原理是模拟自然界水流冲刷原理，借水力作用来进行挖土、输土、填土，即水流经高压泵产生压力，通过水枪喷出一股密实的高速水柱，切割、粉碎土体，使之湿化、崩解，形成泥浆和泥块的混合，再由立式泥浆泵及其输泥管吸送。

本技术适用于周边环境开阔的软土场地基坑，基坑周边应具有充足的水源供应和开阔的排泥沉淀场所。

2. 技术特点

位于软土（尤其是淤泥）场地的基坑，土体的工程性质很差，为减小大型机械对工程桩的影响，一般采用小型挖掘机械进行多次转运，在基坑边装车外运；对于流塑状的淤泥，则需采用人工法进行土方开挖。水力冲挖法采用的设备轻便，可在基坑的任何位置作业；同时，淤泥的流动性越大，对本工法的适用性越强。因此，本方法可以显著提高软土场地基坑土方开挖的机械化程度。

水力挖土机械化程度高，挖土效率高，且可以 24h 持续工作，可以显著缩短土方开挖工期。冲挖机组自重较小，冲挖泥浆由管道进行运输，故本工法可以避免大型机械对工程桩的影响。另外，水力冲挖法的工程造价也较常规方法有大幅度减小。

【水力冲挖技术的施工要点】

1. 施工注意事项

1）杂物清理　地表覆有耕植土、树根、建筑垃圾等杂物，直接进行水力冲挖不仅降低冲挖的效率，而且容易损坏机械及输送泵。所以需在水力冲挖前进行清理。

2）管道铺设　渣浆泵输送管线应尽量沿陆地平坦地带铺设。排泥管线应平坦顺直，弯度力求平缓，避免死弯；排泥管接头应紧固严密，整个管线和接头不得漏泥漏水。发现泄漏，应及时修补或更换；排泥管固定支架必须牢固可靠，不得倾斜和摇动；排泥管线如需过河，则水上浮筒排泥管线应力求平顺，为避免死弯，可视水流及风浪条件，每隔适当距离抛设一只浮筒锚。

3）水力冲挖施工　冲挖初期直接用高压清水泵从水源地（河道或自来水管）抽取水，接高压水枪进行冲挖。高压水枪冲挖下来的泥浆被固定在浮桶上的泥浆泵抽出，排放至集泥区域内，并在该区域进行初步泌水沉淀以提高泥浆浓度。

集泥区泌出后的水经排水沟排入导流渠，由高压清水泵直接抽取作为冲挖循环水使用，不足水量仍从水源地抽水补充。

水力冲挖机组的泥浆泵最佳工作水深为1m左右，所以施工中须严格控制冲挖区内水位高程，以满足泥浆泵的工作性能。泥浆泵工作实况如图4-39所示。

4）泥浆输送　场外泥浆采用管道运输，输送管道型号结合输送距离、流量及泥泵出水口的扬程等因素确定。输送路线一般沿河道、绿化带等布设，尽量避免跨越道路。

当输送距离较大时，中间需设置加压装置。实践中一般是在途中设置一处临时浆液池，浆液池一侧为基坑内输浆管送来的浆液管出口，另一侧为高压泥浆泵，如图4-40所示。

图 4-39　泥浆泵工作实况

图 4-40　浆液输送中间加压实况

5）泥浆沉淀处理　泄水口位置应根据弃淤区的几何形状、容量、排泥管布置以及对邻近建筑物和环境影响等具体情况选择。

2. 质量控制措施

土方开挖的质量控制，其核心是对支护体系及工程桩的保护。本方法着重从以下几个方面进行质量控制。

1）水力冲挖一般遵照"从中央到四周"的盆式开挖顺序，尽量减少最大开挖深度时的基坑暴露时间。

2）遵循"分层、均匀、对称"的开挖原则，基坑内不宜形成陡坡，避免土体滑动挤偏工程桩。

3）开挖过程中应加强标高测量工作，坑底留300～500mm土体供人工开挖或小型机械开挖，严禁超挖。

4）水力开挖除应满足基坑设计要求外，尚应满足JTS181-5—2012《疏浚与吹填工程设计规范》、JTJ320—96T《疏浚岩土分类标准》、JTJ324—2006《疏浚与吹填工程质量检验标准》等规范要求。

5）加强施工期间的基坑变形监测工作。

【软土基坑水力冲挖实践】

1. 土方开挖施工工艺选择

本工程工程桩共计 687 根，由于场地岩层起伏较大，部分工程桩没有达到设计标高，据现场统计，桩顶标高未达到设计标高的共计 178 根，大部分高出设计标高 1m，部分高出 2～3m。这些工程桩的存在，极大地影响了土方开挖施工。如果采用机械开挖方式，运土车辆及挖掘机械行走容易造成工程桩倾斜，同时本工程为满堂布桩，桩间距很小，无法将运输路线避开工程桩。根据连云港地区经验，一般桩顶 1m 左右的淤泥需人工清理，加上高桩部分土体，本工程将有近一半的土体（约 4 万 m³）需人工开挖清理，这将严重影响项目的施工进度，并且容易造成工程桩倾斜等工程事故。

鉴于上述情况，经认真研究勘察报告并结合连云港地区软土开挖经验，提出水力冲挖方案。该方法在连云港地区多个基坑工程中得到应用，取得良好效果。

2. 水力冲挖施工技术措施

值得注意的是，水力冲挖施工基坑内有大量泥浆，容易将坑侧土体浸泡软化，进而引发边坡滑移失稳。因此冲挖施工采用先中央、后四周的盆式冲挖方式，尽量减少基坑周边的浸泡时间。

基坑坡角和坡面预留一部分土体采用机械配合人工转运。此土台具有 2 个作用：①压坡角；②将泥浆和坡面土体阻隔。考虑到淤泥的渗透性较差，该土台厚 1.5m，具体情况如图 4-41 所示。

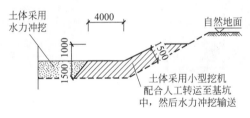

图 4-41　水力冲挖时预留护坡土台示意

基坑底留 50cm 土体供人工清理，坑中坑部分土体采用人工配合塔式起重机开挖。

3. 土方开挖部署

土方开挖全盘一次性开挖到底是不可行的，对基坑和工程桩来说存在严重的安全隐患，故采用两级放坡、分层开挖的开挖方式。自然地面以下 2.0m 内的土层采用 1：2 的比例放坡，以下的土层均采用 1：8 的比例放坡。在自然地面以下 2m 厚土层用大型挖机开挖，分层开挖，每层开挖厚度≤1m。根据地质勘察报告可知，地表杂填土以下为淤泥质黏土和淤泥层，土质很差，采用泥浆泵水冲的开挖方式，此开挖方式既可以保证基坑的安全开挖及施工进度，同时也能保证工程桩的安全。基坑开挖大致分为 3 个阶段。

1）第 1 阶段采用大型挖机开挖自然地面以下约 2m 厚的土层，采取分层开挖的方式，每层开挖深度≤1m。

2）第 2 阶段用泥浆泵水冲法开挖地面以下标高约为 −3.150～−5.650m 的土层，以及局部电梯井、集水井的位置。本阶段开挖需用大量的施工用水，施工用水的来源为横五路北侧的集水坑。可采用 6inch（1inch＝2.54cm）的潜水泵将水抽至现场，可在现场做 2 个 5m×5m×2m 的临时蓄水池，满足施工用水。采用泥浆泵将水冲开挖法产生的泥浆抽至横五路北侧的水塘中沉积下来。

3）第3阶段为用人工开挖法将基坑底部土层人工清理，并将电梯井、集水坑等坑中坑按照1∶3的放坡比例挖出，开挖完成后及时砌筑370mm厚的砖胎膜，防止坑中坑边的淤泥流动。

此外，为保护工程桩的桩位和基坑的稳定，在基坑开挖边线外侧20m范围内，不允许有任何堆载，并在施工期间对横五路、纵六路采取半幅封闭、限速通行措施。

【专家提示】

★ 1）水力冲挖技术有其特有优点，但是应注意其适用性。深厚软土场地，机械开挖容易造成桩基倾斜，周边具备一定的泥浆处理场所，可考虑采用本方法；硬质场地土自身强度高，水力切割困难较大，不适宜采用水力冲挖。

★ 2）与水利疏浚工程不同，水力冲挖的施工对象是基坑工程，土体含水量变化易造成基坑侧壁安全性下降，故坑内冲挖泥浆量应控制在较小范围，以泥浆深度满足泥浆泵正常工作即可，泥浆过多时可通过增加泥浆泵数量进行调节。

★ 3）水力冲挖一般采取盆式挖土，即先挖中间区域土方，后挖周边区域土方。必要时周边土方可采用机械挖土或人工挖土，减少土体含水量增加。

★ 4）应结合项目周边环境特点，合理设置存浆池，杜绝泥浆输送造成的环境污染。

专家简介：

朱进军，硕士，高级工程师，国家一级注册结构师，注册岩土工程师，E-mail：sil-infe@sina.com

第五章 桩基工程施工技术案例分析

第一节 钻孔灌注桩施工技术

(一)概述

在钻孔施工过程中,可以充分利用灌注桩的特性,例如:参透性较强、压密性较好、良好的破裂性等,在不同条件下都可以进行使用。因为其特性是钻孔灌注桩自身特有的,所以,它们在发挥作用的过程中相辅相成且不受外界因素的干扰而影响发挥,例如在施工的过程中,土体的参透性随着压浆压力的变化而变化,只有这样才能有效地保证土体的稳定。施工技术人员在施工过程中不断总结得出结论:良好的参透性、压密性以及劈裂是保持土体稳定的三大因素。在现实的施工过程中,因区域不同所对应的地质状况不尽相同,所以对应的压浆压力也不相同,如果采用传统的方法无法对压浆压力进行调节,因此土体的稳定得不到有效的保障。但是,用钻孔灌注桩技术进行施工,这些问题就迎刃而解,所以说钻孔灌注桩技术可以有效地保障土体的稳定。

(二)典型案例1

技术名称	深厚硬岩钻孔灌注桩大直径潜孔锤成桩综合施工技术
工程名称	深圳市宝安区西乡商业中心4号地块基坑支护工程
工程概况	西乡商业中心4号地块基坑支护工程位于深圳市宝安区西乡街道麻布村,拟建场地西侧为海城路,基坑南侧隔海城路为罗宝线坪洲地铁站,东侧为码头路,北侧为在建3号地块基坑。场地整体呈长方形,占地面积24600m²,基坑周长685m,基坑开挖深度10.80~18.00m。本基坑支护结构根据场地地质条件、周边环境、基坑开挖深度,采用不同支护形式:基坑西侧采用"排桩+锚索"支护形式;基坑南侧靠近地铁方向采用"咬合桩+2道内支撑"支护形式;基坑东侧采用"排桩+上部2道内支撑+下部锚索"支护形式。咬合桩270根,灌注桩排桩166根,前期已施工6根灌注桩。本次大直径潜孔锤成桩综合施工技术针对海城路、码头路方向剩余的160根钻孔灌注桩施工,基坑支护设计平面布置如图5-1所示

【施工工艺】

桩位测量,旋挖钻机就位→旋挖钻机土层钻进(3~4m)→振动锤下入9m钢护筒、旋挖钻机钻进至护筒底→潜孔锤钻机安装就位→潜孔锤硬岩钻进至设计标高→桩孔内注入泥浆护壁→旋挖钻机清孔、捞渣→钢筋笼制作与吊放→导管安装、灌注混凝土成桩→振动锤起拔护筒。

【施工要点】

1. 施工要求

(1)桩位测量

1)钻孔作业前,按设计要求将钻孔孔位放出,打入短钢筋设立明显标志,并保护好。

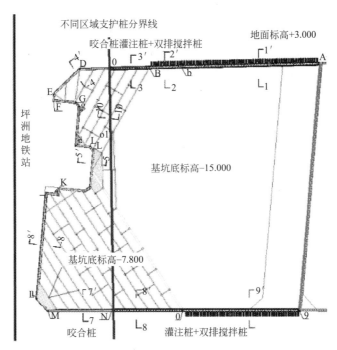

图 5-1　基坑支护桩平面布置

2）桩机移位前，事先将场地进行平整、压实，在必要的情况下须铺设钢板。

（2）旋挖钻机就位、土层钻进

1）钻机按指定位置就位后，在技术人员指导下，调整桅杆及钻杆的角度。

2）为便于振动锤下长护筒，采用旋挖钻机在上部土层中钻进成孔 3～4m。

3）旋挖钻机采用钻斗旋转取土干成孔工艺。

4）旋挖钻机钻取的渣土转运至临时堆土场，集中处理以方便统一外运。

（3）振动锤下长护筒至基岩面

1）振动锤沉入护筒时，利用十字交叉线控制其平面位置。

2）为确保长钢护筒垂直度满足设计要求，设置 2 个垂直方向的吊锤线，安排专门人员控制护筒垂直度。

3）护筒沉入过程中，设置专门人员指挥，保证沉入时安全、准确。

4）采用徐工 QUY75 型起重机配合 ICEV360 振动锤下入护筒至基岩面。护筒长 9m，外径 1255mm，壁厚 15mm。

（4）旋挖钻机钻进至护筒底

1）护筒下入并复核位置无误后，采用旋挖钻机钻进，钻至护筒底位置后移开旋挖钻机。

2）护筒内旋挖钻机在土层内钻进采用干成孔。

（5）潜孔锤桩机安装就位

1）利用桩机液压系统进行履带式行走，移动钻机至钻孔位置，校核准确后对钻机定位。

2）桩机移位过程中，机械管理员专人指挥；定位完成后，锁定机架，固定好钻机。

（6）潜孔锤钻进至桩底设计标高

1）先将钻具（潜孔锤钻头、钻杆）提离孔底 20～30cm，开动空压机、钻具上方回转电机，待护筒口出风时，将钻具轻轻放至孔底，开始潜孔锤钻进作业。

2）钻进过程中，从护筒与钻具之间间隙返出大量钻渣，并堆积在孔口附近；当堆积一定高度时，及时进行清理。

3）终孔前，需严格判定入岩岩性和入岩深度，以确保桩端持力层满足设计要求。

4）终孔时，要不断观测孔口上返岩渣、岩屑性状，参考场地钻孔勘探孔资料，进行综合判断，并报监理工程师确认。

5）终孔后，用测绳从护筒内测定钻孔深度，以便钢筋笼加工。

（7）桩孔内注入泥浆护壁

1）潜孔锤钻进终孔拔出潜孔锤钻具后，即向孔内注入优质泥浆护壁。

2）泥浆采用现场设置泥浆池制作，在注入桩孔内前，对泥浆的各项性能进行测定，满足要求后采用泥浆泵注入桩孔。

（8）旋挖钻机清孔

将旋挖钻机配置截齿筒式钻头，移动至孔口处进行孔内捞渣、清孔。

（9）下钢筋笼、安放灌注导管

1）钢筋笼按设计要求和终孔深度制作，经监理工程师验收后由履带式起重机吊放入孔内；由于钢筋笼偏长，在起吊时采用专用吊钩多点起吊。

2）笼体下放到设计位置后，在孔口采用笼体限位装置固定，防止钢筋笼在灌注混凝土时出现上浮下窜。

3）选择直径 255mm 或 300mm 导管。下导管前，对每节导管进行详细检查，第 1 次使用时需做密封水压试验；导管下入时，调节搭配好导管长度。

4）灌注导管距孔底约 30cm，并在孔口设固定平台。

（10）灌注桩身混凝土成桩

1）混凝土采用 C30 水下商品混凝土，坍落度 180～220mm。

2）在浇筑导管内放置球胆，以防止底部混凝土离析，初灌后球胆自动浮在顶面，实现循环重复利用。

3）采用混凝土运输车直接运至孔口灌注；灌注时，及时拆卸灌注导管，保持导管埋深在 2～4m，最大埋深 6m。

4）灌注混凝土至孔口并超灌 0.8～1.0m 后，及时拔出导管。

（11）振动锤起拔护筒

1）桩身混凝土灌注完成后，随即采用 ICEV360 振动锤起拔钢护筒。

2）钢护筒起拔采用双夹持振动锤，由于激振力和负荷较大，选择 50t 履带式起重机将振动锤吊起，对护筒进行起拔作业。

3）振动锤起拔时，先在原地将钢护筒振松，然后再缓缓起拔。

本工艺整体施工工艺流程如图 5-2 所示。

2. 具体施工技术

考虑本工程灌注桩直径为 1200mm，同时需嵌入深厚硬岩，结合多种施工机械性能分析对比，进行了技术革新，改进原有的潜孔锤，采用 6 台空压机（英格索兰 XHP900）作

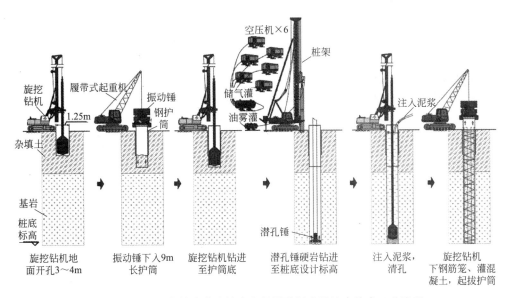

图 5-2 深厚硬岩钻孔灌注桩大直径潜孔锤成桩综合技术工艺流程

为动力源,成功将其成孔直径扩大为 φ1200。在充分分析、总结前期支护桩施工出现的问题后,提出了深厚硬岩钻孔灌注桩 φ1200 大直径潜孔锤成桩综合施工技术:上部土层段先采用旋挖钻机钻进 3～4m,然后采用振动锤下 9m 长钢护筒直至岩面,并由旋挖钻机钻进至基岩面,随后采用潜孔锤钻机进入岩层段钻进至桩底设计标高,再向孔内注入性能良好的优质泥浆后,采用旋挖钻机清孔,最后用汽车式起重机吊放钢筋笼、下入灌注导管,孔口灌注水下商品混凝土成桩。根据对本专业内情况的了解和查阅国内外相关资料,目前运用较成功的潜孔锤施工最大成孔直径为 800mm,本工法改进后的潜孔锤直径达 1200mm,说明本工法具有相当的先进性,尤其是在机具选择与优化组合、工艺参数配置方面,有了较大突破。采用本工艺改进后的潜孔锤硬岩段成孔施工如图 5-3 所示。

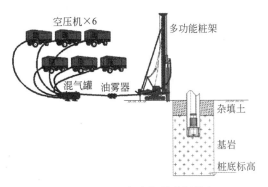

图 5-3　φ1200 大直径潜孔锤钻机

(1) 旋挖钻机开孔钻进及预埋钢护筒护壁

潜孔锤破岩需采用 6 台空压机带动产生了超大风压,为避免超大风压对孔壁稳定的影响,防止土层段塌孔、偏孔,并保证桩身垂直度,旋挖钻机从地面开孔至 3～4m 深后采用振动锤入 9m 长钢护筒至岩层顶面,并由旋挖钻机完成钢护筒段土层钻进。在潜孔锤作业前采用振动锤下入长护筒，这是本工艺成桩质量可靠性应用的前提条件。

（2）大直径潜孔锤硬岩钻进

大直径潜孔锤冲击器在 6 台空压机产生的高压空气带动下对岩石进行直接冲击破碎，其冲击特点是冲击频率高、冲程低，在工作时遇到的岩层越硬，产生反力越大，致使潜孔锤钻头振动频率越高。冲击器在破岩时，将硬岩进行粉碎，破岩效率高；破碎的岩渣在超高压气流的作用下，沿潜孔锤钻杆与护筒间的空隙被直接吹送至地面，为保证岩屑上返地面顺利，在钻杆四周侧壁沿通道方向上设置风道条，人为制造返风道，使岩屑不在钻杆与护筒的环状空隙中堆积，有利于降低地面空压机的动力损耗，进而实现高速成孔。

【专家提示】

★ 本项技术创新地综合采用"旋挖钻机＋潜孔锤、钻进"组合工艺，一方面充分发挥出旋挖钻机在土层钻进、孔底清渣方面的优势，由其完成桩孔开孔、埋设长护筒、护筒内上部土层段成孔、孔底清孔捞渣；另一方面充分发挥出潜孔锤在硬岩钻进方面的优势，由其完成数十米的深厚硬岩段快速钻进，并在现场配置 8 套钢护筒轮换作业，为潜孔锤破岩提供充足的工作面，以便更加高效地成桩。这种"旋挖钻机＋潜孔锤钻机"组合，既充分关联，工序间又独立操作，既不相互干扰，又相互配合，保证了施工质量和快捷成桩，且大大节省了施工成本。

★ 通过在深厚硬岩地层成桩的工程实践证明，本项新技术通过不同施工工艺、施工机械的合理组合及配套，较好地解决了深厚硬岩地区钻孔灌注桩"望岩止步"的成桩难题，是一种成桩施工方案的突破与创新。本项综合成桩技术对深厚硬岩地区的类似工程施工具有指导意义。

专家简介：

尚增弟，Email：celib@126.com

（三）典型案例 2

技术名称	深厚淤泥质土层大长径比超深灌注桩施工技术
工程名称	温州青山总部大楼工程
工程概况	温州青山总部大楼工程设计的桩基为混凝土灌注桩，有效桩长为 60～81m，桩径为 600～800mm，桩长和桩径之比超过 100，属于大长径比超深灌注桩工程。场区上部有巨厚层滨海相淤（冲）积软土，为典型的不良地基土，具有含水量高、灵敏度高、压缩性高、抗剪强度低等特点。设计达到持力层为⑦₃卵石层，进入持力层深度≥2.7m；基坑周边三侧邻近河道，灌注桩成孔困难，桩端持力层为⑩₃层中风化凝灰岩。桩端全截面进入中风化岩。采用冲击钻机和泥浆护壁反循环钻机两种成孔机械

【工程难点】

由于本工程地层淤泥厚度大，灌注桩最长达 81m，属于超深灌注桩，对桩身质量要求高，因此设计要求分不同深度检测泥浆的质量，以保证整个桩孔泥浆质量达标。现有取浆设备难以做到按深度取浆，故考虑设计加工一种可以在任意孔深取浆的设备。

灌注桩桩孔超深，清理底部沉渣困难，现有技术设备彻底清除孔底沉渣的成本较大，不经济；雨雪天时的大、长钢筋笼焊接加工问题是制约灌注桩施工进度的重要因素。为减少灌注桩钢筋笼焊接受天气的影响，需要一种防护篷架，既能进行钢筋笼焊接加工，又能不影响钢筋笼吊装。

超长灌注桩施工中采用导管进行混凝土浇筑时受垂直度的影响和导管连接不严、密封不佳造成卡管等问题，凸显出桩身垂直度的重要性，尤其本工程桩身长细比大，垂直度更不易控制，需采取措施做好垂直度的控制；灌注桩位于岩层区域，多处岩层区域存在岩层裂隙发育及岩溶孔洞，其岩溶孔洞及裂隙的存在会使灌入的混凝土大量流失，造成极大的浪费与质量隐患。考虑通过对岩溶裂隙处灌注桩钢筋笼加工工艺进行改进，减少混凝土流失浪费，保证桩身质量。

测试桩基质量的大应变锚桩法或堆载法所需要的施工场地要求较高，配备的物资设备较多，在本工程中限于场地条件和工期因素，实施难度较大，为此决定采用新型的试验方法，解决了一般荷载试验方法无法解决的验桩问题。根据工程场地特点，选用新型的自平衡验桩方法，检测桩身质量和承载力。

【施工要点】

1. 泥浆抽取筒

通过研制专门的取泥浆装置，可以根据需要抽取任意深度孔深内的泥浆，以达到检测桩孔内不同深度泥浆的密度和性能，根据检测结果及时调整密度和性能，防止因长时间灌注桩成孔作业而塌方，确保孔壁的稳定性，如图 5-4 所示。

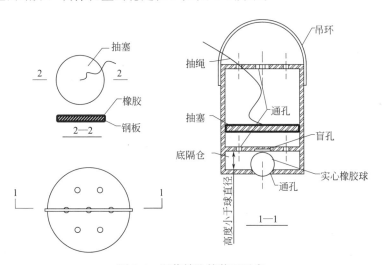

图 5-4　泥浆抽取筒装置示意

该技术为一种泥浆抽取装置，它包括一个两端封口的圆筒，该圆筒顶部开孔，底部中心设有圆通孔，圆筒内下半部分设有隔板，隔板中心下表面设有盲孔，盲孔四周设孔，圆筒内的隔板下方空间设有一个直径大于底部圆通孔的实心橡胶球、隔板上方空间内设有抽塞，该抽塞由一个自圆筒顶部气孔穿入的抽绳连接，并可在抽绳的作用下在圆筒内上下移动。

使用时先将抽塞压入筒底，并灌满泥浆，将抽塞压住。再将本装置系好测绳后缓缓顺入需取浆的桩孔内，当下放至设计取浆位置时（根据测绳刻度可知），停止下放。然后提动抽塞上的抽绳，将筒内的泥浆通过上部通孔排出，并使筒内形成负压，将小球吸起，外部泥浆即从筒底通孔与小球的间隙抽入隔仓和上部筒内，此时筒内抽到的即为设计桩孔深处的泥浆。接着一起上提吊环测绳和抽塞拉绳，将筒提出，此时由于重力作用，筒内泥浆向上提升时对小球产生压力，将小球压紧在底部通孔上，阻止了泥浆外漏。

2. 冲孔灌注桩成孔垂直度和孔径控制技术

改进桩锤的构造，使得通过在锤头上部附加特定装置，避免了冲孔落锤时造成的水压力和锤头末端摆动对孔壁的影响，形成扩孔现象，改造后的冲孔装置同时也保证了成孔垂直度和稳定性，从而保证桩身质量。冲孔灌注桩垂直度控制器如图 5-5 所示。

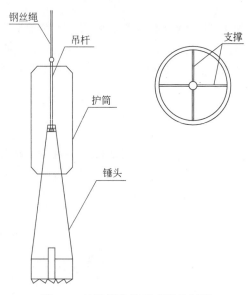

图 5-5　冲孔灌注桩垂直度控制器

该技术为一种控制冲孔灌注桩成孔垂直度和孔径的装置，安装在锤头上部，护筒上下两端口部的直径逐渐缩小的，口部内设置十字形钢支撑，分别与下侧的锤头和上侧的吊杆焊接固定在一起。护筒的断面十字形支撑和筒壁连接后成敞口状。冲孔灌注桩成孔时，通过采用在锤头末端附加本装置后，避免了冲孔落锤时造成的水压力和落锤瞬间锤头末端摆动对孔壁的影响，同时也保证了成孔的垂直度，进而保证了灌注桩的施工质量和避免了灌注桩浇筑时混凝土的浪费。

3. 钢筋笼加工防护篷

加工制作一种活动雨篷，其特点为拆装方便、移动灵活、防护性好，并且篷体不影响焊接和吊装作业；该技术减少了工人在露天环境下加工制作钢筋笼所受到恶劣天气的影响，提高了防护程度，也节约了工期，如图 5-6 所示。

该装置由若干不同形式的杆件、滑轮拼装后顶部覆盖防水布、照明灯线等组装而成。使用时，人员在由连杆、右构件和左构件构成的框架内实施钢筋笼的焊接作业，靠防水布的遮蔽作用不受雨雪影响，加工完毕后，通过滚轮推动框架，移动或改变框架方向，让出吊装位置时即可进行吊装作业。该装置立杆数量少，对钢筋笼加工影响较小；带有滚轮，可以根据现场需要快速进行调整移位，节省工序耗时；为可拆卸结构，组装和拆卸较为简单，不使用时拆卸后占地少，对工程无影响。

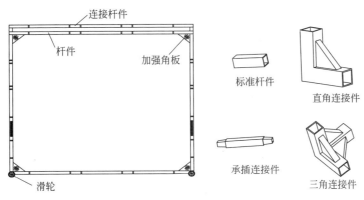

图 5-6　活动防护棚架加工示意

4. 冲孔灌注桩清底方法

在冲孔灌注桩施工中，由于该类型的桩端需入岩（进入持力层）的特点，成孔时采用大质量的铁锤冲击岩石，将岩石冲碎、磨小，在这个过程中将产生大量的碎石沉渣，这些沉渣采用捞渣筒和灌入新浆大部分能够被置换出桩孔，但是较小的碎石渣、碎石屑却无法被彻底清除出桩孔，会造成桩孔深度不足、钢筋笼无法安装至设计深度、沉渣过厚造成后期桩身沉降等问题。为此发明一种低成本但能高效彻底清除孔底沉渣的装置。灌注桩清底装置如图 5-7 所示。

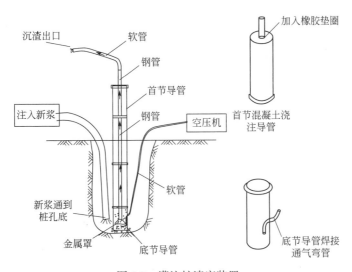

图 5-7　灌注桩清底装置

如图 5-7 所示，清底方法包括：取 1 节混凝土浇筑导管内外部分别焊接 1 段 20～25mm 直径弯管，两弯管相通，作为底节导管；取 1 根钢管，直径 50～80mm，在端部焊接一圆形金属罩，金属罩外径略小于混凝土浇筑导管的内径；另在一节混凝土浇筑导管顶部焊接一钢板，将导管顶部密封，再在钢板顶部开洞口，洞口直径同钢管直径，作为首节导管。安装导管，在灌注桩成孔后，将加工好的底节导管的通气弯管上连接软管（软管连接空压机），将底节导管连接标准导管安装入灌注桩孔内，直至导管高出地面；在导管内安装入加工好的钢管直至孔底；金属罩应正好盖住导管内通气管；将加工好的首节导管安装到桩孔内的导管上，管内安装好的钢管正好穿过首节导管顶部的洞口，该洞口和钢管的间隙用橡胶垫密封，钢管顶部连接软管至排渣池。导管安装完后，将新浆管直接通入桩孔底，注入新浆，同时开启空压机，对桩孔底进行增压加气，此时孔底的沉渣、碎屑会被压入的空气和泥浆搅动翻起，被推入带有金属罩的钢管内，并随钢管压出桩孔，达到清理沉渣的目的。

5. 岩溶裂隙区域混凝土灌注桩混凝土防漏方法

该方法在成孔后制作钢筋笼时，在钢筋笼底部设置小于灌注桩成孔孔径的封底堵头，在钢筋笼外侧主筋上对称焊接定位扶正装置，然后外包弹性土工布，土工布底部与封底堵头紧固连接，然后将钢筋笼放入灌注桩孔内，浇筑混凝土，浇筑后的混凝土压力作用会使弹性土工布向外扩张，夹在岩层与灌注桩混凝土之间，与之紧密贴合，既起到隔离岩溶孔洞与裂隙的作用，又能保证混凝土灌注桩的完整性及施工质量。由于混凝土浇筑量的减少，相应处理的废弃泥浆也同时减少，对环境保护起到积极作用，如图5-8所示。

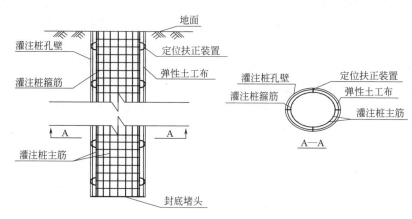

图 5-8　灌注桩混凝土防渗漏示意

6. 带气体搅拌的泥浆系统

灌注桩施工需要使用大量的泥浆，因泥浆沉淀而影响泥浆品质以及沉淀物长期附着在泥浆箱壁将会造成腐蚀，影响箱体的使用寿命。因此泥浆箱内需要经常泵入气体使浆液翻滚搅拌。研发一种自带气体产生的泥浆系统装置，可以及时清洁，有效维护泥浆存储容器，减少腐蚀，增加泥浆存储容器的循环周转次数，提高使用寿命，并减少充气机械的投入。自带气体搅拌泥浆箱原理如图5-9所示。

该装置由制浆筒和储浆箱组成。制浆筒置于泥浆箱上部，泥浆箱的箱底设有充气管，充气管上开有若干个管孔和1个充气口，使制浆筒内液面始终高于泥浆箱内液面。制浆筒一侧下部接有出浆管，与产生气体的进气管相接。本装置产生气体原理为：在制浆筒下部出浆管打开阀门后，制浆筒内泥浆由于重力作用流入管内、压入倒U形管处，倒U形管处顶开有一进气管，压入的泥浆在倒U形管内流动时，由于虹吸的作用在管内产生了一定的负压，所以进气管处有部分空气会被吸入形成气泡，并被泥浆裹挟、带至管底然后汇入储气口处管道，储气口处管道内的气体达到一定压力后就会被压出储气口，进入充气管内，而充气管直接就从布设的各个管孔中喷出，达到用气体搅拌泥浆的目的，该装置方便泥浆箱底边角处泥浆搅拌、不沉淀；集合了拌制、储存、循环回收等多种功能，自身能产生气体，减少了外部充气装置。

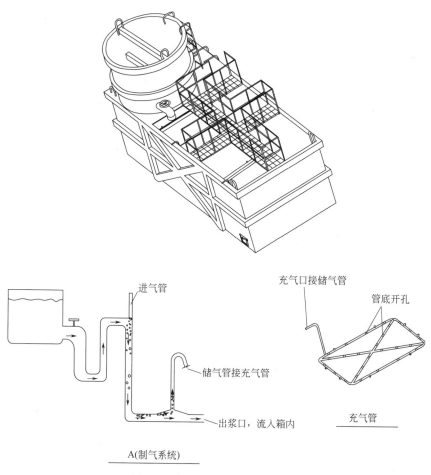

图 5-9　自带气体搅拌泥浆箱原理

7. 自平衡桩基检测技术应用

自平衡测试技术，是利用试桩自身反力平衡的原则，在桩端附近或桩身截面处预埋设单层（或多层）荷载箱，加载时荷载箱以下将产生端阻和侧阻以抵抗向下的位移，同时荷载箱以上将产生向下的侧阻以抵抗向上的位移，上下桩段反力大小相等、方向相反，从而达到试桩自身反力平衡加载的目的。试验时通过输压油管对荷载箱施压，随着压力的增加，荷载箱伸长，上下桩段产生弹（塑）性变形，从而调动上下桩段岩土的阻力。根据采用相应的数据转换方法判断桩承载力、桩基沉降、桩弹性压缩和岩土塑性变形，从而达到测试桩的承载力试验的目的。自平衡测试系统如图 5-10 所示。

本工程自平衡法主要装置是特别设计的荷载箱，根据试验桩径（600～800mm）和荷载（8500～14000kN）的大小，设置 3～5 个千斤顶并联而成，为使荷载箱两端的桩身受力均匀，便于和钢筋笼焊接，在千斤顶上、下分别用 15mm 厚的钢板连接，按桩类型、截面尺寸和荷载箱大小设计制作。采用基桩测试仪全自动实时观测并自动记录测试数据。自动判稳并提醒进行下级荷载测试，意外断电时自动保存数据。位移传感器固定在基准钢梁上，用于量测桩身的向上、向下位移及桩顶向上位移等。抽检的 GZ30、GZ52、GZ57 三根桩荷载箱位移与荷载曲线如图 5-11 所示。

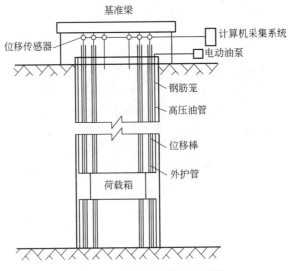

图 5-10　自平衡测试系统示意

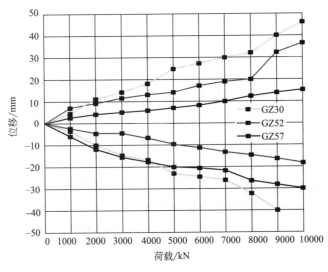

图 5-11　位移与荷载曲线

【专家提示】

★ 该综合技术很好地解决了在深厚淤泥质土层中大长径比的灌注桩施工难题，有针对性地解决了在场地条件不够充分的条件下桩基质量和承载力检测、灌注桩成孔垂直度差、超深灌注桩泥浆不易抽取、钢筋笼加工制作受限于气候影响、灌注桩混凝土浇筑深度不易控制、超方量大、浪费等问题以及减少泥浆排放量对环境保护起到积极作用，有效降低了施工成本，保证了施工质量与进度，为今后的深基坑工程施工技术不断提高创造了条件。

专家简介：

施群凯，Email：231074861@qq.com

（四）典型案例3

技术名称	超大长径比钻孔灌注桩超重钢筋笼施工技术
工程名称	天津高银117大厦
工程概况	天津高银117大厦试桩最大孔深120.6m，钢筋笼最大长度121.1m，其中钢筋笼上部锚筋高出自然地面0.5m，桩径1m。原设计为36根φ40的双层钢筋笼，考虑到钢筋笼的制作与安装难度、混凝土导管下放空间等因素，对钢筋笼的构造方式进行了优化，改为23根φ50的单层钢筋笼，如图5-12所示

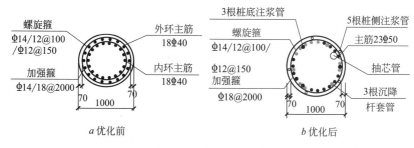

图5-12　钢筋笼截面

【工程难点】

1）钢筋笼制作精度和变形控制要求高。试桩钢筋笼外径0.884m、长121.1m、重达46t。23根φ50的主筋不能焊接，只能采用直螺纹套筒连接，另有12根预埋管道，直径如此粗大的钢筋人工难以校正，不能出现因丝扣不合导致钢筋拼接不上的现象，另外试桩静载试验时，全部主筋需贯穿预留孔径60mm厚锚板，所以钢筋笼在制作、转运及吊装过程中变形控制难度很大。

2）钢筋笼细长、质量大、吊装及拼接困难。试桩钢筋笼长121.1m，钢筋笼外径0.884m，重达46t，下放钢筋笼时，需在孔内进行23根主筋、12根管道的成功连接，并确保施工安全。

【施工要点】

1. 钢筋笼制作及安装技术

（1）钢筋笼制作及安装技术特点

1）整体制作、分节吊装技术

在现场设置钢筋笼制作胎架，钢筋笼整体制作，进行预拼装，孔口拼接成整体。为保证主筋定位准确，设置专用的钢筋定位模具。

2）粗大直径钢筋孔口快速连接技术

钢筋笼节与节之间的23根φ50钢筋在孔口快速连接，主筋连接采用新型的分体式直螺纹套筒连接，速度快，质量有保障。

（2）超长超重钢筋笼加工制作

1）超长超重钢筋笼分段

为减少接头和废料，选用12m长钢筋原材，同时考虑到吊装的方便可行，将121.1m

长钢筋笼分为 5 节加工，如表 5-1 所示。

钢筋笼分段 表 5-1

节段号	节长/m	节重/t	累计/t
第 1 节	25.1	6	6
第 2 节	24	7	13
第 3 节	24	11	24
第 4 节	24	11	35
第 5 节	24	11	46

2）专用钢筋笼胎架搭设和预拼装

为方便加工，保证精度，专门设置了加工胎架，胎架宽 3m、长 130m、高 40cm，胎架由间隔 2m 的砖砌墩台上固定槽钢组成，安放槽钢时用砂浆坐浆并用水准仪抄平，高差控制在 5mm 以内。钢筋笼依据钢筋料表加工，整个钢筋笼全长一次性加工成型，分节处用分体式直螺纹套筒连接，其他接头用普通直螺纹套筒连接。

3）主筋定位和间距控制

锚桩桩顶钢筋需通过预留 $\phi 60$ 孔径的厚锚板与检测设备连接，所以钢筋平面定位偏差不得大于 5mm。为此，项目部专门制作了钢筋定位模具。$\phi 50$ 钢筋线密度大，且每根定尺长度为 12m，工人实际加工定位起来比较困难，因此，又制作了专用的 F 形钢筋笼主筋定位钳，如图 5-13 所示。

F形主筋
定位钳

图 5-13　F 形定位工具

（3）钢筋笼主筋连接

1）单节钢筋笼节内主筋连接

试桩 121.1m 长钢筋笼分 5 节吊装，单节钢筋笼内主筋采用普通直螺纹套筒连接。

2）钢筋笼节与节之间主筋孔内连接

在保证连接质量的前提下加快了钢筋连接速度，缩短了连接时间，缩短空孔静置时间，有利于减小泥皮厚度，同时防止静置时间过长导致塌孔危险，节与节之间采用分体式直螺纹的连接方式。

分体式直螺纹接头是在钢筋等强度剥肋滚压直螺纹连接技术的基础上衍生出来的一种新型的接头方式。其连接套筒为分体式，装配时不需要转动钢筋，只需 2 个配套的半圆形套筒将连接钢筋扣装，后用锁母锁紧即可。该种接头具有以下特点。

①秉承了钢筋剥肋滚压直螺纹连接技术中其他接头形式的所有特点以外，适应性更强。

②分体式钢筋接头在装配施工过程中不需要转动钢筋和套筒，对于多根钢筋组成的构件对齐后对每个套筒可单独进行连接施工，因此可广泛应用于各种钢筋无法转动的多钢筋构件的连接，如钢筋笼对接、预制构件与现浇混凝土连接、地下连续墙与梁、板连接等。使钢筋等强度剥肋滚压直螺纹连接技术的应用领域进一步扩大。

③分体式接头压接机功率小，不需专用配电。

④分体式套筒采用正反丝扣型套筒（一端为右旋螺纹，另一端为左旋螺纹），采用正

反丝扣型套筒，通过转动套筒可少量调整 2 根已连接钢筋端面的间距，便于施工，同时降低由于钢筋笼在吊装、运输过程中变形造成的影响。

⑤ 套筒与钢筋丝头结合紧密，性能稳定可靠。

2. 钢筋笼吊装技术

（1）吊装设备选择

单节钢筋笼长 24～25m，线密度大，钢筋笼水平堆放在地面，当钢筋笼水平起吊时，钢筋笼易发生变形，且此类变形很可能无法恢复。故在钢筋笼水平转移和吊装时，应采用"双机抬吊"，增加吊点，从而将变形减小至最低。工程桩采用 70t 履带式起重机及 80t 履带式起重机作为主吊使用，副吊选用 25t 汽车式起重机或 50t 汽车式起重机。

吊具包括钢丝绳、卸扣、钢梁、滑轮、绳套、钢扁担。由于吊装时需穿滑轮组，因此选用 6mm×37mm 型钢丝绳，直径为 38mm 钢芯。卸扣选用额定荷载为 55t。钢梁采用 25mm 厚钢板制作。工程桩最小主筋间距仅为 62.3mm，卸扣无法穿入钢筋笼，因此现场钢筋笼吊点处采用绳套进行固定，绳套选用直径 28mm 的插编绳套。钢扁担采用 [14a 制作。

（2）钢筋笼吊点选择及加固

长度＞24m 的钢筋笼选用四点吊装。主吊采用 6 根钢丝绳，其中 4 根钢丝绳连接每节钢筋笼的首圈加劲箍与主吊的主吊钩，另 2 根钢丝绳连接第 4 道加劲箍与主吊的副吊钩；副吊利用 2 根钢丝绳连接钢筋笼倒数第 3、6 道加劲箍，通过钢吊梁及起重滑车与副吊相连。

由于第 3、4 节钢筋笼连接时起重量较大，为防止施工过程中发生加劲箍与主筋脱焊，在主吊点选用的加劲箍下部用 $\phi25$ 圆钢制作吊环，焊接于主筋及加劲箍上。第 4 节钢筋笼需在首圈加劲箍上部加焊 2 根 10mm 长 $\phi25$ 圆钢以固定加劲箍。第 4 节钢筋笼首圈加劲箍选用 4 点进行加固，其余每道加固的加劲箍仅在吊点处进行两点加固，如图 5-14、图 5-15 所示。

（3）扁担布置及固定方式

浇筑混凝土及连接钢筋笼时均采用钢扁担对钢筋笼进行固定，每个钢筋笼选用 2 根钢扁担进行固定，将钢扁担的挂钩挂在加劲箍处加固用吊环上以保证钢筋笼稳定。吊筋焊接在相邻 2 根主筋上，间隔约为 10cm，采用圆钢制作双吊环将 2 根相邻主筋连接，上部吊环用于连接卸扣，下部吊环用于钩挂钢扁担，工程桩吊环采用 $\phi25$ 圆钢制作吊环，如图 5-16 所示。

（4）钢筋笼吊装施工

1）钢筋笼分节吊装，现场用 100t 履带式起重机作为主吊，25t 汽车式起重机作为副吊，2 台起重机配合施工。钢筋笼吊装时，现场安排专人指挥，吊装时利用主、副起重机 5 点起吊钢筋笼，待钢筋笼离地面一定高度后，停止起吊，利用主吊继续起吊，直至把钢筋笼吊直，然后放入孔内。

2）钢筋笼入孔时对准孔位轻放，慢慢入孔，徐徐下放，不得左右旋转。

3）当每节钢筋笼入孔下放至最上一道加劲箍时，穿入扁担把钢筋笼固定在孔口。吊下一节钢筋笼至孔位上方，连接上、下两节钢筋笼的主筋、注浆管、声测管、抽芯管，保证上、下轴线一致，各种管线、钢筋接头应连接牢固可靠。

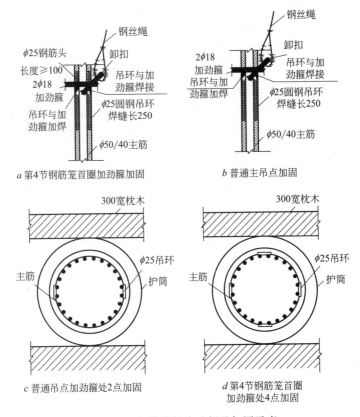

a 第4节钢筋笼首圈加劲箍加固　　b 普通主吊点加固

c 普通吊点加劲箍处2点加固　　d 第4节钢筋笼首圈
加劲箍处4点加固

图 5-14　钢筋笼吊点选择及加固示意

图 5-15　钢筋笼吊点示意

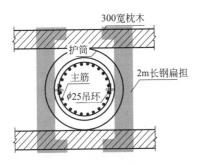

a 钢筋笼连接时钢扁担设置

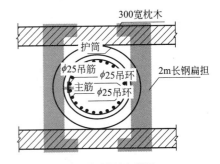

b 混凝土浇筑时钢扁担设置

图 5-16　钢扁担设置

4）为加快现场钢筋连接速度，钢筋笼主筋利用分体式直螺纹连接，连接接头互相错开，保证同一截面内接头数目不超过钢筋总数的50％，相邻接头间距≥35d。

5）主筋和各种管线在孔内连接完毕后，按搭接顺序逐段连接缓缓下放，同时，补足接头部位的螺旋筋，再继续下笼。

6）根据钢筋笼设计标高及护筒顶标高确定悬挂筋长度，并将悬挂筋与主筋牢固焊接。待钢筋笼吊放至设计位置后，将悬挂筋固定在孔口扁担上，防止钢筋笼在灌注混凝土过程中上浮或下沉。

【专家提示】

★ 钢筋笼节与节之间主筋连接选用分体式直螺纹套筒，大大节约了钢筋笼的下放时间，无预埋管件的锚桩钢筋的下放时间在8h以内，有很多预埋管件的试桩钢筋下放时间可控制在24h以内，减小空孔静置时间，有效确保孔壁的稳定性。钢筋笼均一次性顺利接长和下放到位，钢筋笼与试验用锚板连接器顺利连接。

专家简介：

余地华，某公司设计事业部副总经理，高级工程师，E-mail：309107981@qq.com

（五）典型案例4

技术名称	后压浆大直径超长钻孔灌注桩试桩工艺
工程名称	天津高银117大厦
工程概况	天津高银117大厦塔楼建筑高度约597m，塔楼楼层平面呈正方形，大楼首层平面尺寸约67m×67m。塔楼基础为超长后压浆钻孔灌注桩，为了确定超长后压浆钻孔灌注桩的承载特性，需进行试桩试验。在塔楼布置场地内进行了2组试桩，第1组试桩区布置4根试桩（编号为D3、D6、D9、D12）和10根锚桩，如图5-17所示，4根试桩长度分别为2根100m，2根120m，10根锚桩长度均为100m；第2组试桩4根（S1、S2、S3、S4），锚桩10根，长度均为100m。2组试桩施工和试验完成约用8个月时间

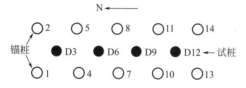

图5-17 D区试桩和锚桩分布示意

【施工工艺】

1. 超长钻孔灌注桩成孔工艺

（1）成孔施工方式

经过勘察查明试桩位置土层为粉砂、粉土和粉质黏土，各种类型土层状态不一。根据试桩位置土层性质决定钻孔施工采用GYD200型全液压动力头型回旋钻机，为了减少泥皮厚度、控制孔底沉渣厚度、提高钻孔施工进度，采用了气举反循环方式排渣清孔，同时采用PHP低固相泥浆进行护壁。

（2）成孔施工过程要求

根据地质情况采用气举反循环钻进成孔，刮刀钻头与钻孔直径吻合。成孔过程中应保持孔内泥浆面至少高于地下水位 2m，具体操作要点如下。

1）护筒安装好后，用钻头慢速钻进，钻进过程对层位发生变化位置处要谨慎控制进尺，做到每根钻杆钻进结束后清扫孔壁，按照要求控制钻孔直径，同时要求不断检测泥浆，控制泥浆性能指标，防止孔壁发生危险。

2）由于本工程钻孔中以粉质黏土、粉砂层为主，厚度较厚，呈流塑～可塑～密实状态，在此种地层中钻进经常会使泥浆黏度、密度、失水量增大，泥皮增厚，所以在钻进过程中要求控制钻速及进尺，防止出现黏钻和糊钻，随时监测泥浆，偏差较大对要对泥浆进行调整，以控制钻孔直径满足要求。

3）不同地层钻进参数不同，在该地层中所用到的地层钻进参数如表 5-2 所示。

不同地层钻进参数 表 5-2

地层	钻压/kN	转数/（r·min^{-1}）	进尺速度/（m·h^{-1}）	钻头类型
粉土、粉砂	<30	6～8	1～3	梳齿钻头
粉质黏土	10～50	10～14	0.5～2.5	梳齿钻头

4）定时检测钻机底座的水平度及钻塔的垂直度，以保证钻孔的垂直度，发现问题要随时调整。

5）认真检查入孔的钻具，避免掉钻；保证孔口安全，孔内严禁掉入铁件，保证钻孔正常施工。

6）升降钻头时应该保持平稳，防止勾刮孔壁和护筒。

7）真实、详细填写钻孔记录，注意钻进过程中地层的变化，发现与地质报告不同时要及时通知相关技术人员。

8）钻孔过程要求连续作业，不可中途长时间停止。

9）钻进过程中时刻注意护筒内的水头高度，要及时补充泥浆，保证孔壁稳定。

10）在正常施工过程中，为了保证钻孔的垂直度，要求采取减压钻进，保证孔底的钻压小于钻具总量的 80%。

11）钻进到设计深度后，让钻具原地回转几分钟，清除孔底钻渣，然后提钻，最后测量孔深。

2. 灌注试桩施工工艺

（1）双护筒设计

为了更真实地反映超长桩基承载力，对基坑深度非摩擦段采用双护筒设计。双护筒的特性是：保证基坑开挖深度的双护筒范围内不存在桩侧阻力，内、外护筒之间采用滑动装置连接，内护筒沉降和回升过程中不受外护筒的摩阻力。第 1 组试桩对－26.050m 以上的非摩擦段采用双护筒设计，第 2 组试桩对－24.000m 以上的非摩擦段采用双护筒设计。外围护筒直径为 1300mm，内部护筒直径为 1100mm，外护筒比内护筒长 1m，外护筒底部需插入土体 1m。考虑护筒运输与插打过程中自身刚度、垂直度及平面位置误差的影响，护筒采用 10mm 厚钢板卷制而成，保证焊缝密实，防止渗漏。护筒上端焊接牢固，下端采用止水塞将其密封固定，安置好做抗压试验时，割断焊接处的钢板，消除内、外护筒间的阻力。

（2）试桩钢筋笼的制作与吊笼工艺

根据设计要求，钢筋笼为单层，主筋为 23 根螺纹钢，直径 50mm，预制成约 25m 长的钢筋笼。

每根试桩设计了 3 个分层沉降管，沉降管焊接于钢筋笼内侧，其焊接位置、长度根据设计要求进行，以便于吊笼时沉降管能整齐对接。

为了试桩时测试桩身轴力，在主筋上安装了振弦式钢筋计，钢筋计与主筋并联焊接，如图 5-18 所示，焊接位置如图 5-19 所示。

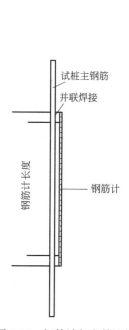

图 5-18　钢筋计与主筋连接

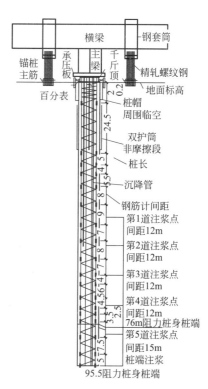

图 5-19　试桩剖面（单位：m）

试桩采用后压浆技术，注浆管焊接于钢筋笼内侧，注浆管全长焊接，焊接位置根据设计要求进行，以便于吊笼时能整齐对接；桩侧注浆采用注浆管连接软管，软管为 PVC 软管，在 PVC 软管上向桩身外侧设置多个出浆孔口。

（3）吊笼施工工艺与混凝土浇筑

钢筋笼吊装采用双机抬吊，直立后由 100t 履带式起重机分节吊入孔内，分节钢筋笼主筋采用分体式直螺纹套筒连接，预埋沉降管和注浆管在孔口处采用套管连接。钢筋笼下到桩侧注浆处，将 PVC 软管以外凸的方式环绕钢筋笼周围，保证灌浆后能实现桩侧注浆。

混凝土浇筑保持连续进行，浇筑过程中持续探测混凝土顶面高度，适时提升和逐级拆卸导管，但一直保持导管在混凝土内埋深 2~6m，防止出现断桩情况。

（4）后压浆施工工艺

采用单向注浆阀，直接利用注浆开塞，采用注浆压力和注浆量双控注浆，桩端、桩侧注浆参数为：普通硅酸盐水泥，水泥强度 42.5MPa，水灰比 0.6～0.7，桩端压浆量 2m^3，桩侧压浆量 10m^3，注浆压力 2～5MPa，终止注浆压力 8～10MPa。

【专家提示】

★ 本工程试桩为超长大直径钻孔灌注桩，数量多，投资大，工程规模罕见。试桩流程、方法与工艺，其中有部分新方法和新工艺，这些技术可为以后类似大型试桩工程提供借鉴。

专家简介：

柯洪，硕士，项目经理，国家注册岩土工程师，E-mail：602984320@qq.com

第二节　嵌岩桩施工技术

（一）概述

嵌岩桩是指桩身一部分或全部埋设于岩石中的桩基础。由于岩层种类繁多，岩石强度差异较大，大直径深长嵌岩桩承载机理复杂，且很难进行破坏试验，诸多原因制约了人们对其承载性能的全面认识。国内如建筑桩基 2008 年规范、公路桥涵地基及基础 2007 规范，都规定嵌入中风化岩层以上的桩称之为嵌岩桩，全风化和强风化按土层考虑，国外规范一般认为只要嵌入岩层的桩都是嵌岩桩，不管是嵌入强风化还是全风化岩层。

（二）典型案例 1

技术名称	超大直径嵌岩端承桩设计与施工
工程名称	深圳平安金融中心工程
工程概况	深圳平安金融中心地处深圳市福田中心区，由福华路、益田路、福华三路及中心二路围成。益田路地下有规划中的广深高铁，福华路地下有已投入使用的地铁 1 号线。塔楼地上 118 层，地下 5 层，结构形式为"巨型框架-核心筒-外伸臂"抗侧力体系，其荷载通过核心筒、8 根超级巨柱等传至地基。基坑深 33.8m，围护结构采用钻孔灌注桩，整体采用 4 道环形支撑。8 根超级巨柱采用单柱单桩，人工挖孔桩造成了"坑中坑"的施工工况，桩顶位于强风化岩（局部位于全风化岩），桩孔掘进需穿过中风化层、入微风化岩≥0.5m。内支撑平面示意如图 5-20 所示，基坑北侧 1—1 剖面如图 5-21 所示

【施工技术】

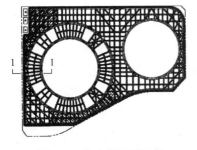

图 5-20　内支撑平面示意

1.桩孔开挖对地铁结构影响分析

基坑北侧紧靠地铁 1 号线，扩底直径 9.5m 的大桩距离基坑边约 10m，距出入口约 20m，距地铁左线约 30m，距离较近，地铁结构对变形控制要求严格，因此大直径工程桩的桩孔土方开挖对基坑支护体系尤其是地铁结构影响较大。工程桩与支护桩及地铁相互位置平面如图 5-22a 所示，工程桩与支护桩及地铁相互位置剖面如图 5-22b 所示。

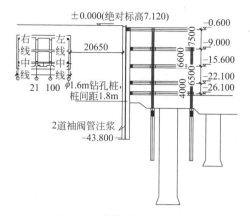

图 5-21　基坑北侧 1—1 剖面

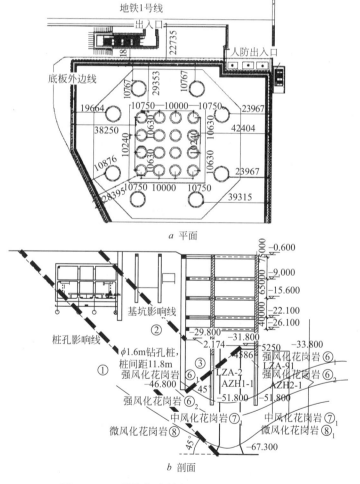

a　平面

b　剖面

图 5-22　工程桩与支护桩及地铁相互位置关系

　　工程桩直径大，成孔深度大，而且部分桩靠近基坑边，基坑支护桩及地铁结构均处于工程桩周边 45°影响线内。大直径挖孔桩对基坑支护体系的影响不可避免，参考线①。由基坑影响线与地铁相互位置关系，就基坑开挖而言，基坑开挖对地铁列车轨道的影响要远小于桩孔施工，参考线②。地铁结构在基坑施工过程中已发生较大变形，这表明若不考虑相关加强保护措施，将来变形势必会更大。同时，工程桩位于基坑支护桩45°被动土压力影响线内，工程桩桩孔开挖过程中，对基坑支护槽底被动土压力区的削弱（被动土压力释放），将使基坑支护体系产生踢脚破坏的可能，参考线③。

2. 超大直径人工挖孔爆破嵌岩端承桩施工综合关键技术

（1）群桩施工顺序选择

根据设计图纸，外筒工程桩相距相对较远，工程桩施工对邻桩影响较小。但内筒16根大直径工程桩距离较近，最近处仅4300mm，考虑扩底端，则桩间净距仅3000mm。在挖孔及浇筑混凝土过程中需考虑施工对相邻桩的影响。主塔楼区域工程桩距离近，直径大，开挖量较大，尤其是核心筒区域总面积约为1485m²，而挖孔桩开挖面积约708m²，开挖面积占总面积的48％。一次开挖如此大面积桩孔，桩成孔过程中土体的稳定性难以保证。

综合以上因素考虑，本工程主塔楼大直径工程桩采用上面全开挖-下面跳挖工艺，即主塔楼区工程桩采用一次大面开挖到中风化岩层顶，浅桩暂停开挖，首先开挖深桩至设计标高，绑扎钢筋浇筑桩身混凝土，待深桩桩身达到部分强度后开挖施工浅桩，这样可减少深桩爆破施工对浅桩侧壁土体稳定性的影响，桩间土稳定性相对可以保证。开挖顺序如图5-23所示。

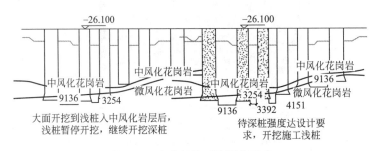

图 5-23　大直径桩开挖顺序示意

（2）高强花岗岩基岩裂隙止水技术

采用在槽底增设止水帷幕封闭主塔楼工程桩区域，在坑底内侧周边对坑底交工面（−26.000m）往下至中风化岩层顶面采用双重管旋喷桩止水帷幕（$\phi550@350$），其中北面靠近地铁区域布置双排咬合旋喷桩，从中风化岩层往上搭接5m至入微风化0.5m采用基岩裂隙灌浆3排孔止水帷幕，如图5-24、图5-25所示。

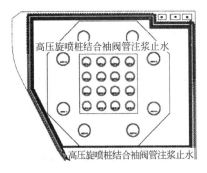

图 5-24　止水帷幕平面布置

基岩裂隙灌浆止水帷幕，即"孔口封闭、孔内循环、自上而下、分段灌浆法"（简称"孔口封闭、孔内循环灌浆法"）。在地质条件复杂、岩石破碎、裂隙多、透水性大的岩层中建造帷幕，灌浆时，边灌边排，将四周围住，后灌中间排，挤密压实，灌浆效果较好，帷幕较厚。灌浆采用自上而下分段灌浆、自下

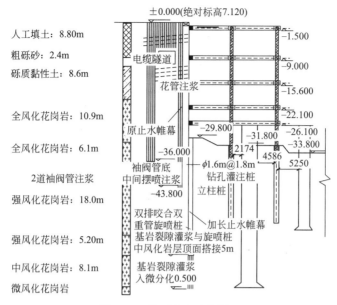

图 5-25 北面止水帷幕剖面

而上分段灌浆及全孔一次灌浆 3 种方式相结合。双排灌浆孔施工时，应先灌外侧（基坑外侧）后内侧，每排两序灌浆。3 排灌浆孔施工时，应先注外侧（基坑外侧）1 排，后内侧 1 排，最后中间 1 排，每排分两序灌浆。外侧孔采用自上而下分段灌浆法，内侧孔采用自下而上或全孔一次灌浆法。

（3）粗粒花岗岩中光面控制爆破成桩技术

嵌岩桩进入中风化、微风化等岩层后无论机械还是人工开挖均很困难，必须采用动态爆破施工。由于桩基岩石夹制作用特别大，采用锥形掏槽爆破；通过掏槽孔爆破形成自由面，为周边孔及扩槽孔爆破创造条件。超大直径桩采用分断面爆破法，其主要过程是通过掏槽孔爆破形成自由面，再由周边孔及辅助孔爆破形成良好的周边及断面形状，即首先掏出一个直径为 2.5m、深约 1.2m 的槽，如图 5-26a 所示；待清渣完毕后，再将桩其余部分的岩石二次爆破剥离，爆破的深度约 1.0m，如图 5-26b 所示。

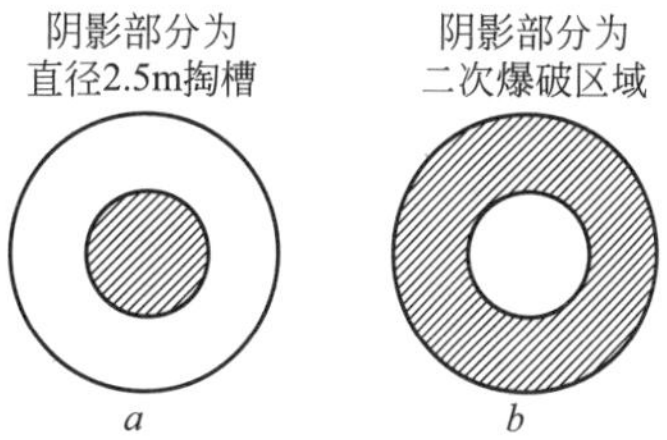

【数值分析】

图 5-26 超大直径桩分断面爆破

对超大直径嵌岩桩的承载力进行数值分析计算。考虑到地基及加载条件的对称性，只取嵌岩抗拔桩-地基的一半建立轴对称模型。岩石采用 Mohr-Coulomb 模型，桩体为弹塑性模型，岩石和桩体之间设置接触面。桩径 8.0m、扩底桩径 9.5m 的超大直径扩底嵌岩桩加载至设计值时，由桩体及桩周岩体各项位移云图所示计算结果可以看出，当桩顶加载至桩身承载力设计值时，超大直径扩底嵌岩桩桩顶位移约为 47mm。根据现场施工情况，截至 2014 年 12 月 8 日，核心筒墙体施工到 L114 层，核心筒楼板施工到 L92 层，巨柱施工到 L92 层，外框楼板施工到 L94 层。根据设计要求，工程主塔楼埋设沉降观测点 12 个（核心筒 4 个，巨柱 8 个），主楼沉降观测点布置如图 5-27 所示。至 2014 年 12 月 8 日，主塔楼沉降的现场监测及超大直径扩底嵌岩桩桩顶沉降数值计算结果对比如图 5-28 所示。从图中可以看出，在 CJ4 位置沉降最大，沉降值为 38.24mm。

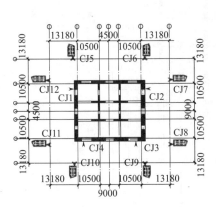

图 5-27 主楼沉降观测点布置

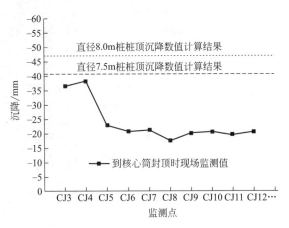

图 5-28 桩顶沉降的现场监测及数值计算对比

【专家提示】

★ 超大直径人工挖孔爆破嵌岩端承桩施工技术很好地解决了无机械可开挖超大直径桩的巨大难题；嵌岩部分采用爆破施工，成孔速度快，迅速高效；超大直径桩施工采用封闭止水技术，能减少施工对地下水的污染，有利于保护生态环境。

专家简介：

廖钢林，某公司总经理，高级工程师，国家一级注册建造师，E-mail：liaoganglin@chinaone build. com

（三）典型案例 2

技术名称	裸岩或浅覆盖层条件下嵌岩桩基施工技术
工程名称	湄洲湾港石化码头工程
工程概况	湄洲湾港石化码头工程位于福建省湄洲湾黄干岛东北侧海域，工程主体是高桩墩式码头结构，平面布置采用蝶形布置。码头前沿的工作平台及靠船墩桩基为 $\phi1800\times25$ 钢管混凝土嵌岩桩，系缆墩桩基为 $\phi1500\times25$ 钢管混凝土嵌岩桩。码头桩基总计 126 根桩，其中直桩 13 根，斜率 6：1 的桩 9 根，斜率 5：1 的桩 104 根，需嵌岩的有 117 根，包括 $\phi1800$ 钢管桩 66 根、$\phi1500$ 钢管桩 51 根。 码头工程所处湄洲湾海域属强潮海区，根据湾口斗尾站潮位资料分析，拟建工程海域的潮汐性质属于正规半日潮。由分析斗尾短期测波站资料统计结果和湄州湾地形条件表明，ESE～SSE 向外海传来的大浪对拟建码头工程威胁最大，为设计控制浪向。根据地质勘察资料，拟建场地内有软弱土层分布，且局部岩土接触面坡度较大，存在可能产生滑移的不利结构面。局部地段如工作平台区，4 号靠船墩，6 号系缆墩区覆盖层较浅，局部地区甚至无覆盖层，加大了桩基施工的难度

【工程难点】

1）工程区域地质分布情况复杂多变，部分地段覆盖层较浅，局部地区为裸露岩面，且部分岩面坡度较大，钢护筒稳桩难度极大。

2）工程所处区域为外海条件，毫无掩护，直接受到来自 ESE～SSE 向传来的大浪冲击，钢护筒所受水平荷载较大。

3）工程桩基大多为斜桩，斜度为 5：1，加大了护筒定位和稳定难度。

4）工程所处区域常年受到台风威胁，施工条件恶劣，桩基施工风险较高，进度较难控制。

【施工工艺】

针对覆盖层比较薄的现状，通过对比混凝土封底和人工基床两种不同的稳桩方案，从技术可行性、结构安全性、经济节约和施工安全便捷等方面进行研究论证后，工程最终确定采用人工基床抛填袋装碎石进行稳桩。具体的施工工艺流程如图 5-29 所示。

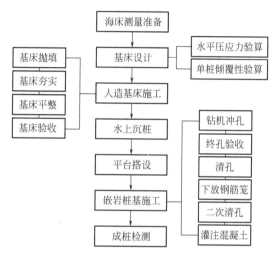

图 5-29　人造基床嵌岩桩基施工流程

【施工要点】

1. 人工基床施工

拟建工程处于外海开阔海域，人工基床施工受潮流、波浪条件影响。工程采用方驳加反铲进行人工基床的抛填施工，机械重锤进行夯实，水准仪配合测深导尺进行基床整平施工。

以水下测量数据图为基础，根据基床抛填厚度、宽度，制定抛填相应控制网格，在抛填范围内将整个平面划分为 2m×2m 的网格小块，计算网格小块中的抛填高程，作为控制高程。通过 GPS 定位、调整抛石定位船，运石船紧靠定位船进行抛填施工。根据人工基床的断面结构，首先进行 5m 厚度的袋装砂抛投，然后抛投 2m 厚度的护面袋装碎石。

基床抛填过程分层进行，每次抛投厚度控制在 2m 左右，共分 4 层。每层抛填工序结束后，使用机械重锤进行夯实，夯锤采用圆台形重锤，由船上履带式起重机进行夯实施工。通过 GPS 确定夯实船的里程，并根据基床宽度和船舶自身宽度，确定施工纵向分条。夯实施工采用均邻接压半夯的施工工艺，初、复夯各 1 遍，同时在施工过程中按工序要求进行测量，以控制各层施工质量。

为保证钢护筒的沉桩正位率，对人工基床的护面袋装碎石进行整平施工。整平施工采用方驳作业，船上配备送料小车，整平刮道采用 2 根槽钢对扣而成，并在刮道中间利用小浮鼓吊浮，以减小刮道挠度，同时起到标识作用。根据潜水员水下要求，按轨道顶面标高，用刮道进行粗平。刮道粗平完毕后，进行整平导轨的复测工作，然后再进行一遍刮平、细平工作。

整平工序完成后，利用水深测量系统对人工基床进行测量，并与预制的基床抛填断面进行对比，没有达到基床厚度要求的区域须进行补抛，符合要求后才能进行钢护筒的沉放施工。

2. 嵌岩桩基施工

人工基床完成后，进行斜桩钢护筒的下放工作。通过打桩船上的 GPS 系统进行初步定位，采用直角交会定位法对斜桩钢护筒的倾斜度进行精确定位。在定位完成后，通过打桩船振动打桩使钢护筒下沉至基岩层。同时为确保桩尖不卷边，对钢管桩进行局部加强，钢管桩壁厚 25mm，在桩尖内侧和桩顶 500mm 范围用 20mm 厚的钢板进行加强，以使桩尖能尽量进入强风化花岗岩层，提高桩基稳定性。

沉桩结束后，为方便后续施工和避免单根桩在风浪较大时受水流及外力冲撞时发生倾斜以至破坏，对钢管桩进行夹桩处理，将单根桩用型钢连成桩群。同时利用钢管桩群作为支撑，在钢管桩上焊接钢牛腿，底层主梁采用贝雷梁，上层次梁采用型钢，铺设面板形成钻机平台。

根据工程斜桩嵌岩桩桩径、孔深及斜率的要求，选用 ZSD-250 及 ZSD-300 反循环凿岩钻机，配用滚刀牙轮钻头和 ϕ320 法兰式钻杆，在钻杆中间加上扶正器，每根桩总共加 3 个扶正器，防止钻孔倾斜面下垂而影响钻进效率，保证钻孔斜度与钢管桩外孔径斜度一致。当钻机就位后调节钻机底座和钻架液压杆，使钻杆和机架的斜度与钢管桩斜度相同，对中后即可开钻。

钻进时采用清水气举反循环钻进，一次彻底清孔即可满足规范要求；在覆盖层较厚时采用泥浆护壁工艺，采用二次清孔，清孔后孔底沉渣严禁＞5cm。成孔达到设计深度后，先进行检测，满足要求后方进行清孔。

钢筋笼在岸边制作，设置上下导向坡，下口内收，上口外放。同时将加强箍外置防止下导管时卡到钢筋笼。由于桩基钢筋笼长度不大，加工时拼装成完整的钢筋笼，通过运输船运至现场，由浮吊或履带式起重机安装钢筋笼。

斜桩嵌岩桩混凝土浇筑时，需对导管进行位置导正，每隔一段距离设置一节纺锤形导正器，确保导管口在浇筑时基本位于孔底中心位置并防止导管挂拉钢筋笼。嵌岩桩混凝土采用搅拌船拌制和泵送，施工时应保证首灌混凝土埋管深度和初灌量，在导管提升前，必须测量混凝土的浇筑标高，防止将导管提出混凝土面的事故发生。在确保浇筑质量情况下，适当加快浇筑速度，浇筑一次完成，防止发生意外。

嵌岩桩桩基桩身混凝土强度达到设计强度后，对嵌岩桩基进行允许偏差和低应变动力检测，经检验合格后，方可进行上部结构的施工。

【专家提示】

★ 通过研究对比裸岩或浅覆盖层条件下，嵌岩桩基钢护筒的混凝土封底稳桩方案和人工基床稳桩方案特点，结合湄洲湾港石化码头工程的具体施工概况，综合考虑技术可行性、结构安全性、经济节约和施工安全等方面，确定采用人工基床抛填袋装碎石进行稳桩方案。详细介绍了人工基床稳桩方案的嵌岩桩基施工流程，包括人工基床的设计、基床施工及嵌岩桩基施工等流程，为同类型地质条件的桩基施工提供了参考依据。

专家简介：

柯杰，E-mail：kj36170909@163.com

（四）典型案例3

技术名称	大直径嵌岩桩施工技术
工程名称	武汉绿地国际金融城
工程概况	武汉绿地国际金融城A01地块位于武昌滨江商务区核心区域，总建筑面积约726800m²；主楼地上125层，高度636m；办公辅楼地上39层，高184.8m；公寓辅楼地上31层，高135.6m；裙楼地上8层，高45m。超高层塔楼区工程桩565根，桩径为1200mm，分为A1～G共计16种桩型，现场±0.000相对于绝对标高24.400m，桩顶标高−30.600m，桩长22～33m

【工程难点】

（1）工期短

整个工期为180个日历天。

（2）桩型多且都要求入岩

主塔楼桩分为A1、A2、A3、B1、B2、B3、C1、C2、D1、D2、D3、E1、E2、F1、F2、G等桩型，且在实际施工过程中上述桩型嵌岩都入微风化，平均入微风化7.04m，其中C、D型桩入岩超深，平均入微风化岩深度达7.83m，部分桩入微风化岩达15m。影响单桩成孔效率的主要因素体现在岩层钻进过程中，如何提高岩层钻进效率成为做好本工程的难点之一。

（3）空孔较深

现场±0.000相对于绝对标高24.400m，桩顶标高−30.600m，桩长20～31.5m，平均空孔30.42m。在实际施工过程中，超深的空孔将制约钻机的整体施工效率，增加了垂直度控制难度，也增加了安全隐患，对各类监测预埋设施的保护也是一大难题。

【施工工艺】

从地质勘察报告结合施工图纸可以看出嵌岩部分较长，钙质胶结表明了钻进的困难程度，可以预见在入岩部分的钻进必将花费大量时间。加之上部还有较深土层，提高单桩成桩效率在很大程度上取决于设备选型。本工程塔楼桩入岩深，根据设计图纸入岩最深达15m，大部分桩入岩2～6m；工期紧，主塔楼工期仅为180d，共计565根桩，平均每天必须完成3.2根才能满足工期要求。考虑以上综合因素，放弃了传统的回转牙轮钻进工艺，采用能够发挥各钻机优势的旋挖＋冲击反循环接力的施工工艺。

在整个施工过程中，影响成孔效率最主要的因素是嵌岩效率。在稳定和提升成孔效率方面，着眼于耗时最长的嵌岩部分，主要从旋挖和冲击反循环交接方面入手，遵循原则为：①短时间内能用旋挖钻机一次成孔的，尽量使用旋挖钻机；②短时间内不能用旋挖钻机一次成孔的，视岩层情况而定（见表5-3）。

不同岩层旋挖钻接力适用情况　　　　　　　　　　　　　　　　　　表5-3

接力岩层	适用情况	
旋挖钻至微风化接力	中风化较浅，微风化较浅	中风化较浅，微风化较厚
旋挖钻至中风化接力	中风化较厚，微风化较浅	中风化较厚，微风化较厚

为了合理安排设备，对施工区域内 3 根桩进行了试成孔，并将冲击反循环吸出来的孔底破碎岩样送实验室检测孔底岩石的单轴抗压强度。检测报告与勘察报告所述基本相符。这也验证了持力层强度高，难以采用旋挖钻机一次性成孔到底，进一步肯定了旋挖＋冲击反循环的接力方式。

【施工要点】

1. 泥浆调配

本项目采用旋挖＋冲击反循环接力施工。冲击反循环成孔约占总成孔时间的 70％，对岩层钻进过程中泥浆性能进行分析，对比分析资料如图 5-30 所示。

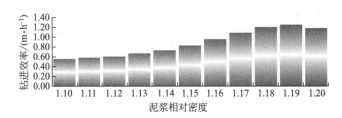

图 5-30　泥浆相对密度与钻进效率关系

由图 5-30 可知，随着泥浆密度的增加，钻进效率逐步提升，但当相对密度达到 1.19 时，钻进效率开始下降，分析可能是由于泥浆密度过大后，泥浆中悬浮大量岩屑颗粒无法及时排出，造成钻进效率降低。

由图 5-31 可知，当泥浆相对密度控制在 1.10～1.14 时，直径＜10cm 的岩屑占总量的 90％以上，以小、碎裂的岩屑为主。当泥浆相对密度达到 1.15 后，岩屑中＞4cm 的颗粒逐渐增加，甚至达到 12％。说明当泥浆相对密度＜1.14 时，泥浆悬浮能力较弱，无法带起大的岩粒，岩石存在重复破碎，影响了钻进效率；提高泥浆密度后，泥浆悬浮能力增强，岩石重复破碎率降低，钻进效率提升。

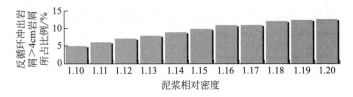

图 5-31　泥浆相对密度与岩屑关系

由图 5-32 可知，随着黏度增大，对泥浆的携屑能力提升有着显著帮助，当黏度达到 22s 时，比例已达 18％。其效果比提升泥浆密度的效果更加明显。

综合考虑以上因素后，本项目冲击反循环施工时的泥浆相对密度控制在 1.19，黏度控制在 22s 时是最佳的钻进效率。

确定泥浆指标后，本项目按照 1m³ 泥浆中膨润土 450kg、纯碱 5kg、水 1000kg 的比例进行泥浆调配。调配完成后采用泥浆比重仪进行测量，

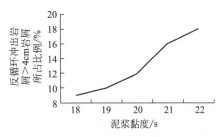

图 5-32　泥浆黏度与携屑能力关系

符合要求后，静置 24h，转移至循环池内开始使用。

2. 钻进的工作效率及成孔检测情况

对现场所有桩中抽取 JZA1 和 JZD12 根具有代表性的桩进行钻进工效分析（见表 5-4）。

工程桩 JZA1-116 成孔时间　　　　　　　　　　　　　　　　表 5-4

日期	时间	钻进设备	孔深/m	备注
09-28	15：40	旋挖钻机	0	
09-28	23：00	旋挖钻机	50.0	入中风化泥质砂岩
09-29	03：35	旋挖钻机	52.5	微风化泥质砂岩
10-02	02：10	冲击反循环	51.0	
10-03	18：30	冲击反循环	53.7	
10-04	06：30	冲击反循环	55.4	
10-04	18：30	冲击反循环	57.0	
10-05	06：30	冲击反循环	58.0	
10-05	08：30	冲击反循环	58.0	

由表 5-5 可知，旋挖在土层钻进效率为 7m/h，在中风化泥质砂岩中钻进效率降为 0.5m/h；冲击反循环钻机微风化岩层中的钻进效率为 0.7～1.4m/h，钻进效率较高。

工程桩 JZD1-469 成孔时间　　　　　　　　　　　　　　　　表 5-5

日期	时间	钻进设备	孔深/m	备注
10-03	22：30	旋挖钻机	0	
10-04	02：20	旋挖钻机	41.0	入中风化泥质砂岩
10-08	02：00	冲击反循环	41.0	
10-08	06：30	冲击反循环	42.0	
10-08	13：40	冲击反循环	43.2	入微风化泥质砂岩
10-09	18：00	冲击反循环	45.6	
10-10	06：30	冲击反循环	47.0	
10-10	18：00	冲击反循环	48.0	
10-11	06：30	冲击反循环	49.7	
10-11	15：25	冲击反循环	52.3	

由表 5-5 可知，旋挖在土层钻进效率为 10.3m/h，冲击反循环钻机在中风化泥质砂岩中钻进效率为 0.17～0.25m/h，微风化岩层中的钻进效率为 0.8～1.4m/h，钻进效率较高。究其原因，根据勘察报告中描述的微风化泥质砂岩中"采芯率 90%～96%，部分地段钻探过程中有非常严重的快速漏水失浆现象"，可以推断出该处存在严重裂隙，后期施工中也发现其钻进效率反高于中风化岩层。

【专家提示】

★ 通过泥浆性能分析确定岩层钻进过程中的最佳泥浆指标，采用旋挖＋冲击反循环接力方式完成了武汉绿地中心桩基工程施工，经济效益显著。

第三节　冲孔灌注桩施工技术

（一）概述

冲孔灌注桩作为基础桩型具有较好的技术和经济效果，适用于各种复杂的地层，在存在回填土层（含大块抛石区域）的沿海软基地区，控制好从成孔到成桩的各个环节，严格遵守操作规程，通过桩基检测，可以达到预期的施工质量。但冲孔桩在深基坑支护工程中，尤其是存在抛石区域的深厚软土地基中，要考虑后期止水帷幕施工困难，选择合理的施工工艺，保证基坑支护系统的整体安全性。

（二）典型案例1

技术名称	短期填海区超厚淤泥层冲孔灌注桩长护筒成桩技术
工程名称	青岛东方影都酒店群工程
工程概况	青岛东方影都酒店群工程拟建场地为灵山湾海域，属滨海浅滩地貌；地势整体由西向东缓倾，近期经回填而成，工程规划为星级酒店群、游艇中心、酒吧街，总建筑面积 29.8 万 m^2。本工程基础形式为桩基承台＋防水板，桩基采用冲击成孔灌注桩，桩径为 800mm，总桩数约 6000 根，桩端持力层为第 17 层泥岩～泥质粉砂岩中等风化带，桩长 19.00～27.00m。本工程地质分布从上至下为：碎石素填土、含淤泥中细砂、流塑淤泥层、粉质黏土、泥质粉砂岩强风化带、泥质粉砂岩中等风化带，其中流塑淤泥层厚度 0.6～15m。经工程试桩实践，对地质内流塑淤泥层厚度＞8m 的灌注桩施工，在技术方案选择上摒弃单一泥浆护壁成桩技术，改用泥浆护壁与长护筒护壁相结合的成桩技术

【工程难点】

1）长护筒护壁成孔施工，如何选择钢护筒施打机械以保证护筒下放的稳定性、如何控制钢护筒下放时垂直度满足成桩要求为技术重点和难点。

2）长护筒在桩身混凝土浇筑完毕后需拔出桩孔，拔出时间过早极易造成塌孔或桩身颈缩，拔出时间过晚则易影响桩身混凝土成桩效果，造成桩身出现有害裂缝或断桩，因此钢护筒的振动拔出时间控制为施工重点；因长护筒自身体积、混凝土黏附作用及淤泥土层流塑特性，护筒拔出时会引起已浇筑混凝土面下降，对护筒内混凝土的二次补灌处理及拔出垂直度控制为本技术重点。

【施工要点】

1. 超厚淤泥层灌注桩长护筒成孔

（1）淤泥层以上土层泥浆护壁扩孔钻进工艺

淤泥层以上土层采用"埋设短护筒，泥浆护壁，扩孔钻进"工艺组织成孔施工，与传统灌注桩施工工艺相同，此文对此不多赘述。

（2）淤泥质土层长护筒护壁钻进成孔工艺

1）材料及设备选择

长护筒采用钢套筒，材质为 Q235，壁厚 12mm、标准节长度 8～12m，钢套筒内径超出桩径≥100mm。施打设备选用弹簧振动锤、液压钳和履带式起重机（宜≥50t）。为保证振冲钢护筒过程中的安全性，起重设备严禁使用汽车式起重机。

2）钢套筒施打

现场安装首节钢护筒时通过原有定位桩定出十字线，起重机臂外伸使长护筒垂直于孔口平面，4 人分站四角对准孔位，缓慢进行护筒安装，同时架设 2 台经纬仪呈垂直方向控制钢套筒施打过程中垂直度，待护筒在孔内放置稳定、位置正确并垂直后再振动下沉，每沉 1.5～2m，停振检测钢套筒的垂直度，发现偏差及时纠正，保证钢套筒成型后垂直度偏差<1%。

护筒施打过程中当护筒下沉速度突然变小时，应停止施打，并将护筒向上拔起 0.5m 左右，然后重新下沉，如仍不能下沉，则考虑下方可能有大石块等障碍物，若有石块障碍物，钢套筒无法下沉，将钢套筒提出孔外，平直放置于地面，用冲击钻机进行石块破碎后再次进行护筒下沉施工。

3）钢套筒接长

护筒下沉深度超过标准护筒长度时，现场需对钢套筒进行焊接加长，本节钢套筒顶面下沉至距离地面 1m 时，进行护筒焊接加长，加长护筒同标准段进行对焊，对焊完成后用 10mm 厚、200mm 宽钢板进行外包焊接。焊接加长后的长护筒需经自然冷却后继续施打下放，自然冷却时间≥8min。

4）穿透淤泥层判定

为保证长护筒有效穿透超厚淤泥层，需根据地勘报告对每根桩土层钻进情况进行实时控制，从钻进深度、护筒下放速度和岩样情况判定长护筒是否穿透淤泥层，并应保证长护筒穿透淤泥层进入下层土≥1m。

2. 超厚淤泥层灌注桩长护筒拔出及混凝土补灌

（1）开拔时间控制

为避免护筒开拔时间过早或过晚造成桩身质量缺陷，钢套筒的拔出从桩身混凝土浇筑完成时间和初凝时间两方面考虑，采取"双控"：①开始时间控制在混凝土浇筑完毕后 0.5～1h；②开始时间不得超过混凝土搅拌出站后 5h。

（2）拔出过程控制

首先清理护筒周边的浮浆及杂土，保证护筒露出地面 0.5m 左右，采用起重机配合振动液压钳准确夹住长护筒顶部振动 2～5min，使护筒周围土松动，减少土对护筒摩阻力，慢慢往上振拔。

拔出过程中标定尺寸，每拔出 3m，停止拔桩，振动 2～3min 后再连续往上振拔，与此同时对护筒垂直度进行复测，保证护筒垂直度偏差在 1% 以内，如此反复将护筒拔出。

（3）混凝土补灌

因成孔直径与长护筒直径差值、混凝土自重影响以及淤泥质土自身特性，长护筒拔出会引起桩身混凝土面下降，为保证有效超灌量，将护筒拔出一定高度（此高度应根据淤泥层以上土层成孔深度、淤泥层厚度和流塑特性确定，以 800mm 桩径、淤泥层厚度 12m 为例，拔出高度 1～1.5m）后，观察护筒内混凝土面的变化，并将护筒内空位高度满灌混凝土，再进行振动拔出。

【效益分析】

1）成桩速度更快。根据工程实测，桩长 21m、直径 800mm 的桩采用传统工艺成孔需要 4～5d，而采用长护筒工艺成孔仅需要 2d，单桩工期缩短 2～3d，工期效益显著。

2）充盈系数显著减小。超厚淤泥层采用传统工艺成孔实测充盈系数 1.7～1.8，采用长护筒工艺实测充盈系数 1.4，按桩长 21m、直径 800mm 进行计算，单桩混凝土节余量 3.16m³，混凝土按 450 元/m³ 计算，单桩节约 1422 元，经济效益显著。

3）长护筒为单元化钢套筒，磨损小、周转利用次数高，减少了护壁泥浆制备和使用量，有利于节约资源，长护筒定点放置、文明整洁，环境污染小，有利于现场文明施工和环境保护，节材和环保效益明显。

4）采用长护筒护壁工艺，可有效解决填海地质塌孔、黏锤、漏浆等难题，根据桩基施工后检测情况，Ⅰ类桩比例达 95％，成桩质量可靠。

【专家提示】

★ 本技术适用于短期填海区超厚淤泥层灌注桩施工，其施工速度快，施工质量和施工成本可控，并迎合了当今绿色节能环保的发展理念和要求，具有一定的推广和应用价值。

专家简介：
朱宝君，某公司青岛分公司总工程师，高级工程师，E-mail：1402054616@qq.com

（三）典型案例 2

技术名称	临近既有线大直径嵌岩冲孔桩施工技术
工程名称	杭州东站站房
工程概况	杭州东站站房为桥建合一的结构形式，其中铁路正线桥和到发线轨道梁与上部主体站房结构共用桩台和桩基，该类桩设计称为国铁桩，直径 1.5m，采用嵌岩端承桩，设计要求双控，有限桩长≥55m，以中风化安山玢岩作为持力层，入岩深度 3m 以上。桩数总计为 895 根，为站房直径最大、入岩最深、施工难度最大的工程桩。 东站站房地质条件较差，地面下 0～15.00m 为一套钱塘江晚期沉积的粉土、粉砂土层；15.00～42.00m 为一套海进时期沉积的饱和软土层；42.00～51.00m 为一套河流相沉积的粗颗粒圆砾层，其中圆砾层顶部有厚约 1.5m 细砂（局部分布），其下为一套中生界侏罗系凝灰岩。 该地区临近周边城市河道，上部粉砂土透水性好，地下水位高，多年最高地下水位埋深 0.5～1.0m，对桩基成孔不利

【工程难点】

杭州东站站房为高铁站房，又为既有火车站改造工程，原址是老杭州东站，施工前需拆除既有车站，并且由于地铁线路横穿整个站房，因此桩基施工面临以下几个难点问题。

1. 大直径深嵌岩的桩基施工工艺选择

高铁站房地基基础设计标准高，沉降控制严格，而 1.5m 直径的国铁桩，是桥建合一的站房结构主要桩基受力构件，既承担上部主体结构荷载，还需承担列车运行荷载，对成桩工艺控制和质量要求严格。

2. 地下障碍物影响桩基正常实施

既有车站拆除后，原铁路路基的松散堆叠块石路基填料（A料）厚度达到3m，且老站房下部存在较多障碍物，如预制方桩、条形基础、地道等地下构筑物。

3. 桩基成孔过程可能影响既有铁路线安全

既有车站拆除后，仍需保留2条原车场范围的既有铁路线，该线路为沪昆正线，24h不间断运营，站房施工组织始终需伴随该线路的转线和转场，并防护线路的安全。国铁桩施工临近既有铁路线最小距离为11.5m，如图5-33所示。

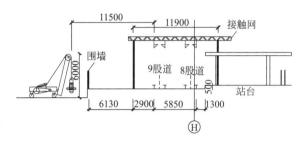

图 5-33　既有线东侧国铁桩基施工剖面示意

4. 站房国铁承台紧邻地铁结构

站房结构底板下的地铁结构横穿站房，与站房结构发生关系的区域长度为480m，沿线站房基础承台均紧临地铁结构，其中站房东侧底板下有地铁东站站厅，长度为240m，约占站房总长一半，开挖深度为27m，采用地下连续墙结合混凝土内支撑支护体系，站房桩基进场前已进行开挖施工，站房国铁桩中心距离地下连续墙仅2.7m和5m。

站房西侧底板下有地铁4号线区间段和1号线盾构线路，其中4号线区间段为箱涵结构，采用地下连续墙支护，盖挖逆作法施工。站房国铁桩中心距离地下连续墙只有1m和1.5m。站房与地铁结构关系（局部）如图5-34所示。

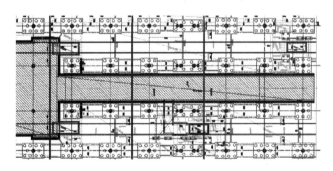

图 5-34　站房与地铁结构关系（局部）

【施工要点】

1. 既有车站障碍物清理

既有杭州东站建造时属于临时建筑，并且年代久远，设计图纸已经无法找全，只有部分建筑有下部桩基和基础设计图纸，其余只能根据当年施工人员和维修管理人员口述了解结构形式。据此，清障处理分为2步实施，首先仔细研究已有图纸，对原结构工程桩采用全套管全回转拔桩工艺进行大面积清除。随后先进行土方大面积卸土开挖，开挖深度为直至清理完全部路基块石填料及露出所有已有构筑物基础为止，再根据已有地下构筑物与待建工程的关系进行必要的破除和清障工作，而桩基施工也全部由自然地面施工改为在基坑内进行作业。

2. 桩基施工与既有铁路线安全

杭州东站共有6个墩台、60根大直径国铁桩属于临近既有线作业，其中距离线路中心最小距离为11.5m。施工过程中需做好以下几点安全卡控措施。

1）机械设备安全。由于冲锤桩机较矮，因此桩基倾覆不影响既有线行车安全。但进行钢筋笼吊运时需注意起重机站位，确保倾覆方向远离铁路线。钢筋笼吊运就位时必须设置与铁路线反向的缆风绳，避免钢筋笼倒伏入铁路线。

2）铁路路基安全。该场地下部有较厚的淤泥层和卵石层，其自身整体性较差，在冲孔施工的外力作用下，若泥浆质量不过关，会造成该部分土层的孔壁不稳定，易发生塌孔情况。列车通过的振动和多台冲锤桩同时施工的振动容易造成和加剧上部30m厚的软土压缩变形和粉砂土的液化，并导致软土失去支撑而加速变形缩孔，甚至发生塌孔。而塌孔情况的发生容易造成路基沉降超标，影响线路安全。

针对临近既有铁路线的大直径桩基施工，本工程选用了适当加大钻头直径（一般加大3～5cm），保持孔内水压，使用4m深护筒，配置优质泥浆等措施，采用冲击正循环施工，小冲程开孔、重锤低放等工艺来保证成孔质量，同时加快清孔后的下放钢筋笼和混凝土灌注速度，避免桩孔长时间暴露。

3. 地铁结构旁的国铁桩施工

地铁东侧站厅结构宽度为50m，共有2层，基坑面即为站房底板底，向下挖深17m，并采用地下连续墙内支撑支护，第1、2道为混凝土支撑，剩下3道为钢支撑。站房大直径冲孔灌注桩施工过程对土体有较大的挤压力，并且大量冲锤桩同时作业造成的振动感十分强烈，若在地铁开挖过程中进行地下连续墙外的国铁桩冲击成孔施工，对地铁基坑围护体系必然存在一定的影响，而这种影响将随着地铁的挖深而加大，乃至导致其钢支撑体系失稳。

为保证地铁施工过程的安全，经多次研究论证，确定站房冲击成孔的大直径国铁桩让位于地铁施工需要，待地铁施工至中板结构后，上部剩余2道混凝土支撑，此时站房可进场施工国铁桩，但需控制施工设备作业数量，每个墩台只能布置1台桩基进行作业，并加强了支撑体系的监控措施。

【专家提示】

★ 杭州东站由于桩基工程量巨大，并且受到各类外部环境和边界条件影响，施工难度极大，工程通过一系列措施和手段，保证了桩基施工过程的安全有序、质量受控和进度合理。混凝土充盈系数控制到位，桩基各类检测符合国家验收标准。通过对桩孔旁既有铁路路基的沉降观测，未发现既有路基有沉降现象，地铁围护体系变形和内力在国铁桩进场施工后也未超出设计允许安全值。

专家简介：

顾伟华，E-mail：guwh@zjsjg.com

第四节　人工挖孔桩施工技术

(一) 概述

随着城市的建设和发展，高层建筑越来越多，一般浅基础形式已不能满足高层建筑地基承载力和沉降的要求。而目前，人工挖孔灌注桩是工程中大量采用的深基础形式，因其施工工艺简单，施工基本无噪声，对周边环境影响小，质量易于控制，承载力高，工期短，造价相对低廉，故被广泛使用。

(二) 典型案例

技术名称	临江地区复杂地质条件下大直径人工挖孔桩施工创新技术
工程名称	重庆来福士广场项目
工程概况	重庆来福士广场项目位于长江与嘉陵江交汇处，项目总占地面积 9 万 m^2，总建筑面积约 113 万 m^2，其中地下室总建筑面积 9.8 万 m^2；由 3 层地下车库、6 层商业裙楼和 8 栋＞200m 超高层塔楼组成；基础形式为桩筏基础，最深筏板厚度 4m；裙房、地下室为框剪结构，塔楼均为框剪-核心筒-伸臂桁架结构，整个外立面为弧形无饰面混凝土立面。 本工程位于嘉陵江与长江的交汇处，场地东、西两侧与江水联系密切，场内基岩上部覆土层及砂卵石层厚度大，透水性好且分布不均，为含水层，江水透过卵石层侧向补给场地中地下水，连通性好，水量大，地下水位与江水位基本一致，场内地下水受江水水位直接影响，人工开挖过程中易出现塌孔、涌水、流砂等不良地质现象。 本工程桩基设计总数达 2600 根，桩端持力层均为中风化泥岩，其中，塔楼桩均为抗压桩，且以椭圆桩居多，最大桩径 5.8m，扩大头直径 11m。椭圆形桩最大桩径 3.4m（平直段 3m）；设计要求抗拔桩嵌岩深度≥5 倍桩径，抗压桩≥1 倍桩径。最大桩长 35m，单桩最大钢筋笼总重约 40t

【工程难点】

1) 桩径较大。圆形桩最大桩径 5.8m，扩大头 11m；椭圆形桩最大桩径 3.4m（平直段 3m），且深度较大（桩长最长达到 35m）、间距小，采用人工挖孔时，施工安全性是重点。

2) 场地大部分挖孔桩将穿越卵石层且厚度大，由于卵石层因江水影响地下水较丰富，施工时要防止坍塌。本工程处于长江与嘉陵江交汇口，地下水较丰富，施工期间可能出现渗水、涌水现象。

3) 由于本工程孔径较大、钢筋数量较多、钢筋笼较重，钢筋笼加工制作和吊装是难点。

【施工创新】

1. 不良地层大直径人工挖孔桩成孔技术

本工程临近两江、受江水影响大，场区内下卧土层复杂、障碍物多。临江区域砂卵石层厚度大、透水性强、分布不均匀，人工开挖过程中易产生塌孔和流砂现象，桩基成孔尤其是砂卵石层开挖极为困难。针对上述情况，本工程采用连续抽水帷幕＋坑内深井降水疏干的方法进行地下水处理，以确保桩基顺利开挖。即沿坑外围施工排井形成连续抽风帷幕，有效降低场区内整体水位，坑内桩基开挖时，就近布设降水井，起到

图 5-35　降水井平面布置

疏干作用，确保桩基顺利开挖。降水井平面布置如图 5-35 所示。

2. 超大直径人工挖孔桩扩大头施工技术

本工程桩基扩大头开挖斜率包括 1：2、1：3 两种类型。进行扩大头段开挖时，桩基已入岩，岩层开挖需采用水钻分层掘进。

水钻采用 150mm 钻头，开挖时沿开挖边界线连续钻孔，钻孔深度 600mm。钻孔完成后钻孔范围内的基岩通过液压劈裂机破碎并转运。

为固定水钻并确保钻孔角度，项目技术人员研发制作了一种可调角度的人工挖孔桩扩大头施工水磨钻，如图 5-36 所示。

扩孔完成后，立即采用支撑架对扩孔位置进行支撑。支撑架采用 I16 焊接制作而成，对称的 2 块支撑架在顶部和底部用工字钢进行焊接，如图 5-37 所示。

图 5-36　挖孔桩扩大头施工水磨钻

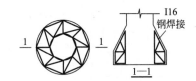

图 5-37　焊接示意

3. 可调尺寸异形人工挖孔桩护壁内撑加固技术

出于受力要求，本工程塔楼桩大多数设计为异形椭圆，最大桩径 6.4m，其中平直段达 3m；由于异形人工挖孔桩平直段两侧土体不能形成土拱效应，护壁内存在正负弯矩，对护壁的要求较传统圆桩护壁要求高出很多，且护壁混凝土均为现浇混凝土，达到设计强度需要一定时间，工人孔内作业过程中，上部护壁存在不稳定风险，需在浇筑完成后进行加固处理，确保作业安全。

传统异形人工挖孔桩护壁浇筑成型后，采用向桩内吊入钢管、扣件、顶托后在桩内搭设架体的方式进行支撑，对应不同的桩径需分别搭设不同固定尺寸的架体，不可重复利用，耗时耗工；钢管长短需根据不同桩径大小进行切割，不环保；架体由钢管、扣件搭设而成，稳定性较差；架体拆除时，扣件、钢管、顶托等构件零散易落，容易造成物体打击事故。

本工程在实践过程中总结研制了一种成品化、标准化、适应多种桩径、可周转利用的异形人工挖孔桩护壁内撑，如图 5-38 所示。

作业原理如下。

1）尺寸粗调的框架系统中，桩径方向的大矩形管、桩径方向的小矩形管、平直段方向的大矩形管、平直段方向的小矩形管，管壁每隔 100mm 间距开 1 个搭接孔，小矩形管套入大矩形管，通过调整大、小矩形管的搭接位置，并用销钉对大、小矩形管进行限位，实现桩径方向 1500～2600mm、平直段方向 900～1600mm 范围护壁内撑尺寸的粗调。

2）尺寸微调的顶撑系统中，通过调节拧入套筒内钢筋的长度，实现护壁内撑桩径方向 0～100mm 范围的微调，最终采用顶撑钢板顶紧护壁内侧的木板（木方），达到护壁内撑的功能。

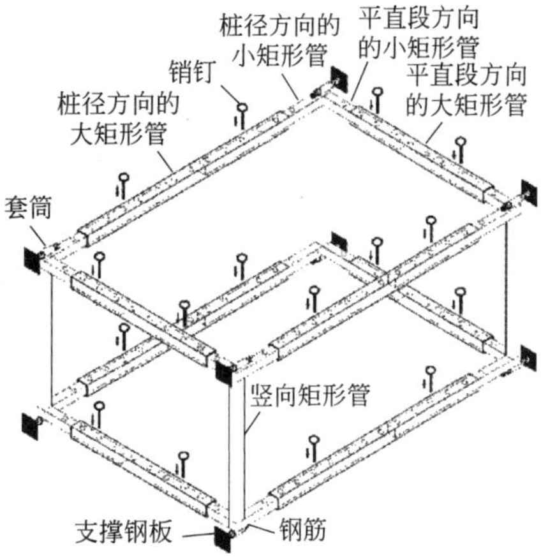

4. 超长超重钢筋笼制作安装与吊装技术

本工程设计桩径种类多，最大桩长达 35m，塔楼单桩最大钢筋笼总重达 40t。针对较小直径桩钢筋笼细长易变形的特点，采用通长加工整体吊装；针对超大直径塔楼桩钢筋笼自重大、含芯桩的特点，采用孔内绑扎分步安装。

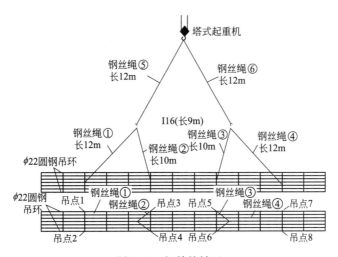

图 5-38　护壁内撑示意

（1）通长加工、整体吊装技术

钢筋笼在加工房整体绑扎成型后，需先采用塔式起重机将水平放置的钢筋笼吊运至具备汽车式起重机作业条件的平敞区域，再采用汽车式起重机配合塔式起重机将钢筋笼竖立，最后塔式起重机将竖立的钢筋笼吊放进桩内。

1）第 1 步：转运钢筋笼

转运钢筋笼时，钢筋笼两侧共设置 8 个吊点，用 I16 和钢板焊接而成的扁担辅助钢筋笼的转运，如图 5-39 所示。

图 5-39　钢筋笼转运

2）第 2 步：竖立钢筋笼

竖立钢筋笼时，钢筋笼两侧共设置 10 个吊点，采用汽车式起重机配合塔式起重机竖立钢筋笼。各吊点卸扣安装完毕后，塔式起重机和汽车式起重机指挥工到位，开始同时平吊，钢筋笼吊至离地面 0.3～0.5m 后，检查钢筋笼是否平稳，起钩过程中，需确保钢筋笼的轴心大致顺直，最终完成钢筋笼的竖立，如图 5-40 所示。

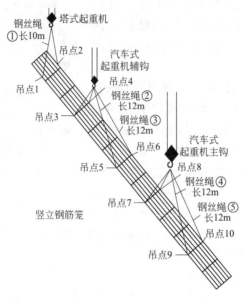

图 5-40　竖立钢筋笼

3）第 3 步：下放钢筋笼

钢筋笼竖立完成后，取掉汽车式起重机主、辅钩，采用塔式起重机将竖立的钢筋笼吊入桩孔内。在钢筋笼下放过程中，在孔口处进行钢丝绳的解卸。

（2）超重钢筋笼孔内绑扎技术

考虑到塔楼超大直径桩及椭圆形状钢筋笼质量大、易变形的特点，钢筋笼采取孔内绑扎。

1）孔内操作架的搭设。操作架采用钢管架搭设，操作架水平钢管及竹跳板采用塔式起重机吊入桩内，操作架立杆采用白棕绳捆绑结实后人工放入孔内。各层水平杆搭设完毕后，适时吊入竹跳板满铺作业层，依次向上进行各层操作架的搭设。

2）加劲箍安装。操作架搭设过程中，每竖向间隔 3m，适时设置加劲箍。加劲箍大小根据桩径和钢筋保护层大小而定，采用钢筋在孔外焊接而成，塔式起重机吊入孔内搁于架体水平杆上，移动加劲箍位置，直至加劲箍边缘距离桩孔孔壁处处相等后，采用钢丝将加劲箍与架体绑扎牢固。加劲箍加工时，内框大小需与芯桩尺寸大小一致，加劲箍同时兼做外侧钢筋笼和芯桩的定位箍，如图 5-41 所示。

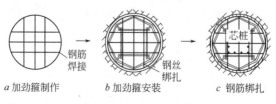

图 5-41　加劲箍安装

3) 主筋吊运。钢筋笼主筋在钢筋加工房内机械连接成型后，用白棕绳将 6 根主筋绑紧成捆（白棕绳间距 2m），采用塔式起重机将成捆的主筋平吊至离桩口较近的平敞区域，汽车式起重机配合塔式起重机将成捆的主筋竖立，最后塔式起重机将竖立的钢筋束吊入桩内。

为防止竖直吊运钢筋束过程中单根钢筋滑落，纵向每隔 2m 采用白棕绳捆紧系牢，在套筒接头两端，采用钢丝将各主筋穿插绑扎成束。此外，在桩顶端头处，采用短钢筋与各主筋端头进行点焊，钢筋束下放完成后，在桩顶处对短钢筋进行破除。

4) 主筋绑扎。计算主筋间距，在定位箍上采用粉笔做好位置标识，操作架各作业层布置人员齐力将主筋分布在标识位置，采用钢丝完成主筋与定位箍的绑扎。主筋分布均匀后，在主筋内侧采用 $\phi22$ 钢筋斜向交叉与主筋绑扎加固，如图 5-42 所示。

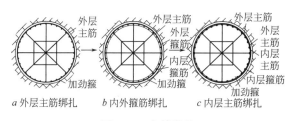

图 5-42　主筋绑扎

5) 箍筋传递及绑扎。主筋绑扎完成后，从下往上进行箍筋的绑扎。操作架各作业层布置人员人工将单根箍筋（长 9m）从桩口往下传至盘绕高度，完成对主筋的盘绕及绑扎。

6) 操作架拆除。箍筋绑扎完成后，从上往下拆除操作架，拆除的钢管采用白棕绳单根捆绑牢靠后，人工提出井口。

7) 拉筋绑扎。存在拉筋的钢筋笼，需在操作架拆除过程中，计算步距对应的拉筋量，每拆 1 层作业层，将对应的拉筋采用塔式起重机吊入孔内，从上往下依次完成拉筋的绑扎。

【专家提示】

★ 对于超大直径人工挖孔扩底桩，受设计本身及地质条件影响，存在人工作业环境恶劣、安全风险大、护壁及扩大头施工困难、钢筋笼绑扎吊装难度大等问题，在实践过程中，应结合现场实际，集思广益，大胆摸索，不断寻求突破问题的新方法、新措施，将技术创新应用到实际生产中，为项目生产创效增益。

专家简介：
王江波，高级工程师，E-mail：371269335@qq.com